全国职业院校"十三五"土建类专业系列规划教材

建设工程监理概论（第2版）

JIANSHE GONGCHENG JIANLI GAILUN

主　编/陈月萍　孙桂良
副主编/欧阳彬生　胡孝华　蒋先智

合肥工业大学出版社

书　名	建设工程监理概论(第2版)
主　编	陈月萍　孙桂良
责任编辑	张择瑞
出　版	合肥工业大学出版社
地　址	合肥市屯溪路193号(230009)
发行电话	0551 - 62903198
责编电话	0551 - 62903204
网　址	www.hfutpress.com.cn
版　次	2009年2月第1版 2013年7月第2版
印　次	2017年8月第7次印刷
开　本	787毫米×1092毫米　1/16
印　张	17
字　数	356千字
书　号	ISBN 978 - 7 - 5650 - 0448 - 3
定　价	31.90元
印　刷	安徽昶颉包装印务有限责任公司
发　行	全国新华书店

图书在版编目(CIP)数据

建设工程监理概论/陈月萍,孙桂良主编.—2版.
—合肥:合肥工业大学出版社,2013.7(2017.8重印)
ISBN 978 - 7 - 5650 - 0448 - 3

Ⅰ.①建…　Ⅱ.①陈…②孙…　Ⅲ.①建筑工程—
监理工作—高等职业教育—教材　Ⅳ.①TU712

中国版本图书馆CIP数据核字(2013)第151354号

前 言
（第 2 版）

20世纪80年代末期，我国开始试行建设工程监理制度。该制度历经20多年，在建设工程中发挥了重要作用。随着监理工作的规范化及其在建设领域中产生的积极效应，工程监理制度引起了全社会的广泛关注和高度重视，并得到了充分认可。目前，我国已形成了建设工程监理的行业规模，随着社会主义市场经济体制逐步完善和建设工程管理体制改革的进一步深化，工程项目的建设和开发速度在不断加快，社会对监理人才的需求日趋增长。

然而，当前我国工程监理人才的培养还不能完全满足社会需要，因此，在土建类专业中开设《建设工程监理概论》课程，就显得十分必要。而这本书正是为培养土建类专业高职高专学生监理工作能力而编写的。

本书的特色是为教材的使用者——学生着想的：第一是让学生更好地掌握知识的要点，搞得清楚、弄的明白；第二是为了更好地提高学生职业技能与动手本领，学得会、用得上，到了工作岗位能够很快上手；第三是为了方便学生应对在校时、毕业后的各种考试与考证，使之取得好成绩。本教材以最新颁布的法律、法规及相关文件为依据，使得教材内容与当前形势结合得更加紧密，适用于高职高专院校土建类各专业，也可供相关的工程技术人员参考。

本书主要讲述了建设工程监理的概念、监理工程师、监理企业、工程监理的目标控制、监理组织、工程监理文件等内容。本书的第七章精选了8个典型的工程案例，对其进行了深入分析。这可使学生在学习本课程时理论联系实践，能够提高解决实际问题的能力。在书后的附录中，一是列出了常用的项目监理机构文件、资料编号分类表和各类建设工程监理文件的样本。这些样本都具有实用性和指导性。也可以当做实训作业布置给学生，让他们结合实际工程实践活动熟知其内容、掌握其格式。二是在附录中还有每一章案例分析题的参考答案以及考证训练题。

本书由陈月萍和孙桂良担任主编。参编人员有陈月萍、孙桂良、欧阳彬生、胡孝华、蒋先智、张文武、尤凯、魏雅光等老师。参编的学校包括安庆职业技术学院、宿州职业技术学院、江西现代职业技术学院、滁州职业技术学院、安徽建工技师学院、六安职业技术学院、芜湖职业技术学院和安徽省水利水电勘测设计院。

由于作者水平所限，在编写过程中，难免出现疏漏甚至错误之处，恳请读者批评指正。

编 者

2013 年 6 月

目 录

绪 论 ·· 001
 一、本课程的性质与任务 ·· 001
 二、本课程的主要内容 ··· 001
 三、本课程的学习要求 ··· 001
 四、本课程的学习方法 ··· 002

第一章 概 述 ··· 003
 第一节 建设工程监理的基本概念 ································ 004
  一、建设工程监理制产生的背景 ·································· 004
  二、建设工程监理的概念 ·· 005
  三、建设工程监理的性质 ·· 007
  四、建设工程监理的作用 ·· 008
 第二节 建设工程监理理论和发展趋势 ···························· 009
  一、建设工程监理的理论基础 ···································· 009
  二、现阶段建设工程监理的特点 ·································· 010
  三、建设工程监理的发展趋势 ···································· 011
 第三节 建设工程监理相关法规及政策 ···························· 012
  一、工程建设法规体系概述 ······································· 012
  二、建设工程监理相关法律 ······································· 013
  三、建设工程监理相关行政法规 ·································· 025
  四、建设工程监理部门规章及相关政策 ·························· 028

第二章 监理工程师 ··· 039
 第一节 监理工程师的概述 ··· 040
  一、监理工程师的概念 ·· 040
  二、各级监理人员的称谓 ·· 040
  三、各级监理人员的职责 ·· 040
 第二节 监理工程师的综合素质 ··································· 042
  一、监理工程师的素质 ·· 042
  二、监理工程师的职业道德与工作纪律 ·························· 042

第三节　监理工程师的法律地位与责任 …………………………… 044
　　　一、监理工程师的法律地位 ……………………………………… 044
　　　二、监理工程师的法律责任 ……………………………………… 045
　　第四节　监理工程师的管理 …………………………………………… 046
　　　一、监理工程师的执业资格管理 ………………………………… 046
　　　二、监理工程师执业资格注册管理 ……………………………… 048
　　　三、加强监理工程师的档案管理 ………………………………… 051
　　　四、监理工程师的继续教育 ……………………………………… 051
　　　五、监理工程师违规行为的处罚 ………………………………… 052

第三章　建设工程监理企业 ……………………………………………… 055
　　第一节　工程监理企业概述 …………………………………………… 056
　　　一、监理企业的概念 ……………………………………………… 056
　　　二、监理企业与工程建设各方的关系 …………………………… 056
　　第二节　工程监理企业的资质等级 …………………………………… 058
　　　一、工程监理企业资质 …………………………………………… 058
　　　二、工程监理企业资质等级标准 ………………………………… 060
　　　三、工程监理企业的业务范围 …………………………………… 062
　　第三节　工程监理企业的建立 ………………………………………… 063
　　　一、监理企业的类别 ……………………………………………… 063
　　　二、建立监理企业的基本条件 …………………………………… 065
　　　三、建立监理企业的程序 ………………………………………… 065
　　　四、工程监理企业的资质申请 …………………………………… 066
　　第四节　工程监理企业的资质管理 …………………………………… 067
　　　一、工程监理企业资质管理机构及其职责 ……………………… 067
　　　二、工程监理企业资质管理内容 ………………………………… 068
　　第五节　工程监理企业经营活动基本准则和服务内容 …………… 071
　　　一、工程监理企业经营活动基本准则 …………………………… 071
　　　二、工程监理企业的服务内容 …………………………………… 072

第四章　建设工程监理目标控制 ………………………………………… 077
　　第一节　建设工程监理目标控制概述 ………………………………… 078
　　　一、基本概念 ……………………………………………………… 078
　　　二、控制类型 ……………………………………………………… 081
　　第二节　建设工程目标系统 …………………………………………… 082
　　　一、建设工程目标系统的含义 …………………………………… 082

  二、建设工程三大目标之间的关系 …………………………… 083
  三、建设工程目标的分解 …………………………………… 084
 第三节 投资控制 ………………………………………………… 085
  一、投资控制的概念 ………………………………………… 085
  二、投资控制原理 …………………………………………… 086
  三、投资控制的目标 ………………………………………… 086
  四、投资控制的重点 ………………………………………… 087
  五、投资控制的任务 ………………………………………… 087
  六、投资控制的措施 ………………………………………… 088
 第四节 进度控制 ………………………………………………… 088
  一、进度控制的概念 ………………………………………… 088
  二、进度控制的目标 ………………………………………… 088
  三、进度控制的影响因素 …………………………………… 089
  四、进度控制的任务 ………………………………………… 089
  五、进度控制的措施 ………………………………………… 090
 第五节 质量控制 ………………………………………………… 091
  一、质量控制的概念 ………………………………………… 091
  二、质量控制的目标 ………………………………………… 091
  三、质量控制要点 …………………………………………… 091
  四、质量控制的任务 ………………………………………… 093
  五、质量控制的措施 ………………………………………… 094

第五章 建设工程监理组织 ………………………………………… 097
 第一节 组织的基本原理 ………………………………………… 098
  一、组织 ……………………………………………………… 098
  二、组织结构 ………………………………………………… 098
  三、组织设计 ………………………………………………… 099
  四、组织活动的基本原理 …………………………………… 102
 第二节 工程建设监理组织模式 ………………………………… 103
  一、平行承发包模式与监理模式 …………………………… 103
  二、设计或施工总分包模式和监理模式 …………………… 104
  三、工程项目总承包模式和监理模式 ……………………… 107
  四、项目总承包管理模式和监理模式 ……………………… 108
 第三节 工程项目监理组织 ……………………………………… 109
  一、工程项目建设监理程序 ………………………………… 109

二、建立项目监理组织机构的步骤 …………………………………………… 110
　　三、项目监理机构的组织模式 ……………………………………………… 114
　　四、工程项目监理组织的人员配备及职责分工 …………………………… 116
 第四节　工程建设监理的组织协调 ………………………………………… 119
　　一、组织协调概述 …………………………………………………………… 119
　　二、监理协调工作的特点 …………………………………………………… 119
　　三、组织协调的工作内容 …………………………………………………… 120
　　四、组织协调的具体做法 …………………………………………………… 125

第六章　建设工程监理文件 ………………………………………………… 131
 第一节　建设工程监理文件概述 …………………………………………… 132
　　一、建设工程监理文件的定义 ……………………………………………… 132
　　二、建设工程监理文件在工程建设中的作用 ……………………………… 133
　　三、建设工程监理文件档案的管理 ………………………………………… 133
　　四、监理文件的组成 ………………………………………………………… 136
 第二节　建设工程监理大纲 ………………………………………………… 137
　　一、监理大纲的编制目的和作用 …………………………………………… 137
　　二、编写监理大纲的准备工作 ……………………………………………… 137
　　三、监理大纲的主要内容 …………………………………………………… 137
　　四、监理大纲样本 …………………………………………………………… 138
 第三节　建设工程监理规划 ………………………………………………… 138
　　一、监理规划的作用 ………………………………………………………… 138
　　二、监理规划的编制 ………………………………………………………… 139
　　三、监理规划的内容 ………………………………………………………… 139
　　四、监理规划参考样本 ……………………………………………………… 147
　　五、建设工程监理规划的审核 ……………………………………………… 148
 第四节　建设工程监理实施细则 …………………………………………… 149
　　一、监理实施细则的编制 …………………………………………………… 149
　　二、监理实施细则的内容 …………………………………………………… 149
　　三、监理实施细则参考样本 ………………………………………………… 149
 第五节　其他监理文件 ……………………………………………………… 150
　　一、监理日记 ………………………………………………………………… 150
　　二、监理例会(工地会议)纪要 ……………………………………………… 150
　　三、监理月报 ………………………………………………………………… 152
　　四、监理工作总结 …………………………………………………………… 153

五、工程质量评估报告 ……………………………………………… 154
　　六、旁站监理方案 …………………………………………………… 157

第七章　工程建设监理综合案例分析 …………………………………… 163
　案例一 ………………………………………………………………………… 163
　案例二 ………………………………………………………………………… 164
　案例三 ………………………………………………………………………… 165
　案例四 ………………………………………………………………………… 167
　案例五 ………………………………………………………………………… 169
　案例六 ………………………………………………………………………… 170
　案例七 ………………………………………………………………………… 171
　案例八 ………………………………………………………………………… 173

附　录 ……………………………………………………………………………… 176
　Ⅰ．项目监理机构文件、资料编号分类 ………………………………………… 176
　Ⅱ．各类监理文件样本 …………………………………………………………… 180
　　一、监理大纲样本 …………………………………………………… 180
　　二、监理规划样本 …………………………………………………… 183
　　三、监理实施细则样本 ……………………………………………… 207
　　四、监理日记样本 …………………………………………………… 209
　　五、监理例会会议纪要样本 ………………………………………… 210
　　六、监理月报样本 …………………………………………………… 211
　　七、监理工作总结样本 ……………………………………………… 226
　　八、质量评估报告样本 ……………………………………………… 230
　　九、旁站监理记录表样本 …………………………………………… 238
　Ⅲ．案例分析题参考答案 ………………………………………………………… 239
　Ⅳ．考证训练题 …………………………………………………………………… 249

参考文献 …………………………………………………………………………… 262

绪 论

一、本课程的性质与任务

建设工程监理是一种高智能的工程管理服务,在我国从 1988 年开始,工程建设监理相继经历了试点、稳步发展和全面推行阶段,经过二十多年来的建设工程监理实践,监理事业在我国目前已经得到健康发展。

《建设工程监理概论》是建筑工程技术专业和工程管理专业必修课。学习的目的在于使学生了解建设工程监理的基本概念、任务、意义,建设工程各方的关系和责、权、利以及建设工程监理的有关基本内容,以便在今后工程项目建设中,能够顺利地胜任建设工程领域专业群的工作。

通过本课程的学习,将使学生具备编写监理工作的有关文件资料、进行建设工程文件和档案资料管理等技能。同时具备制订监理工作方案,以及应用监理知识在实际工作中发现问题、解决问题的能力等。

本课程内容将面向监理员、施工员及资料员等岗位人员的培养。同时也为其将来成为监理工程师等高层工程建设管理人员,提供一定的理论与实践基础。

二、本课程的主要内容

为满足高职院校建筑系列专业人才培养目标的要求,我们在该课程教材编写过程中,既注重建设工程项目管理理论发展的跟踪,又注重建设工程监理实践能力的培养;既注重建设工程监理概念与方法的阐述,又注重监理人员职业道德的教育。全书共分七章,第一章主要介绍建设工程监理与相关法律法规,第二章、第三章分别介绍了监理工程师与监理企业的相关概念,第四章主要介绍了建设工程监理目标控制的内容,第五章主要介绍了建设工程承发包模式与监理组织的形式,第六章主要介绍了建设工程监理文件的组成与具体内容,第七章主要介绍建设工程施工监理和全过程项目管理的案例。

三、本课程的学习要求

本课程重点使同学们了解有关建设工程监理的基本内容、基本程序与方法,明确建设三方的责、权、利以及监理工程师的主要任务,能够适应新的项目建设管理体制和更好地完成建筑工程领域专业群工作。学生应当具有土木工程方面的基本专业知识和初步专业修养。它应当在修完土建类专业基础课、建筑施工技术、工程概预算等课程,并经过一定的认识实习之后再开始讲授。通过本课程的学习,学生应当了解关于建设工程监理、监理工程师、监理单位、监理规划等建设工程监理的基本概念,熟悉我国建设工程监理制度的基本内容,了解监理规划的内容和基本构成,以及建立项目监理组织的基本原理、工程项目目标控制的基本理论和建设项目投资控制、进度控制、质量控制、安全控制,以及合同管理、信息管理的方法。

四、本课程的学习方法

通过本课程的学习,要求学生了解建设工程监理的基本知识和一般规律,为以后从事以及配合建设工程监理工作打下基础。

本课程内容广泛,实践性强,因此,在学习中应注重理论联系实际,在掌握专业理论的基础上,必须进行实际经验的积累。要做到学练相结合,要在老师的指导下熟知监理工作的各个环节。只有反复练习,学以致用,才能真正成为动手能力强的应用型人才。

每章之后都有"思考与实训",既有思考题又有案例分析题。多做习题,对于学生巩固所学知识很有帮助。其中案例分析学生自己可以先写出来,然后再到书后的附录Ⅲ去找参考答案,对照学习效果会更好。

附录中的9个样本有实际指导作用。学生可以此为蓝本,结合工程实践,完成实训作业。

本章思考与实训

1. 建设工程监理这门课程的特点是什么?研究的对象与任务是什么?
2. 本课程与哪些课程有联系?为什么?
3. 试述本课程应掌握的主要内容。
4. 本课程的重点和难点是什么?如何才能做到学以致用?

第一章　概　述

【内容要点】

1. 建设工程监理的基本概念；
2. 建设工程监理的理论基础、现阶段特点与未来发展趋势；
3. 建设工程监理相关的法律、法规、部门规章等。

【知识链接】

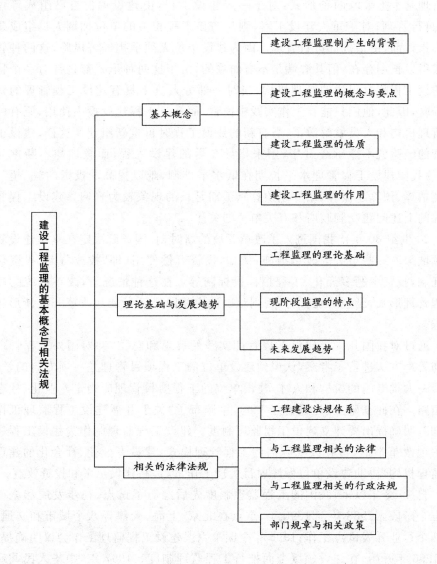

第一节　建设工程监理的基本概念

一、建设工程监理制产生的背景

建设工程监理制与建设项目法人责任制、招标投标制、合同管理制共同组成了我国建设工程的基本管理体制,适应了我国在社会主义市场经济条件下建设工程管理的需要。建设工程监理制度的推行,对控制工程质量、投资、进度发挥了重要作用,取得了明显效果,促进了我国建设工程管理水平的提高。

从新中国成立直至 20 世纪 80 年代,我国固定资产投资基本上是由国家统一安排计划(包括具体的项目计划),由国家统一财政拨款。当时,我国建设工程的管理基本上采取两种形式:对于一般建设工程,由建设单位自己组成筹建机构,自行管理;对于重大建设工程,则从与该工程相关的单位抽调人员组成建设工程指挥部,由指挥部进行管理。因为建设单位无须承担经济风险,这两种管理形式得以长期存在,但其弊端是不言而喻的,由于这两种形式都是针对一个特定的建设工程临时组建的管理机构,当时一部分人员不具有建设工程管理的知识和经验,因此,他们只能在工作实践中摸索,而一旦工程建设投入使用,原有的工程管理机构和人员就解散了,当有新的建设工程时再重新组建。这样,建设工程管理的经验就不能承袭升华,用来指导今后的建设工程,而教训却不断重复发生,使我国建设工程管理水平长期在低水平徘徊,难以提高。投资的"三超"(概算超估算、预算超概算、结算超预算)、工期延长的现象较为普遍。建设工程领域存在的上述问题受到政府和有关单位的关注。

20 世纪 80 年代我国进入了改革开放的新时期,国务院决定在基本建设和建筑领域采取一些重大的改革措施,例如,投资有偿使用(即"拨改贷")、投资包干责任制,投资主题多元化、工程招标投标制等。在这种情况下,改革传统的建设工程管理形式,已经势在必行,否则难以适应我国经济发展和改革开放新形势的要求。

通过对我国几十年建设工程管理实践的反思和总结,并对国外工程管理制度与管理方法进行了考察,认识到建设单位的工程项目管理是一项专门的学问,需要一大批专门的机构和人才,建设单位的工程项目管理应当走专业化、社会化的道路。在此基础上,建设部于 1988 年颁布了"关于开展建设工程监理工作的通知",明确提出要建立建设工程监理制度。建设工程监理制作为建设工程领域的一项改革举措,旨在改变陈旧的工程管理模式,建设专业化、社会化的建设工程监理机构,协助建设单位做好项目管理工作,以提高建设水平和投资效益。

[想一想]
建设工程监理是怎样产生的?

自 1988 年以来,我国的工程监理制度先后经历了试点、稳步发展和全面推行三个阶段。1988 年至 1992 年,重点在北京、上海、天津等八个城市和交通、水电两个行业开展试点工作;1995 年全国第六次建设工程监理工作会议明确提出,从 1996 年开始,在建设领域全面推行工程监理制度。1997 年《中华人民共和国建筑法》(以下简称《建筑法》)以法律制度的形式做出规定,国家推行建设工程监理制度,从而使建设工程监理在全国范围内进入全面推行实施阶段。

二、建设工程监理的概念

(一)定义

所谓建设工程监理,是指具有相应资质的工程监理企业,接受建设单位的委托,承担其项目管理工作,并代表建设单位对承建单位的建设行为进行监控的专业化服务活动。

建设单位,也称为业主、项目法人,是委托监理的一方。建设单位在建设工程中拥有确定建设工程规模、标准、功能以及选择勘察、设计、监理单位等建设工程中重大问题的决定权。

工程监理企业是指取得企业法人营业执照,具有监理资质证书的依法从事建设工程监理业务活动的经济组织。

[问一问]
建设单位和监理单位在工程建设中有哪些区别与联系?

(二)监理概念要点

1. 建设工程监理的行为主体

《建筑法》明确规定,实行监理的建设工程,由建设单位委托具有相应资质条件的工程监理企业实施监理。建设工程监理只能由具有相应资质的工程监理企业来开展,建设工程监理的行为主体是工程监理企业,这是我国建设工程监理制度的一项重要规定。

2. 建设工程监理实施的前提

《建筑法》明确规定,建设单位与其委托的工程监理企业应当订立书面建设工程委托监理合同。也就是说,建设工程监理的实施需要建设单位的委托和授权,工程监理企业应根据委托监理合同和有关建设工程合同的规定实施监理。

建设工程监理只有在建设单位委托的情况下才能进行。只有与建设单位订立书面委托监理合同,明确了监理的范围、内容、权利、义务、责任等,工程监理企业才能在规定的范围内行使管理权,合法地开展建设工程监理。工程监理企业在委托监理的工程中拥有一定的管理权限,能够开展管理活动,是建设单位授权的结果。

承建单位根据法律、法规的规定和它与建设单位签订的有关建设合同的规定,接受工程监理企业对其建设行为进行监督管理,接受并配合监理对工程的监督管理是其履行合同的一种行为。工程监理企业对哪些建设行为实施监理要根据有关建设工程合同的规定。例如,仅委托施工阶段监理的工程,工程监理企业只能根据委托监理合同和施工合同对施工行为实行监理。而在委托全过程监理的工程中,工程监理企业则可以根据委托监理合同以及勘察合同、设计合同、施工合同对勘察单位、设计单位和施工单位的建设行为实行监理。

3. 建设工程监理的依据

建设工程监理的依据包括:建设工程文件、有关的法律法规规章和标准规范、建设工程委托监理合同和有关的建设工程合同。

[问一问]
建设工程监理的依据有哪些？

(1) 建设工程文件

包括批准的可行性研究报告、建设项目选址意见书、建设用地规划许可证、建设工程规划许可证、批准的施工图设计文件、施工许可证等。

(2) 有关的法律、法规、规章和标准、规范

包括《建筑法》、《中华人民共和国招标投标法》、《建设工程质量管理条例》、《建设工程安全生产管理条例》等法律法规,《工程建设监理规定》等部门规章以及地方性法规等,也包括《工程建设标准强制性条文》、《建设工程监理规范》以及有关的工程建设标准规范。

(3) 建设工程监理合同和有关的建设工程合同

工程监理企业应当根据两类合同,即工程监理企业与建设单位签订的建设工程委托监理合同和建设单位与承建单位签订的有关建设合同进行监理。

工程监理企业依据哪些有关的建设工程合同进行监理,要根据委托监理合同的范围来决定。全过程监理应当包括咨询合同、勘察合同、设计合同、施工合同以及设备采购合同等;决策阶段监理主要是咨询合同;勘察设计阶段监理主要是勘察设计合同;施工阶段监理主要是施工合同。

4. 建设工程监理的范围

建设工程监理范围可以分为监理的工程范围和监理的建设阶段范围。

(1) 工程范围

为了有效发挥建设工程监理的作用,加大推行监理的力度,根据《建筑法》,国务院颁布的《建筑工程质量管理条例》对实行强制性监理的工程范围作了原则性的规定,建设部又进一步在《建设工程监理范围和规模标准规定》中对实行强制性监理的工程范围作了具体规定。下列建设工程必须实行监理:

① 国家重点建设工程

依据《国家重点建设项目管理办法》所确定的对国民经济和社会发展有重大影响的骨干项目。

② 大中型公用事业工程

项目总投资额在 3000 万元以上的供水、供电、供热等市政工程项目;科技、教育文化等项目;体育、旅游、商业等项目;卫生、社会福利等项目;其他公用事业项目。

③ 成片开发建设的住宅小区工程

建筑面积在 5 万平方米以上的住宅建设工程。

④ 利用外国政府或者国际组织贷款、援助资金的工程

包括使用世界银行、亚洲开放银行等国际组织贷款资金的项目;使用国外政府及其机构贷款资金的项目;使用国际组织或者国外政府援助资金项目。

⑤ 国家规定必须实行监理的其他工程

项目总投资额在 3000 万元以上关系社会公共利益、公众安全的交通运输、水利建设、城市基础设施、生态环境保护、信息产业、能源等基础设施项目,以及学校、影剧院、体育场馆项目。

(2) 阶段范围

建设工程监理可以使用于工程建设投资决策阶段和实施阶段，但目前主要是施工阶段。

在建设工程施工阶段，建设单位、勘察单位、设计单位、施工单位和工程监理企业等建设工程的各类行为主体均出现在建设工程当中，形成了一个完整的建设工程组织体系。在这个阶段，建筑市场的发包体系、承包体系、施工单位和工程监理企业各自承担建设工程的责任和义务，最终将建设工程建成投入使用。在施工阶段委托监理，其目的是更有效地发挥监理的规划、控制、协调作用，为在计划目标内建成工程项目提供最好的管理。

[想一想]
哪些工程项目必须实行监理？

三、建设工程监理的性质

1. 服务性

建设工程监理具有服务性，是从它的业务性质方面定性的。建设工程监理的主要方法是规划、控制、协调，主要任务是控制建设工程的投资、进度、质量和进行安全管理，最终应当达到的基本目的是协助建设单位在计划的目标内将建设工程建成投入使用。这就是建设工程监理的管理服务的内涵。

工程监理企业既不直接进行设计，也不直接进行施工；既不向建设单位承包造价，也不参与承包商的利益分成。在工程建设中，监理人员利用自己的知识、技能和经验、信息以及必要的实验、检测手段，为建设单位提供管理服务。

工程监理企业不能完全取代建设单位对建设工程的管理活动。它不具有建设工程重大问题的决策权，它只能在授权范围内代表建设单位进行管理。

建设工程监理的服务对象是建设单位。监理服务是按照委托监理合同的规定进行的，是受法律约束和保护的。

2. 科学性

科学性是由建设工程监理要达到的基本目的决定的。建设工程监理以协助建设单位实现其投资目的为己任，力求在计划的目标内建成工程。面对工程规模日趋庞大，环境日益复杂，功能、标准越来越高，新技术、新工艺、新材料、新设备不断涌现，参加建设的单位越来越多，市场竞争日益激烈，风险日渐增加的情况，只有采用科学的思想、理论、方法和手段才能驾驭建设工程。

[问一问]
如何理解建设工程监理的科学性？

科学性主要表现在：工程监理企业应当由组织管理能力强、建设工程经验丰富的人员担任领导；应当有足够数量的、有丰富的管理经验和应变能力的监理工程师组成的骨干队伍；要有一套健全的管理制度；要有现代化的管理手段；要掌握先进的管理理论、方法和手段；要积累足够的技术、经济资料和数据；要有科学的工作态度和严谨的工作作风，要实事求是、创造性地开展工作。

3. 独立性

《建筑法》明确指出，工程监理企业应当根据建设单位的委托，客观、公正地执行监理任务，《工程建设监理规定》和《建设工程监理规范》要求工程监理企业按照"公正、独立、自主"的原则开展监理工作。

[想一想]
按照独立性要求,监理人员不得在哪些单位兼职?

按照独立性要求,工程监理单位应当严格地执行有关的法律、法规、规章,依据建设工程文件、建设工程技术标准、建设工程委托监理合同和有关的建设工程合同等的规定实施监理;在委托监理的工程中,与承建单位不得有隶属关系和其他利害关系;在开展工程监理过程中,必须建立自己的组织机构,按照自己的工作计划、程序、流程、方法、手段,根据自己的判断,独立地开展工作。

4. 公正性

公正性是社会公认的职业道德准则,是监理行业能够长期生存和发展的基本职业道德准则。在开展建设工程监理的过程中,工程监理企业应当排除各种干扰,客观、公正地对待监理的委托单位和承建单位。特别是当这两方发生利益冲突或者矛盾时,工程监理企业应以事实为依据,以法律和有关合同为准绳,在维护建设单位的合法权益时,不损害承建单位的合法权益。例如,在调解建设单位和承建单位之间的争议,处理工程索赔和工程延期,进行工程款支付控制以及竣工结算时,应当尽量客观、公正地对待建设单位和承建单位。

四、建设工程监理的作用

建设工程监理的作用主要表现在以下几个方面:

1. 有利于提高建设工程投资决策科学化水平

在建设单位委托工程监理企业实施全方位、全过程监理的条件下,在建设单位有了初步的项目投资意向之后,工程监理企业可协助建设单位选择适当的工程咨询机构,管理工程咨询合同的实施,并对咨询结果(如项目建议书、可行性研究报告)进行评估,提出有价值的修改意见和建议;或者直接从事工程项目的咨询工作,为建设单位提供建设方案。这样,不仅可使项目投资符合国家经济发展规划、产业政策、投资方向,而且可使项目投资更加符合市场需求。工程监理企业参与或承担项目决策阶段的监理工作,有利于提高项目投资决策的科学化水平,避免项目投资决策失误,也为实现建设工程投资综合效益最大化打下了良好的基础。

2. 有利于规范建设工程参与各方的建设行为

建设工程参与各方的建设行为都应当符合法律、法规、规章和市场准则。要做到这一点,仅仅依靠自律机制是远远不够的,还需要建立有效的约束机制。为此,首先需要政府对建设工程参与各方的建设行为进行全面的监督管理,这是最基本的约束,也是政府的主要职能之一。但是,由于客观条件所限,政府的监督管理机制不可能深入到每一项建设工程的实施过程中,因而,还需要建立另一种约束机制,能在建设工程实施过程中对建设工程参与各方的建设行为进行约束。建设工程监理制就是这样一种约束机制。

在建设工程实施过程中,工程监理企业可依据委托监理合同和有关的建设工程合同对承建单位的建设行为进行监督管理。由于这种约束机制贯穿于建设工程的全过程,采用事前、事中和事后控制相结合的方式,因此可以有效地规范各承建单位的建设行为,最大限度避免不当建设行为的发生。即使出现不当建设行为,也可以及时加以制止,最大限度地减少其不良后果。应当说,这是约束机制的根本目的。另一方面,由于建设单位不了解建设工程有关的法律、法规、规章、管理秩序和市场行为准则,也可能发生不当的建设行为。在这种情况下,工程监理单位可以向建设单位提出适当的建议,从而避免发生建设单位的不当建设行为,这对规范建设单位的建设行为也可起到一定的约束作用。

[想一想]
监理如何规范建设工程参与各方的建设行为?

当然,要发挥上述约束作用,工程监理企业首先必须规范自身的行为,并接受政府的监督管理。

3. 有利于促使承建单位保证建设工程质量和使用安全

建设工程是一种特殊的产品,不仅价值大,使用寿命长,而且还关系到人民的生命财产安全、健康和环境。因此,保证建设工程质量和使用安全就显得尤为重要,在这方面不允许有丝毫的懈怠和疏忽。

工程监理企业对承建单位建设行为的监督管理,实际上是从产品需求者的角度对建设工程生产过程的管理,这与产品生产者自身的管理有很大的不同。而工程监理企业又不同于建设工程的实际需求者,其监理人员都是既懂工程技术又懂经济管理的专业人员,他们有能力及时发现建设工程实施过程中出现的问题,发现工程材料,设备以及阶段产品存在的问题,从而避免留下工程质量隐患。因此,实行建设工程监理制之后,在加强承建单位自身对工程质量管理的基础上,由工程监理企业的介入建设工程生产过程的管理,对保证建设工程质量和使用安全有着重要作用。

4. 有利于实现建设工程投资效益最大化

建设工程投资效益最大化有以下三种不同表现:

(1)在满足建设工程预定功能和质量标准的前提下,建设投资额最少;

(2)在满足建设工程预定功能和质量标准的前提下,建设工程寿命周期费用(或全寿命费用)最少;

(3)建设工程本身的投资效益与环境效益、社会效益等综合效益最大化。

实行建设工程监理制之后,工程监理企业一般都能协助建设单位实现上述建设工程投资效益最大化的第一种表现,也能在一定程度上实现上述第二种和第三种表现。随着建设工程寿命周期费用思想和综合效益理念被越来越多的建设单位所接受,建设工程投资效益最大化的第二种和第三种表现的比例将越来越大,从而大大地提高我国全社会的投资效益,促进我国国民经济的发展。

第二节 建设工程监理理论和发展趋势

一、建设工程监理的理论基础

1988年我国建立建设工程监理制之初就明确界定,我国的建设工程监理是专业化、社会化的建设项目管理,所依据的基本理论和方法来自建设项目管理学。建设项目管理学又称工程项目管理学,研究的范围包括管理思想、管理体制、管理组织、管理方法和管理手段,研究的对象是建设工程项目管理总目标的有效控制,包括费用(投资)目标、时间(工期)目标、质量目标的控制与安全生产的管理。因此,从管理理论和方法的角度看,建设工程监理与国外通称的建设项目管理是一致的,这也是我国的建设工程监理很容易为国外同行理解和接受的原因。

需要说明的是,我国提出建设工程监理构想时,还充分考虑了 FIDIC 合同条件。20 世纪 80 年代中期,在我国接受世界银行贷款的建设工程都普遍采用了 FIDIC 土木工程施工合同条件,这些建设工程的实施效果都很好。而 FIDIC 合同条款中对监理工程师作为独立、公正的第三方的要求及其对承建单位严格要求、细致的监督和检查被认为起到了重要的作用。因此,在我国建设工程监理中也吸收了 FIDIC 合同条款对工程监理企业和监理工程师独立、公正的要求,以保证在维护建设单位利益的同时,不损害承建单位的合法利益。同时,强调了对承建单位施工过程和施工工序的监督、检查和验收。

二、现阶段建设工程监理的特点

我国的建设工程监理无论在管理理论和方法上,还是在业务内容和工作程序上,与国外的建设项目管理都是相同的。但在现阶段,由于发展的不尽相同,主要是需求方对监理的认知度较低,市场体系发育不够成熟,市场运行规则不够健全,因此还有一些差异,呈现在以下几个方面。

1. 建设工程监理的服务对象具有单一性

在国际上,建设项目管理按服务对象主要可分为建设单位服务的项目管理和为承建单位服务的项目管理。而我国的建设工程监理制规定,工程监理企业只接受建设单位的委托,即只为建设单位服务。他不能接受承建单位的委托为其提供服务。从这个意义上看,可以认为我国的建设工程监理就是为建设单位服务的项目管理。

2. 建设工程监理属于强制推行的制度

[问一问]
我国现阶段强制推行建设工程监理制度的手段有哪些?

国外建设项目管理是适应建筑市场中建设单位新的需求的产物,其发展过程也是整个建筑市场发展的一个方面,没有来自政府部门的行政指导或干预;而我国的建设工程监理从一开始就是作为对计划经济条件下所形成的建设工程管理体制改革的一项新制度提出来的,也是依靠行政手段和法律手段在全国范围推行的。为此,不仅在各级政府部门中设立了主管建设工程监理有关工作的专门机构,而且制定了有关的法律、法规、规章,明确提出国家推行建设工程监理制度;并明确规定了必须实行建设工程监理的工程范围。其结果是在较短时间内促进了建设工程监理在我国的发展,形成了一批专业化、社会化的工程监理企业和监理工程师队伍,缩小了与发达国家建设项目管理的差距。

3. 建设工程监理具有监督功能

我国的工程监理企业有一定的特殊地位,它与建设单位构成委托与被委托关系,与承建单位虽然无任何经济关系,但根据建设单位授权,有权对其不当建设行为进行监督,或者预先防范,或者指令其及时改正,或者向有关部门反映,请求纠正。不仅如此,在我国的建设工程监理中还强调对承建单位施工过程和施工工序的监督、检查和验收,而且在实践中又进一步提出了旁站监理的规定。我国监理工程师在质量控制方面的工作所达到的深度和细度,应当说远远超过国际上建设项目管理人员的工作深度和细度,这对保证工程质量起到了很好的作用。

[想一想]
我国现阶段建设工程监理都有哪些特点?

4. 市场准入的双重控制

在建设项目管理方面,一些发达国家只对专业人士的职业资格提出要求,而没有对企业的资质管理作出规定。而我国对建设工程监理的市场准入采取了企业资质和人员资格的双重控制。要求专业监理工程师以上的监理人员要取得监理工程师资格证书,不同资质等级的工程监理企业至少要有一定数量的取得监理工程师资格证书并经注册的人员。应当说,这种市场准入的双重控制对于保证我国建设工程监理队伍的基本素质,规范我国建设工程监理市场起到了积极的作用。

三、建设工程监理的发展趋势

我国的建设工程监理制度已经取得了很大的成绩,得到了全社会的认同。但是应当看到,目前我国的建设工程监理仍处在发展的初级阶段,与发达国家相比还存在很大的差距,还需要进一步发展和完善。

1. 加强法制建设,走法制化的道路

推动工程监理行业健康发展,需要健全的法律法规作保障。目前我国建设工程监理在市场规则和市场机制方面还比较薄弱,国家必将出台全国统一的工程监理法,将给工程监理的发展指明方向,工程监理单位和从业人员要守法执法,严格依法监理。

2. 以市场需求为导向,向全方位、全过程监理发展

目前我国建设工程监理仍以施工阶段监理为主。代表建设单位进行全方位、全过程的工程项目管理,是我国工程监理行业发展的趋向。

3. 适应市场需求,优化工程监理企业结构

应当通过市场机制和必要的行业政策引导,在工程监理行业逐步建立起综合性监理企业与专业性监理企业相结合,大、中、小型监理企业相结合的合理的企业结构。按工作内容分,建立起能承担全过程、全方位监理任务的综合性监理企业与能承担某一专业监理任务(如招标代理、工程造价咨询)的监理企业相结合的企业结构。按工作阶段分,建立起能承担工程建设全过程监理的大型监理企业与能承担某一阶段工程监理任务的中型监理企业和只提供旁站监理劳务的小型监理企业相结合的企业结构。

[问一问]
我国建设工程监理将向什么方向发展?

4. 加强培训工作,不断提高从业人员素质

监理工作发展的基础是监理人才队伍的培养和建设。一方面,政府主管部门和监理行业协会可以针对本地区、本系统监理队伍的实际状况,制定相应的培训教育规划,建立一个多渠道、多层次、多种形式、多种目标的人才培训教育体系,系统地组织开展监理人员培训工作,从而适应建筑市场对建筑人才的需求;另一方面,监理企业应该重视人才的培养,根据本企业经营发展的需要,制定和实施企业人才战略,培养一支懂技术、懂管理、懂经济、懂法律、懂国际惯例的结构合理、专业配套的人才队伍,从根本上提升企业的竞争实力。

5. 与国际惯例接轨,走向世界

随着加入WTO过渡期结束,我国建筑市场的竞争规则、技术标准、经营方式、服务模式将进一步与国际接轨,工程监理企业要充分认清面临的机会和挑战,尽快转变观念,提高服务意识和服务水平,充分利用我们在市场规模、人才资源、市场准入、经营成本、政策法规、技术标准等方面的优势,加强与国际同行之间的合作与交流,实现优势互补。通过合资、合作等方式,学习和借鉴先进、科学的管理方法和经验,加快改革步伐,快速提升监理企业的核心竞争力。同时,利用加入WTO的有利条件,积极开拓国际工程咨询服务市场,加速我国工程监理行业的国际化进程。

第三节 建设工程监理相关法规及政策

建设工程监理相关法规包括:《建筑法》、《招标投标法》、《合同法》、《安全生产法》、《环境保护法》、《刑法》等法律;《建设工程质量管理条例》、《建设工程安全生产管理条例》、《安全生产许可证条例》等行政法规;《建设工程监理规模范围与标准》、《建设工程监理与相关服务收费管理规定》、《工程监理企业资质管理规定》、《注册监理工程师管理规定》、《实施工程建设强制性标准监督规定》等部门规章。建设工程监理相关政策包括《关于落实建设工程安全生产监理责任的若干意见》、《建筑工程安全生产监督管理工作导则》及有关的节能政策。这些相关法规和政策既是监理工程师工作的法规环境,又是监理工程师的重要工作依据。

一、工程建设法规体系概述

[问一问]
我国建设工程监理相关法规都有哪些?

工程建设法规体系按其立法权限不同,可分为5个层次,即:法律、行政法规、部门规章、地方性法规和地方规章。

1. 法律

工程建设相关法律是指由全国人民代表大会及其常务委员会通过,并以国家主席令的形式发布的有关工程建设方面的各项法律,它是工程建设法律体系的核心。目前已颁布实施的建设工程监理相关法律主要有:

(1)《中华人民共和国建筑法》(以下简称《建筑法》);
(2)《中华人民共和国招标投标法》(以下简称《招标投标法》);
(3)《中华人民共和国合同法》(以下简称《合同法》);

(4)《中华人民共和国安全生产法》(以下简称《安全生产法》);
(5)《中华人民共和国环境保护法》(以下简称《环境保护法》);
(6)《中华人民共和国刑法》(以下简称《刑法》)。

2. 行政法规

工程建设相关行政法规是指国务院依法制定并以总理令的形式颁布的有关工程建设方面的各项法规。已颁布实施的建设工程监理相关法规主要有：
(1)《建设工程质量管理条例》;
(2)《建设工程安全生产管理条例》;
(3)《安全生产许可证条例》。

3. 部门规章

部门规章是指国务院建设主管部门制定并以部长令形式发布的各项规章，或由国务院建设主管部门与国务院其他有关部门联合制定并发布的规章。已颁布实施的建设工程监理部门规章主要有：
(1)《建设工程监理规模范围与标准》;
(2)《建设工程监理与相关服务收费管理规定》;
(3)《工程监理企业资质管理规定》;
(4)《注册监理工程师管理规定》;
(5)《实施工程建设强制性标准监督规定》。

4. 地方性法规

工程建设相关地方性法规是指在不与宪法、法律、行政法规相抵触的前提下，由省、自治区、直辖市人民代表大会及其常务委员会制定并发布的工程建设方面的法规。包括省会(自治区首府)城市和经国务院批准的计划单列的市人民代表大会及其常务委员会制定的，报经省、自治区人民代表大会及其常务委员会批准的各种法规。

5. 地方规章

工程建设相关地方规章是指省、自治区、直辖市以及省会城市和经国务院批准的计划单列城市的人民政府，根据法律和国务院行政法规制定并发布的工程建设方面的规章。

上述法律、法规、规章的效力是：法律的效力高于行政法规；行政法规的效力高于部门规章；部门规章的效力高于地方性法规和规章。

二、建设工程监理相关法律

(一)《建筑法》的相关内容

《建筑法》是我国工程建设领域的一部大法，以建筑市场管理为中心，以建筑工程质量和安全管理为重点，主要包括：建筑许可、建筑工程发包与承包、建筑工程监理、建筑安全生产管理和建筑工程质量管理等方面的内容。考虑到《建筑工程质量管理条例》和《建设工程安全生产管理条例》有更加详细的规定，这里主要介绍建筑许可、建筑工程发包与承包、建筑工程监理三个方面的内容。

[做一做]

请用框图画出工程建设法规体系。

1. 建筑许可

建筑许可包括建筑工程施工许可和从业资格两个方面。

第一方面是建筑工程施工许可

建筑工程施工许可是建设行政主管部门根据建设单位的申请,依法对建筑工程所应具备的施工条件进行审查,对符合规定条件者准许其开始施工并颁发施工许可证的一种管理制度。

(1)施工许可证

建筑工程开工前,建设单位应当按照国家有关规定向工程所在地县级以上人民政府建设主管部门申请领取施工许可证。工程投资额在30万元以下或者建筑面积在300m² 以下的建筑工程,不需要申请办理施工许可证。

按照国务院规定的权限和程序批准开工报告的建筑工程,不再领取施工许可证。因故不能按期开工或者中止施工时,应当及时向批准机关报告情况。因故不能按期开工超过6个月的,应当重新办理开工报告的批准手续。

[想一想]
1. 施工许可证由谁来办理?向哪个部门申请?
2. 办理施工许可证需要哪些条件?

(2)施工许可证的申领条件

建设单位申请领取施工许可证,应当具备下列条件:

① 已经办理该建筑工程用地批准手续;

② 在城市规划区的建筑工程,已经取得建设工程规划许可证;

③ 施工场地已经基本具备施工条件,需要拆迁的,其拆迁进度符合施工要求;

④ 已经确定施工企业。按照规定应该招标的工程没有招标,应该公开招标的工程没有公开招标,或者肢解发包工程,以及将工程发包给不具备相应资质条件的,所确定的施工企业无效;

⑤ 已有满足施工需要的施工图纸及技术资料,施工图设计文件已按规定进行了审查;

⑥ 有保证工程质量和安全的具体措施。施工企业编制的施工组织设计中有根据建筑工程特点制定的相应质量、安全技术措施,专业性较强的工程项目编制有专项质量、安全施工组织设计,并按照规定办理了工程质量、安全监督手续;

⑦ 按照规定应该委托监理的工程已委托监理;

⑧ 建设资金已经落实。建设工期不足1年的,到位资金原则上不得少于工程合同价的50%,建设工期超过1年的,到位资金原则不得少于工程合同价的30%。建设单位应当提供银行出具的到位资金证明,有条件的可以实行银行付款保函或者其他第三方担保;

⑨ 法律、行政法规规定的其他条件。

(3)施工许可证的有效期

① 建设单位应当自领取施工许可证之日起3个月内开工。因故不能按期开工的,应当向发证机关申请延期;延期以两次为限,每次不超过3个月。既不开工又不申请延期或者超过延期时限的,施工许可证自行废止。

② 在建的建筑工程因故中止施工的,建设单位应当自中止施工之日起1个

月内,向发证机关报告中止施工的时间、原因、在施部位、维修管理措施等,并按照规定做好建筑工程的维护管理工作。建筑工程恢复施工时,应当向发证机关报告。中止施工满1年的工程恢复施工前,建设单位应当报发证机关核验施工许可证。

第二方面是从业资格

从业资格又包括工程建设参与单位资质和专业技术人员执业资格两个方面。

(1) 工程建设参与单位资质要求

从事建筑活动的建筑施工企业、勘察单位、设计单位和工程监理单位,应当具备下列条件:

① 有符合国家规定的注册资本;
② 有与其从事的建筑活动相适应的具有法定执业资格的专业技术人员;
③ 有从事相关建筑活动所应有的技术装备;
④ 法律、行政法规规定的其他条件。

从事建筑活动的建筑施工企业、勘察单位、设计单位和工程监理单位,按照其拥有的注册资本、专业技术人员、技术装备和已完成的建筑工程业绩等资质条件,划分为不同的资质等级。经资质审查合格,取得相应等级的资质证书后,方可在其资质等级许可的范围内从事建筑活动。

(2) 专业技术人员执业资格要求

从事建筑活动的专业技术人员,应当依法取得相应的执业资格证书,并在执业资格证书许可的范围内从事建筑活动。如:注册建筑师、注册结构工程师、注册监理工程师、注册造价工程师、注册建造师等。

2. 建筑工程发包与承包

建筑工程的发包单位与承包单位应当依法订立书面合同,明确双方的权利和义务。发包单位和承包单位应当全面履行约定的义务,不按照合同约定履行义务的,依法承担违约责任。建筑工程造价应当由发包单位和承包单位在合同中约定,发包单位应当按照合同的约定,及时拨付工程款项。

发包单位及其工作人员在建筑工程发包中不得收受贿赂、回扣或者索取其他好处。承包单位及其工作人员不得利用向发包单位及其工作人员行贿、提供回扣或者给予其他好处等不正当手段承揽工程。

(1) 建筑工程发包

建筑工程实行招标发包的,发包单位应当将建筑工程发包给依法中标的承包单位。建筑工程实行直接发包的,发包单位应当将建筑工程发包给具有相应资质条件的承包单位。

提倡对建筑工程实行总承包,禁止将建筑工程肢解发包。建筑工程的发包单位可以将建筑工程的勘察、设计、施工、设备采购一并发包给1个工程总承包单位,也可以将建筑工程勘察、设计、施工、设备采购的1项或者多项发包给1个工程总承包单位;但是,不得将应当由1个承包单位完成的建筑工程肢解成若干部分发包给几个承包单位。

按照合同约定,建筑材料、建筑构配件和设备由工程承包单位采购的,发包单位不得指定生产厂家和供应商。

(2) 建筑工程承包

承包建筑工程的单位应当持有依法取得的资质证书,并在其资质等级许可的业务范围内承揽工程。禁止建筑施工企业超越本企业资质等级许可的业务范围或者以任何形式用其他建筑施工企业的名义承揽工程。禁止建筑施工企业以任何形式允许其他单位或者个人使用本企业的资质证书、营业执照,以本企业的名义承揽工程。

大型建筑工程或者结构复杂的建筑工程,可以由2个以上的承包单位联合共同承包,2个以上不同资质等级的单位实行联合共同承包的,应当按照资质等级低的单位的业务许可范围承揽工程。共同承包的各方对承包合同的履行承担连带责任。

禁止承包单位将其承包的全部建筑工程转包给他人,禁止承包单位将其承包的全部建筑工程肢解以后以分包的名义分别转包给他人。

建筑工程总承包单位可以将承包工程中的部分工程发包给具有相应资质条件的分包单位,但是,除总承包合同中约定的分包外,必须经建设单位认可。施工总承包的,建筑工程主体结构的施工必须由总承包单位自行完成。建筑工程总承包单位按照总承包合同的约定对建设单位负责;分包单位按照分包合同的约定对总承包单位负责。总承包单位和分包单位就分包工程对建设单位承担连带责任。禁止总承包单位将工程分包给不具备相应资质条件的单位。禁止分包单位将其承包的工程再分包。

[想一想]

建筑工程在什么情况下可以实行分包?

3. 建筑工程监理

国家推行建筑工程监理制度,国务院建设主管部门规定了实行强制监理的范围。

(1) 工程监理任务的委托和承揽

实行监理的建筑工程,由建设单位委托具有相应资质条件的工程监理单位监理。建设单位与其委托的工程监理单位应当订立书面委托监理合同,工程监理单位应当在其资质等级许可的监理范围内,承担工程监理业务,工程监理单位不得转让工程监理业务。

(2) 工程监理任务的实施

实施建筑工程监理前,建设单位应当将委托的工程监理单位、监理的内容及监理权限,书面通知被监理的建筑施工企业。

工程监理单位应当根据建设单位的委托,客观、公正地执行监理任务,应当依照法律、行政法规及有关的技术标准、设计文件和建筑工程承包合同。对承包单位在施工质量、建设工期和建设资金使用等方面,代表建设单位实施监督。

工程监理人员认为工程施工不符合工程设计要求、施工技术标准和合同约定的,有权要求建筑施工企业改正。

工程监理人员发现工程设计不符合建筑工程质量标准或者合同约定的质量要求的,应当报告建设单位要求设计单位改正。

(3)工程监理单位的禁止行为和责任

工程监理单位与被监理工程的承包单位以及建筑材料、建筑构配件和设备供应单位不得有隶属关系或者其他利害关系。

工程监理单位不按照委托监理合同的约定履行监理义务,对应当监督检查的项目不检查或者不按照规定检查,给建设单位造成损失的,应当承担相应的赔偿责任。

工程监理单位与承包单位串通,为承包单位谋取非法利益,给建设单位造成损失的,应当与承包单位承担连带赔偿责任。

(二)《招标投标法》的相关内容

《招标投标法》主要包括建设工程勘察、设计、施工、监理以及与工程建设有关的重要设备、材料的招标、投标、开标、评标和中标内容。《招标投标法》规定,在中华人民共和国境内进行下列工程建设项目包括项目的勘察、设计、施工、监理以及与工程建设有关的重要设备、材料等的采购,必须进行招标:

(1)大型基础设施、公用事业等关系社会公共利益、公众安全的项目;

(2)全部或者部分使用国有资金投资或者国家融资的项目;

(3)使用国际组织或者外国政府贷款、援助资金的项目;

任何单位和个人不得将依法必须进行招标的项目化整为零或者以其他任何方式规避招标。

1. 招标

(1)招标条件

招标项目按照国家有关规定需要履行项目审批手续的,应当先履行审批手续,取得批准。招标人应当有进行招标项目的相应资金或者资金来源已经落实,并应当在招标文件中如实载明。

招标人具有编制招标文件和组织评标能力的,可以自行办理招标事宜。任何单位和个人不得强制其委托招标代理机构办理招标事宜。依法必须进行招标的项目,招标人自行办理招标事宜的,应当向有关行政监督部门备案。

招标人有权自行选择招标代理机构,委托其办理招标事宜。任何单位和个人不得以任何方式为招标人指定招标代理机构。

(2)招标方式

招标分为公开招标和邀请招标。招标人采用公开招标方式的,应当发布招标公告。依法必须进行招标项目的招标公告,应当通过国家指定的报刊、信息网络或者其他媒介发布。

招标人采用邀请招标方式的,应当向3个以上具备承担招标项目能力的、资信良好的、特定的法人或者其他组织发出投标邀请书。

招标公告或投标邀请书应当载明招标人的名称和地址、招标项目的性质、数量、实施地点和时间以及获取招标文件的办法等事项。

[问一问]
招投标法规定哪些项目必须实行招标?

[想一想]
招标有几种方式？

(3) 招标文件

招标人应当根据招标项目的特点和需要编制招标文件。招标文件应当包括招标项目的技术要求、对投标人资格审查的标准、投标报价要求和评标标准等所有实质性要求和条件以及拟签订合同的主要条款。

招标人对已发出的招标文件进行必要的澄清或者修改的，应当在招标文件要求提交投标文件截止时间至少15天前，以书面形式通知所有招标文件收受人。该澄清或者修改的内容为招标文件的组成部分。

(4) 投标文件编制时间

招标人应当确定投标人编制投标文件所需要的合理时间。但是，依法必须进行招标的项目，自招标文件开始发出之日起至投标人提交投标文件截止之日止，最短不得少于20天。

2. 投标

投标人应当具备承担招标项目的能力。国家有关规定对投标人资格条件或者招标文件对投标人资格条件有规定的，投标人应当具备规定的相应资格条件。

投标人应当按照招标文件的要求编制投标文件。投标文件应当对招标文件提出的实质性要求和条件作出响应。招标项目属于建筑施工的，投标文件的内容应当包括拟派出的项目负责人与主要技术人员的简历、业绩和拟用于完成招标项目的机械设备等。

(1) 投标文件

投标人应当在招标文件要求提交投标文件的截止时间前，将投标文件送达投标地点。招标人收到投标文件后，应当签收保存，不得开启。投标人少于3个的，招标人应当依照本法重新招标。

在招标文件要求提交投标文件的截止时间后送达的投标文件，招标人应当拒收。投标人在招标文件要求提交投标文件的截止时间前，可以补充、修改或者撤回已提交的投标文件，并书面通知招标人。补充、修改的内容为投标文件的组成部分。

投标人根据招标文件载明的项目实际情况，拟在中标后将中标项目的部分非主体、非关键性工作进行分包的，应当在投标文件中载明。

(2) 联合体投标

2个以上法人或者其他组织可以组成1个联合体，以1个投标人的身份共同投标。

联合体各方均应当具备承担招标项目的相应能力。国家有关规定或者招标文件对投标人资格条件有规定的，联合体各方均应当具备规定的相应资格条件。由同一专业的单位组成的联合体，按照资质等级较低的单位确定资质等级。

[想一想]
对投标人有哪些禁止行为？

联合体各方应当签订共同投标协议，明确约定各方拟承担的工作和责任，并将共同投标协议连同投标文件一并提交招标人。联合体中标的，联合体各方应当共同与招标人签订合同，就中标项目向招标人承担连带责任。

招标人不得强制投标人组成联合体共同投标，不得限制投标人之间的竞争。

(3) 投标人的禁止行为

投标人不得相互串通投标报价,不得排挤其他投标人的公平竞争,损害招标人或者其他投标人的合法权益。

投标人不得与招标人串通投标,损害国家利益、社会公共利益或者他人的合法权益。

禁止投标人以向招标人或者评标委员会成员行贿的手段谋取中标。

投标人不得以低于成本的报价竞标,也不得以他人名义投标或者以其他方式弄虚作假,骗取中标。

3. 开标、评标和中标

(1) 开标

开标应当在招标文件确定的提交投标文件截止时间的同一时间公开进行,开标地点应当为招标文件中预先确定的地点。

开标由招标人主持,邀请所有投标人参加。开标时,由投标人或者其推选的代表检查投标文件的密封情况,也可以由招标人委托的公证机构检查并公证。经确认无误后,由工作人员当众拆封,宣读投标人名称、投标价格和投标文件的其他主要内容。

招标人在招标文件要求提交投标文件的截止时间前收到的所有投标文件,开标时都应该当众予以拆封、宣读。

开标过程应当记录,并存档备查。

(2) 评标

评标由招标人依法组建的评标委员会负责。依法必须进行招标的项目,其评标委员会由招标人的代表和有关技术、经济等方面的专家组成,成员人数为5人以上单数,其中技术、经济等方面的专家不得少于成员总数的2/3。

评标委员会可以要求投标人对投标文件中含义不明确的内容作必要的澄清或者说明,但是澄清或者说明不得超出投标文件范围或者改变投标文件的实质性内容。

评标委员会应当按照招标文件确定的评标标准和方法,对投标文件进行评审和比较。有标底的,应当参考标底。评标委员会完成评标后,应当向招标人提出书面评标报告,并推荐合格的中标候选人。

评标委员会经评审,认为所有投标都不符合招标文件要求的,可以否决所有投标。依法必须进行招标的项目的所有投标都被否决时,招标人应当依照《招标投标法》重新招标。

(3) 中标

招标人根据评标委员会提出的书面评标报告和推荐的中标候选人确定中标人。招标人也可以授权评标委员会直接确定中标人。

中标人的投标应当符合下列条件之一:

① 能够最大限度地满足招标文件中规定的各项综合评价标准;

② 能够满足招标文件的实质性要求,并且经评审后投标价格最低。但是投

[问一问]
工程招投标按怎样的程序开标?

标价格低于工程成本的除外。

在确定中标人前,招标人不得与投标人就投标价格、投标方案等实质性内容进行谈判。中标人确定后,招标人应当向中标人发出中标通知书,并同时将中标结果通知所有未中标的投标人。

中标通知书对招标人和中标人具有法律效力。中标通知书发出后,招标人改变中标结果的,或者中标人放弃中标项目的,应当依法承担法律责任。

(4) 签订合同

[想一想]
投标人在什么情况下可以中标?

招标人和中标人应当自中标通知书发出之日起30天内,按照招标文件和中标人的投标文件订立书面合同。招标人和中标人不得再行订立背离合同实质性内容的其他协议。

(三)《合同法》的相关内容

《合同法》包括总则和分则两大部分。总则主要包括合同的订立、合同的效力、合同的履行、合同的变更和转让、合同的权利义务终止、违约责任等内容;分则包括15类合同,即买卖合同,供用电、水、气、热力合同,赠与合同,借款合同,租赁合同,融资租赁合同,承揽合同,建设工程合同,运输合同,技术合同,保管合同,仓储合同,委托合同,行纪合同,居间合同。

1. 建设工程合同的有关规定

建设工程合同是承包人进行工程建设,发包人支付价款的合同。建设工程合同包括工程勘察、设计、施工、监理合同。

(1) 建设工程承发包的相关规定

[问一问]
建设工程合同包括哪些合同?

发包人可以与总承包人订立建设工程合同,也可以分别与勘察人、设计人、施工人订立勘察、设计、施工承包合同。发包人不得将应当由一个承包人完成的建设工程肢解成若干部分发包给几个承包人。

总承包人或者勘察、设计、施工承包人经发包人同意,可以将自己承包的部分工作交由第三人完成。第三人就其完成的工作成果与总承包人或者勘察、设计、施工承包人向发包人承担连带责任。承包人不得将其承包的全部建设工程转包给第三人或者将其承包的全部建设工程分解以后以分包的名义分别转包给第三人。

禁止承包人将工程分包给不具备相应资质条件的单位。禁止分包单位将其承包的工程再分包。建设工程主体结构的施工必须由承包人自行完成。

(2) 建设工程合同的主要内容

勘察、设计合同的内容包括提交有关基础资料和文件(包括概预算)的期限、质量要求、费用以及其他协作条件等条款。施工合同的内容包括工程范围、建设工期、中间交工工程的开工和竣工时间、工程质量、工程造价、技术资料交付时间、材料和设备供应责任、拨款和结算、竣工验收、质量保修范围和质量保证期、双方相互协作等条款。

(3) 建设工程合同履行的相关规定

发包人的权利和义务:

① 发包人在不妨碍承包人正常作业的情况下,可以随时对作业进度、质量进行检查。

② 勘察、设计的质量不符合要求或者未按照期限提交勘察、设计文件而拖延工期,造成发包人损失的,勘察人、设计人应当继续完善勘察、设计,减收或者免收勘察、设计费并赔偿损失。

③ 因发包人变更计划,提供的资料不准确,或者未按照期限提供必需的勘察、设计工作条件而造成勘察、设计的返工、停工或者修改设计的,发包人应当按照勘察人、设计人实际消耗的工作量增付费用。

④ 因施工人的原因致使建设工程质量不符合约定的,发包人有权要求施工人在合理期限内无偿修理或者返工、改建。经过修理或者返工、改建后,造成逾期交付的,施工人应当承担违约责任。

⑤ 建设工程竣工后,发包人应当根据施工图纸及说明、国家颁发的施工验收规范和质量检验标准及时进行验收。验收合格的,发包人应当按照约定支付价款,并接收该建设工程。建设工程竣工经验收合格后,方能交付使用。未经验收或者验收不合格的,不得交付使用。

承包人的权利和义务:

① 发包人未按照约定的时间和要求提供原材料、设备、场地、资金、技术资料的,承包人可以顺延工程日期,并有权要求赔偿停工、窝工等损失。

② 因发包人的原因致使工程中途停建、缓建的,发包人应当采取措施弥补或者减少损失,赔偿承包人因此造成的停工、窝工、倒运、机械设备调迁、材料和构件积压等损失的实际费用。

③ 隐蔽工程在隐蔽以前,承包人应当通知发包人检查。发包人没有及时检查的,承包人可以顺延工程日期,并有权要求赔偿停工、窝工等损失。

④ 因承包人的原因致使建设工程在合理使用期限内造成人身和财产损害的,承包人应当承担损害赔偿责任。

⑤ 发包人未按照约定支付价款的,承包人可以催告发包人在合理期限内支付价款。发包人逾期不支付的,除按照建设工程的性质不宜折价、拍卖的以外,承包人可以与发包人协商将该工程折价,也可以申请人民法院将该工程依法拍卖。建设工程的价款就该工程折价或者拍卖的价款优先受偿。

2. 委托合同的有关规定

委托合同是委托人和受托人约定,由受托人处理委托事务的合同。委托人可以特别委托受托人处理一项或者数项事务,也可以概括委托受托人处理一切事务。

(1)委托人的主要权利和义务

① 委托人应当预付处理委托事务的费用。受托人为处理委托事务垫付的必要费用,委托人应当偿还该费用及其利息。

② 有偿的委托合同,因受托人的过错给委托人造成损失的,委托人可以要求赔偿损失。无偿的委托合同,因受托人的故意或者重大过失给委托人造成损失

[想一想]
承发包人都有哪些权利和义务?

的,委托人可以要求赔偿损失。受托人超越权限给委托人造成损失的,应当赔偿损失。

③ 受托人完成委托事务后,委托人应当向其支付报酬。因不可归责于受托人的事由,委托合同解除或者委托事务不能完成的,委托人应当向受托人支付相应的报酬。当事人另有约定的,按照其约定。

(2) 受托人的主要权利和义务

① 受托人应当按照委托人的指示处理委托事务。需要变更委托人指示的,应当经委托人同意;因情况紧急,难以和委托人取得联系的,受托人应当妥善处理委托事务,但事后应当将该情况及时报告委托人。

② 受托人应当亲自处理委托事务。经委托人同意,受托人可以转委托。转委托经同意的,委托人可以就委托事务直接指示转委托的第三人,受托人仅就第三人的选任及其对第三人的指示承担责任。转委托未经同意的,受托人应当对转委托的第三人的行为承担责任,但在紧急情况下受托人为维护委托人的利益需要转委托的除外。

③ 受托人应当按照委托人的要求,报告委托事务的处理情况。委托合同终止时,受托人应当报告委托事务的结果。

④ 受托人处理委托事务时,因不可归责于自己的事由受到损失的,可以向委托人要求赔偿损失。

⑤ 2个以上的受托人共同处理委托事务的,对委托人承担连带责任。

[想一想]

委托人与受托人都有哪些权利和义务?

(四)《安全生产法》的相关内容

安全生产管理,坚持安全第一、预防为主的方针。生产经营单位必须遵守《安全生产法》和其他有关安全生产的法律、法规,加强安全生产管理,建立、健全安全生产责任制度,完善安全生产条件,确保安全生产。生产经营单位的主要负责人对本单位的安全生产工作全面负责。生产经营单位的从业人员有依法获得安全生产保障的权利,并应当依法履行安全生产方面的义务。

1. 生产经营单位的安全生产保障

(1) 生产经营单位

生产经营单位应当具备《安全生产法》和有关法律、行政法规和国家标准或者行业标准规定的安全生产条件。不具备安全生产条件的,不得从事生产经营活动。建设项目安全设施的设计人、设计单位应当对安全设施设计负责。生产经营单位的主要负责人和安全生产管理人员必须具备与本单位所从事的生产经营活动相应的安全生产知识和管理能力。

① 生产经营单位应当具备的安全生产条件所必需的资金投入,由生产经营单位的决策机构、主要负责人或者个人经营的投资人予以保证,并对由于安全生产所必需的资金投入不足导致的后果承担责任。

② 建筑施工单位应当设置安全生产管理机构或者配备专职安全生产管理人员。

③ 生产经营单位应当对从业人员进行安全生产教育和培训,保证从业人员

具备必要的安全生产知识,熟悉有关的安全生产规章制度和安全操作规程,掌握本岗位的安全操作技能。未经安全生产教育和培训合格的从业人员,不得上岗作业。

④ 生产经营单位采用新工艺、新技术、新材料或者使用新设备,必须了解、掌握其安全技术特性,采取有效的安全防护措施,并对从业人员进行专门的安全生产教育和培训。

⑤ 生产经营单位的特种作业人员必须按照国家有关规定经专门的安全作业培训,取得特种作业操作资格证书,方可上岗作业。

⑥ 生产经营单位使用的涉及生命安全、危险性较大的特种设备,以及危险物品的容器、运输工具,必须按照国家有关规定,由专业生产单位生产,并经取得专业资质的检测、检验机构检测、检验合格,取得安全使用证或者安全标志,方可投入使用。检测、检验机构对检测、检验结果负责。

⑦ 生产、经营、储存、使用危险物品的车间、商店、仓库不得与员工宿舍在同一座建筑物内,并应当与员工宿舍保持安全距离。生产经营场所和员工宿舍应当设有符合紧急疏散要求、标志明显、保持畅通的出口。禁止封闭、堵塞生产经营场所或者员工宿舍的出口。

⑧ 生产经营单位进行爆破、吊装等危险作业,应当安排专门人员进行现场安全管理,确保操作规程的遵守和安全措施的落实。

⑨ 生产经营单位应当教育和督促从业人员严格执行本单位的安全生产规章制度和安全操作规程。并向从业人员如实告知作业场所和工作岗位存在的危险因素、防范措施以及事故应急措施。

⑩ 生产经营单位必须为从业人员提供符合国家标准或者行业标准的劳动防护用品,并监督、教育从业人员按照使用规则佩戴、使用。

⑪ 生产经营单位的安全生产管理人员应当根据本单位的生产经营特点,对安全生产状况进行经常性检查。对检查中发现的安全问题,应当立即处理。不能处理的,应当及时报告本单位有关负责人。检查及处理情况应当记录在案。

⑫ 生产经营单位应当安排用于配备劳动防护用品、进行安全生产培训的经费。

(2) 生产经营单位的主要负责人

生产经营单位的主要负责人对本单位安全生产工作负有下列职责:

① 建立、健全本单位安全生产责任制;
② 组织制定本单位安全生产规章制度和操作规程;
③ 保证本单位安全生产投入的有效实施;
④ 督促、检查本单位的安全生产工作,及时消除生产安全事故隐患;
⑤ 组织制订并实施本单位的生产安全事故应急救援预案;
⑥ 及时、如实报告生产安全事故。

生产经营单位发生重大生产安全事故时,单位的主要负责人应当立即组织抢救,并不得在事故调查处理期间擅离职守。

[想一想]
生产经营单位对安全生产应采取哪些保障措施?

2. 生产安全事故的应急救援与调查处理

生产经营单位发生生产安全事故后,事故现场有关人员应当立即报告本单位负责人。单位负责人接到事故报告后,应当迅速采取有效措施,组织抢救,防止事故扩大,减少人员伤亡和财产损失,并按照国家有关规定立即如实报告当地负有安全生产监督管理职责的部门,不得隐瞒不报、谎报或者拖延不报,不得故意破坏事故现场、毁灭有关证据。

(五)《环境保护法》的相关内容

建设污染环境的项目必须遵守国家有关建设项目环境保护管理的规定。建设项目的环境影响报告书必须对建设项目产生的污染和对环境的影响作出评价,规定防治措施,经项目主管部门预审并依照规定的程序报给环境保护行政主管部门批准。环境影响报告书经批准后,计划部门方可批准建设项目设计任务书。

1. 保护和改善环境

在国务院、国务院有关主管部门和省、自治区、直辖市人民政府划定的风景名胜区、自然保护区和其他需要特别保护的区域内,不得建设污染环境的工业生产设施;建设其他设施,其污染物排放不得超过规定的排放标准。已经建成的设施,其污染物排放超过规定的排放标准的,限期治理。

开发利用自然资源,必须采取措施保护生态环境。

2. 防治环境污染和其他公害

新建工业企业和现有工业企业的技术改造,应当采用资源利用率高、污染物排放量少的设备和工艺,采用经济合理的废弃物综合利用技术和污染物处理技术。

建设项目中防治污染的设施,必须与主体工程同时设计、同时施工、同时投产使用。防治污染的设施必须经原审批环境影响报告书的环境保护行政主管部门验收合格后,该建设项目方可投入生产或者使用。

禁止引进不符合我国环境保护规定的技术和设备。

(六)《刑法》的相关内容

《刑法》中有关建设工程质量、安全生产管理责任的规定如下:

(1)在生产、作业中违反有关安全管理的规定,因而发生重大伤亡事故或者造成其他严重后果的,处3年以下有期徒刑或者拘役;情节特别恶劣的,处3年以上7年以下有期徒刑。

(2)安全生产设施或安全生产条件未得到保障时,强令他人违章冒险作业,因而发生重大伤亡事故或者造成其他严重后果的,处5年以下有期徒刑或者拘役;情节特别恶劣的,处5年以上有期徒刑。不符合国家规定,因而发生重大伤亡事故或者造成其他严重后果的,对直接负责的主管人员和其他直接责任人员,处3年以下有期徒刑或者拘役;情节特别恶劣的,处3年以上7年以下有期徒刑。

(3)建设单位、设计单位、施工单位、工程监理单位违反国家规定,降低工程质量标准,造成重大安全事故的,对直接责任人员,处5年以下有期徒刑或者拘

> [问一问]
> 生产经营单位负责人对安全生产应负哪些责任?

役,并处罚金;后果特别严重的,处 5 年以上 10 年以下有期徒刑,并处罚金。

(4)违反消防管理法规,经消防监督机构通知采取改正措施而拒绝执行,造成严重后果的,对直接责任人员,处 3 年以下有期徒刑或者拘役;后果特别严重的,处 3 年以上 7 年以下有期徒刑。

在安全事故发生后,负有报告职责的人员不报或者谎报事故情况,贻误事故抢救,情节严重的,处 3 年以下有期徒刑或者拘役;情节特别严重的,处 3 年以上 7 年以下有期徒刑。

三、建设工程监理相关行政法规

[想一想]
《刑法》中对建设工程质量与安全生产管理责任的规定有哪些?

(一)《建设工程质量条例》的相关内容

1. 工程监理任务的承揽

工程监理单位应当依法取得相应等级的资质证书,并在其资质等级许可的范围内承担工程监理业务。禁止工程监理单位超越本单位资质等级许可的范围或者以其他工程监理单位的名义承担工程监理业务。禁止工程监理单位允许其他单位或者个人以本单位的名义承担工程监理业务。工程监理单位不得转让工程监理业务。

工程监理单位与被监理工程的施工承包单位以及建筑材料、建筑构配件和设备供应单位有隶属关系或者其他利害关系的,不得承担该项建设工程的监理业务。

2. 工程监理的实施

工程监理单位应当依照法律、法规以及有关技术标准、设计文件和建设工程承包合同,代表建设单位对施工质量实施监理,并对施工质量承担监理责任。

工程监理单位应当选派具备相应资格的总监理工程师和监理工程师进驻施工现场。未经监理工程师签字,建筑材料、建筑构配件和设备不得在工程上使用或者安装,施工单位不得进行下一道工序的施工。未经总监理工程师签字,建设单位不拨付工程款,不进行竣工验收。

监理工程师应当按照工程监理规范的要求,采取旁站、巡视和平行检验等形式,对建设工程实施监理。

3. 工程监理单位的违规责任

(1)工程监理单位超越本单位资质等级承揽工程的,责令停止其违法行为,对工程监理单位处合同约定的监理酬金 1 倍以上 2 倍以下的罚款。情节严重的,吊销资质证书。有违法所得的,予以没收。

未取得资质证书承揽工程的,予以取缔,依照上述规定处以罚款。有违法所得的,予以没收。

以欺骗手段取得资质证书承揽工程的,吊销资质证书,依照上述规定处以罚款。有违法所得的,予以没收。

(2)工程监理单位允许其他单位或者个人以本单位名义承揽工程的,责令改正,没收违法所得,对工程监理单位处合同约定的监理酬金 1 倍以上 2 倍以下的罚款。可以责令停业整顿,降低资质等级。情节严重的,吊销资质证书。

(3)工程监理单位转让工程监理业务的,责令改正,没收违法所得,处合同约定的监理酬金 25% 以上 50% 以下的罚款;可以责令停业整顿,降低资质等级;情节严重的,吊销资质证书。

(4)工程监理单位有下列行为之一的,责令改正,处 50 万元以上 100 万元以下的罚款,降低资质等级或者吊销资质证书;有违法所得的,予以没收;造成损失的,承担连带赔偿责任:

① 与建设单位或者施工单位串通,弄虚作假、降低工程质量的;

② 将不合格的建设工程、建筑材料、建筑构配件和设备按照合格签字的。

(5)工程监理单位与被监理工程的施工承包单位以及建筑材料、建筑构配件和设备供应单位有隶属关系或者其他利害关系承担该项建设工程的监理业务的,责令改正,处 5 万元以上 10 万元以下的罚款,降低资质等级或者吊销资质证书;有违法所得的,予以没收。

4. 监理人员的违规责任

[问一问]
1. 工程监理单位的违规责任有哪些?
2. 工程监理人员的违规责任有哪些?

(1)监理工程师因过错造成质量事故的,责令停止执业 1 年;造成重大质量事故的,吊销执业资格证书;5 年以内不予注册;情节特别恶劣的,终身不予注册。

(2)工程监理人员违反国家规定,降低工程质量标准,造成重大安全事故,构成犯罪的,对直接责任人员依法追究刑事责任。

(3)工程监理单位的工作人员因调动工作、退休等原因离开该单位后,被发现在该单位工作期间违反国家有关建设工程质量管理规定,造成重大工程质量事故,仍应当依法追究法律责任。

(二)《建设工程安全生产管理条例》的相关内容

1. 工程监理单位的安全生产管理职责

工程监理单位应当审查施工组织设计中的安全技术措施或者专项施工方案是否符合工程建设强制性标准。

工程监理单位在实施监理过程中,发现存在安全事故隐患的,应当要求施工单位整改;情况严重的,应当要求施工单位暂时停止施工,并及时报告建设单位。施工单位拒不整改或者不停止施工的,工程监理单位应当及时向有关主管部门报告。

工程监理单位和监理工程师应当按照法律、法规和工程建设强制性标准实施监理,并对建设工程安全生产承担监理责任。

2. 工程监理单位的违规责任

工程监理单位有下列行为之一的,责令限期改正;逾期未改正的,责令停业整顿,并处 10 万元以上 30 万元以下的罚款;情节严重的,降低资质等级,直至吊销资质证书;造成重大安全事故,构成犯罪的,对直接责任人员,依照刑法有关规定追究刑事责任;造成损失的,依法承担赔偿责任;

(1)未对施工组织设计中的安全技术措施或者专项施工方案进行审查的;

(2)发现安全事故隐患未及时要求施工单位整改或者暂时停止施工的;

(3)施工单位拒不整改或者不停止施工,未及时向有关主管部门报告的;
(4)未依照法律、法规和工程建设强制性标准实施监理的。

3. 监理工程师的违规责任

监理工程师未执行法律、法规和工程建设强制性标准的,责令停止执业3个月以上1年以下;情节严重的,吊销执业资格证书,5年内不予注册;造成重大安全事故的,终身不予注册;构成犯罪的,依照《刑法》有关规定追究刑事责任。

[说一说]
工程监理单位应对哪些行为承担安全生产责任?

(三)《安全生产许可证条例》的相关内容

国家对矿山企业、建筑施工企业和化学危险品、烟花爆竹、民用爆破器材生产企业实行安全生产许可制度。企业未取得安全生产许可证的,不得从事生产活动。

国务院建设主管部门负责中央管理的建筑施工企业安全生产许可证的颁发和管理。省、自治区、直辖市人民政府建设主管部门负责其他建筑施工企业安全生产许可证的颁发和管理,并接受国务院建设主管部门的指导和监督。

1. 安全生产许可证的取得

(1)取得安全生产许可证的条件

企业取得安全生产许可证,应当具备下列安全生产条件:

① 建立、健全安全生产责任制,制定完备的安全生产规章制度和操作规程;
② 安全投入符合安全生产要求;
③ 设置安全生产管理机构,配备专职安全生产管理人员;
④ 主要负责人和安全生产管理人员经考核合格;
⑤ 特种作业人员经有关业务主管部门考核合格,取得特种作业操作资格证书;
⑥ 从业人员经安全生产教育和培训合格;
⑦ 依法参加工伤保险,为从业人员缴纳保险费;
⑧ 厂房、作业场所和安全设施、设备、工艺符合有关安全生产法律、法规、标准和规程的要求;
⑨ 有职业危害防治措施,并为从业人员配备符合国家标准或者行业标准的劳动防护用品;
⑩ 依法进行安全评价;
⑪ 有重大危险源检测、评估、监控措施和应急预案;
⑫ 有生产安全事故应急救援预案、应急救援组织或者应急救援人员,配备必要的应急救援器材、设备;
⑬ 法律、法规规定的其他条件。

[想一想]
企业取得安全生产许可证应当具备哪些条件?

(2)安全生产许可证的取得

企业进行生产前,应当依照规定向安全生产许可证颁发管理机关申请领取安全生产许可证,并提供相关文件、资料。安全生产许可证颁发管理机关应当自收到申请之日起45日内审查完毕,经审查符合规定的安全生产条件的,颁发安全生产许可证;不符合规定的安全生产条件的,不予颁发安全生产许可证,书面通知企业并说明理由。

安全生产许可证的有效期为3年。安全生产许可证有效期满需要延期的,企业应当于期满前3个月向原安全生产许可证颁发管理机关办理延期手续。

企业在安全生产许可证有效期内,严格遵守有关安全生产的法律法规,未发生死亡事故的,安全生产许可证有效期届满时,经原安全生产许可证颁发管理机关同意,不再审查,安全生产许可证有效期延期3年。

2. 企业的义务和责任

(1)企业的义务

① 企业不得转让、冒用安全生产许可证或者使用伪造的安全生产许可证。

② 企业取得安全生产许可证后,不得降低安全生产条件,并应当加强日常安全生产管理,接受安全生产许可证颁发管理机关的监督检查。

(2)违规责任

[想一想]
企业在安全生产许可证方面违规责任有哪些?

① 未取得安全生产许可证擅自进行生产的,责令停止生产,没收违法所得,并处10万元以上50万元以下的罚款;造成重大事故或者其他严重后果,构成犯罪的,依法追究刑事责任。

② 安全生产许可证有效期满未办理延期手续,继续进行生产的,责令停止生产,限期补办延期手续,没收违法所得,并处5万元以上10万元以下的罚款;逾期仍不办理延期手续,继续进行生产的,依照①的规定处罚。

③ 转让安全生产许可证的,没收违法所得,处10万元以上50万元以下的罚款,并吊销其安全生产许可证;构成犯罪的,依法追究刑事责任;接受转让的,依照①的规定处罚。

④ 冒用安全生产许可证或者使用伪造的安全生产许可证的,依照①的规定处罚。

四、建设工程监理部门规章及相关政策

(一)《建设工程监理范围与规模标准规定》的相关内容

为了确定必须实行监理的建设工程项目具体范围和规模标准,规范建设工程监理活动,建设部于2001年1月17日发布了《建设工程监理范围和规模标准规定》(建设部令第86号),明确下列建设工程必须实行监理:①国家重点建设工程;②大中型公用事业工程;③成片开发建设的住宅小区工程;④利用外国政府或者国际组织贷款、援助资金的工程;⑤国家规定必须实行监理的其他工程。

1. 国家重点建设工程

国家重点建设工程是指依据《国家重点建设项目管理办法》所确定的对国民经济和社会发展有重大影响的骨干项目。

2. 大中型公用事业工程

大中型公用事业工程是指项目总投资额在3000万元以上的下列工程项目:

(1)供水、供电、供气、供热等市政工程项目;

(2)科技、教育、文化等项目;

(3)体育、旅游、商业等项目;
(4)卫生、社会福利等项目;
(5)其他公用事业项目。

3. 成片开发建设的住宅小区工程

成片开发建设的住宅小区工程,建筑面积在5万平方米以上的住宅建设工程必须实行监理;5万平方米以下的住宅建设工程,可以实行监理,具体范围和规模标准,由省、自治区、直辖市人民政府建设行政主管部门规定。

为了保证住宅质量,对高层住宅及地基、结构复杂的多层住宅应当实行监理。

4. 利用外国政府或者国际组织贷款、援助资金的工程

利用外国政府或者国际组织贷款、援助资金的工程范围包括:
(1)使用世界银行、亚洲开发银行等国际组织贷款资金的项目;
(2)使用外国政府及其机构贷款资金的项目;
(3)使用国际组织或者外国政府援助资金的项目。

5. 国家规定必须实行监理的其他工程

国家规定必须实行监理的其他工程是指:
(1)项目总投资额在3000万元以上关系社会公共利益、公众安全的下列基础设施项目。
① 煤炭、石油、化工、天然气、电力、新能源等项目;
② 铁路、公路、管道、水运、民航以及其他交通运输业等项目;
③ 邮政、电信枢纽、通信、信息网络等项目;
④ 防洪、灌溉、排涝、发电、引(供)水、滩涂治理、水资源保护、水土保持等水利建设项目;
⑤ 道路、桥梁、地铁和轻轨交通、污水排放及处理、垃圾处理、地下管道、公共停车场等城市基础设施项目;
⑥ 生态环境保护项目;
⑦ 其他基础设施项目。
(2)学校、影剧院、体育场馆项目。

(二)《关于落实建设工程安全生产监理责任的若干意见》的相关内容

为了贯彻《建设工程安全生产管理条例》,指导和督促工程监理单位落实安全生产监理责任,做好建设工程安全生产的监理工作,建设部于2006年10月16日发布了《关于落实建设工程安全生产监理责任的若干意见》(建质[2006]248号),对建设工程安全监理的主要工作内容、工作程序、监理责任等作出了规定。

1. 建设工程安全监理的主要工作内容

工程监理单位应当按照法律、法规和工程建设强制性标准及监理委托合同实施监理,对所监理工程的施工安全生产进行监督检查。

(1)施工准备阶段
① 工程监理单位应根据《建设工程安全生产管理条例》的规定,按照工程建

[做一做]
列表比较必须实行监理的建设工程项目具体范围和规模标准。

设强制性标准、《建设工程监理规范》和相关行业监理规范的要求,编制包括安全监理内容的项目监理规划,明确安全监理的范围、内容、工作程序和制度措施,以及人员配备计划和职责等。

② 对中型及以上项目,和危险性较大的分部分项工程(基坑支护与降水工程、土方开挖工程、模板工程、起重吊装工程、脚手架工程、拆除爆破工程、国务院建设主管部门或者其他有关部门规定的其他危险性较大的工程),工程监理单位应当编制监理实施细则。实施细则应当明确安全监理的方法、措施和控制要点,以及对施工单位安全技术措施的检查方案。

③ 审查施工单位编制的施工组织设计中的安全技术措施和危险性较大的分部分项工程安全专项施工方案是否符合工程建设强制性标准要求。审查的主要内容应当包括:

a. 施工单位编制的地下管线保护措施方案是否符合强制性标准要求;

b. 基坑支护与降水、土方开挖与边坡防护、模板、起重吊装、脚手、拆除、爆破等分部分项工程的专项施工方案是否符合强制性标准要求;

c. 施工现场临时用电施工组织设计或者安全用电技术措施和电气防火措施是否符合强制性标准要求;

d. 冬期、雨期等季节性施工方案的制订是否符合强制性标准要求;

e. 施工总平面布置图是否符合安全生产的要求,办公、宿舍、食堂、道路等临时设施设置以及排水、防火措施是否符合强制性标准要求。

④ 检查施工单位在工程项目上的安全生产规章制度和安全监管机构的建立、健全及专职安全生产管理人员配备情况,督促施工单位检查各分包单位的安全生产规章制度的建立情况。

⑤ 审查施工单位资质和安全生产许可证是否合法有效。

⑥ 审查项目经理和专职安全生产管理人员是否具备合法资格,是否与投标文件相一致。

⑦ 审核特种作业人员的特种作业操作资格证书是否合法有效。

⑧ 审核施工单位应急救援预案和安全防护措施费用使用计划。

(2) 施工阶段

① 监督施工单位按照施工组织设计中的安全技术措施和专项施工方案组织施工,及时制止违规施工作业。

② 定期巡视检查施工过程中的危险性较大工程作业情况。

③ 核查施工现场施工起重机械、整体提升脚手架、模板等自升式架设设施和安全设施的验收手续。

④ 检查施工现场各种安全标志和安全防护措施是否符合强制性标准要求,并检查安全生产费用的使用情况。

⑤ 督促施工单位进行安全自查工作,并对施工单位自查情况进行抽查,参加建设单位组织的安全生产专项检查。

2. 建设工程安全监理的工作程序

工程监理单位应按下列程序实施建设工程安全监理:

[想一想]
施工准备阶段安全监理的主要工作内容有哪些?

(1)工程监理单位按照《建设工程监理规范》和相关行业监理规范要求,编制含有安全监理内容的监理规划和监理实施细则。

(2)在施工准备阶段,工程监理单位审查核验施工单位提交的有关技术文件及资料,并由项目总监理工程师在有关技术文件报审表上签署意见;审查未通过的安全技术措施及专项施工方案不得实施。

(3)在施工阶段,工程监理单位应对施工现场安全生产情况进行巡视检查,对发现的各类安全事故隐患,应书面通知施工单位,并督促其立即整改;情况严重的,工程监理单位应及时下达工程暂停令,要求施工单位停工整改,并同时报告建设单位。安全事故隐患消除后,工程监理单位应检查整改结果,签署复查或复工意见。施工单位拒不整改或不停工整改的,工程监理单位应当及时向工程所在地建设主管部门或工程项目的行业主管部门报告,以电话形式报告的,应当有通话记录,并及时补充书面报告。检查、整改、复查、报告等情况应记载在监理日志、监理月报中。

工程监理单位应检查施工单位提交的施工起重机械、整体提升脚手架、模板等自升式架设设施和安全设施等验收记录,并由安全监理人员签收备案。

(4)工程竣工后,工程监理单位应将有关安全生产的技术文件、验收记录、监理记录、监理规划、监理实施细则、监理月报、监理会议纪要及相关书面通知等按规定立卷归档。

3. 建设工程安全生产的监理责任

工程监理单位有下列违反《建设工程安全生产管理条例》有关建设工程安全生产监理规定行为的,应承担《建设工程安全生产管理条例》第57条规定的法律责任:

(1)工程监理单位应对施工组织设计中的安全技术措施或专项施工方案进行审查,而未进行审查的;

施工组织设计中的安全技术措施或专项施工方案未经工程监理单位审查签字认可,施工单位擅自施工的,工程监理单位应及时下达工程暂停令,并将情况及时书面报告建设单位。工程监理单位未及时下达工程暂停令并报告的;

(2)工程监理单位在监理巡视检查过程中,发现存在安全事故隐患的,应按照有关规定及时下达书面指令要求施工单位进行整改或停止施工。工程监理单位发现安全事故隐患没有及时下达书面指令要求施工单位进行整改或停止施工的;

(3)施工单位拒绝按照工程监理单位的要求进行整改或者停止施工的,工程监理单位应及时将情况向当地建设主管部门或工程项目的行业主管部门报告,而工程监理单位没有及时报告的;

(4)工程监理单位未依照法律、法规和工程建设强制性标准实施监理的。

4. 落实安全生产监理责任的主要工作

工程监理单位为了落实建设工程安全生产监理责任,应做好以下3个方面的工作:

[想一想]
施工阶段安全监理的主要工作内容有哪些?

[问一问]
1. 安全监理的工作程序是怎样的?
2. 安全监理有哪些责任?

[想一想]
落实安全监理责任应做好哪些工作?

(1)健全安全监理责任制

工程监理单位法定代表人应对本企业监理工程项目的安全监理全面负责。总监理工程师要对工程项目的安全监理负责,并根据工程项目特点,明确监理人员的安全监理职责。

(2)完善安全生产管理制度

工程监理单位在健全审查核验制度、检查验收制度和督促整改制度基础上,完善工地例会制度及资料归档制度。定期召开工地例会,针对薄弱环节,提出整改意见,并督促落实。指定专人负责监理内业资料的整理、分类及立卷归档。

(3)建立监理人员安全生产教育培训制度

工程监理单位的总监理工程师和安全监理人员需经安全生产教育培训后方可上岗,其教育培训情况记入个人继续教育档案。

(三)《建筑工程安全生产监督管理工作导则》的相关内容

为了完善建筑工程安全生产管理制度,规范建筑工程安全生产监管行为,建设部于2005年10月3日发布了《建筑工程安全生产监督管理工作导则》(建质[2005]184号)。《建筑工程安全生产监督管理工作导则》中所称的建筑工程安全生产监督管理,是指建设行政主管部门依据法律、法规和工程建设强制性标准,对建筑工程安全生产实施监督管理,督促各方主体履行相应安全生产责任,以控制和减少建筑施工事故发生,保障人民生命财产安全、维护公众利益的行为。

1. 建筑工程安全生产监督管理制度

建设行政主管部门应当按照有关法律法规,针对有关责任主体和工程项目,健全完善以下安全生产监督管理制度:

(1)建筑施工企业安全生产许可证制度;
(2)建筑施工企业"三类人员"安全生产任职考核制度;
(3)建筑工程安全施工措施备案制度;
(4)建筑工程开工安全条件审查制度;
(5)施工现场特种作业人员持证上岗制度;
(6)施工起重机械使用登记制度;
(7)建筑工程生产安全事故应急救援制度;
(8)危及施工安全的工艺、设备、材料淘汰制度;
(9)法律法规规定的其他有关制度。

[做一做]
查相关资料,这里的"三类人员"指的是什么人。

2. 对施工单位安全生产监督管理的内容和方式

(1)对施工单位安全生产监督管理的内容

建设行政主管部门对施工单位安全生产监督管理的主要内容包括:

① 安全生产许可证办理情况;
② 建筑工程安全防护、文明施工措施费用的使用情况;
③ 设置安全生产管理机构和配备专职安全管理人员情况;
④ "三类人员"经主管部门安全生产考核情况;
⑤ 特种作业人员持证上岗情况;

⑥ 安全生产教育培训计划制订和实施情况;
⑦ 施工现场作业人员意外伤害保险办理情况;
⑧ 职业危害防治措施制定情况,安全防护用具和安全防护服装的提供及使用管理情况;
⑨ 施工组织设计和专项施工方案编制、审批及实施情况;
⑩ 生产安全事故应急救援预案的建立与落实情况;
⑪ 企业内部安全生产检查开展和事故隐患整改情况;
⑫ 重大危险源的登记、公示与监控情况;
⑬ 生产安全事故的统计、报告和调查处理情况;
⑭ 其他有关事项。

[问一问]
1. 对施工单位安全生产监督管理的内容有哪些?
2. 对施工单位安全生产监督管理的方式有几种?

(2)对施工单位安全生产监督管理的方式

建设行政主管部门对施工单位安全生产监督管理的方式主要是:

① 日常监管方式

主要有听取工作汇报或情况介绍;查阅相关文件资料和资质资格证明;考察、问询有关人员;抽查施工现场或勘察现场,检查履行职责情况;反馈监督检查意见。

② 安全生产许可证动态监管

对于承建施工企业未取得安全生产许可证的工程项目,不得颁发施工许可证。发现未取得安全生产许可证施工企业从事施工活动的,严格按照《安全生产许可证条例》进行处罚;取得安全生产许可证后,对降低安全生产条件的,暂扣安全生产许可证,限期整改,整改不合格的,吊销安全生产许可证;对于发生重大事故的施工企业,立即暂扣安全生产许可证,并限期整改,生产安全事故所在地建设行政主管部门(跨省施工的,由事故所在地省级建设行政主管部门)要及时将事故情况通报给发生事故施工单位的安全生产许可证颁发机关;对向不具备法定条件施工企业颁发安全生产许可证的,及向承建施工企业未取得安全生产许可证的项目颁发施工许可证的,要严肃追究有关主管部门的违法发证责任。

3. 对工程监理单位安全生产监督管理的内容和方式

(1)对工程监理单位安全生产监督管理的内容

① 将安全生产管理内容纳入监理规划的情况,以及在监理规划和中型以上工程的监理细则中制定对施工单位安全技术措施的检查方面情况;
② 审查施工企业资质和安全生产许可证、三类人员及特种作业人员取得考核合格证书和操作资格证书情况;
③ 审核施工企业安全生产保证体系、安全生产责任制、各项规章制度和安全监管机构建立及人员配备情况;
④ 审核施工企业应急救援预案和安全防护、文明施工措施费用使用计划情况;
⑤ 审核施工现场安全防护是否符合投标时承诺和《建筑施工现场环境与卫生标准》等标准要求情况;

[问一问]
对监理单位安全生产监督管理的内容有哪些?

⑥ 复查施工单位施工机械和各种设施的安全许可验收手续情况;

⑦ 审查施工组织设计中的安全技术措施或专项施工方案是否符合工程建设强制性标准情况;

⑧ 定期巡视检查危险性较大工程作业情况;

⑨ 下达隐患整改通知单,要求施工单位整改事故隐患情况或暂时停工情况、整改结果复查情况,向建设单位报告督促施工单位整改情况,向工程所在地建设行政主管部门报告施工单位拒不整改或不停止施工情况。

⑩ 其他有关事项。

(2) 对工程监理单位安全生产监督管理的方式

建设行政主管部门对工程监理单位安全生产监督管理的主要方式包括:

① 听取工作汇报或情况介绍;
② 查阅相关文件资料和资质资格证明;
③ 考察、问询有关人员;
④ 抽查施工现场或勘察现场,检查履行职责情况;
⑤ 反馈监督检查意见。

[想一想]
对建设单位安全生产监督管理的内容有哪些?

4. 对建设单位安全生产监督管理的内容

建设行政主管部门对建设单位安全生产监督管理的主要内容包括:

(1) 申领施工许可证时,提供建筑工程有关安全施工措施资料的情况,按规定办理工程质量和安全监督手续的情况;

(2) 按照国家有关规定和合同约定向施工单位拨付建筑工程安全防护、文明施工措施费用的情况;

(3) 向施工单位提供施工现场及毗邻区域内地下管线资料,气象和水文观测资料,相邻建筑物和构筑物、地下工程等有关资料的情况;

(4) 履行合同约定工期的情况;

(5) 有无明示或暗示施工单位购买、租赁、使用不符合安全施工要求的安全防护用具、机械设备、施工机具及配件、消防设施和器材的行为;

(6) 其他有关事项。

5. 对施工现场的安全生产监督管理

(1) 工程项目开工前的安全生产条件审查

建设行政主管部门对工程项目开工前的安全生产条件进行审查。在颁发工程项目施工许可证前,建设单位或建设单位委托的监理单位,应当审查施工企业和现场各项安全生产条件是否符合开工要求,并将审查结果报送工程所在地建设行政主管部门。审查的主要内容是:施工企业和工程项目安全生产责任体系、制度、机械建立情况,安全监管人员配备情况,各项安全施工措施与项目施工特点结合情况,现场文明施工、安全防护和临时设施等情况。

建设行政主管部门对审查结果进行复查。必要时,到工程项目施工现场进行抽查。

(2) 工程项目开工后的安全生产监管

建设行政主管部门对工程项目开工后的安全生产进行监管。内容包括:

① 工程项目各项基本建设手续办理情况、有关责任主体和人员的资质和执业资格情况；

② 施工、监理单位等各方主体按本导则相关内容要求履行安全生产监管职责情况；

③ 施工现场实体防护情况，施工单位执行安全生产法律、法规和标准规范情况；

④ 施工现场文明施工情况；

⑤ 其他有关事项。

(3)施工现场安全生产的监督管理方式

建设行政主管部门对施工现场安全生产情况的监督管理可采取下列方式：

① 查阅相关文件资料和现场防护、文明施工情况；

② 询问有关人员安全生产监管职责履行情况；

③ 反馈检查意见，通报存在问题。对发现的事故隐患，下发整改通知书，限期改正；对存在重大安全隐患的，下达停工整改通知书，责令立即停工，限期改正。对施工现场整改情况进行复查验收，逾期未整改的，依法予以行政处罚；

④ 监督检查后，建设行政主管部门作出书面安全监督检查记录；

⑤ 工程竣工后，将历次检查记录和日常监管情况纳入建筑工程安全生产责任主体和从业人员安全信用档案，并作为对安全生产许可证动态监管的重要依据；

⑥ 建设行政主管部门接到群众有关建设工程安全生产的投诉或监理单位等的报告时，应到施工现场调查了解有关情况，并作出相应处理；

⑦ 建设行政主管部门对施工现场实施监督检查时，应当有 2 名以上监督执法人员参加，并出示有效的执法证件；

⑧ 建设行政主管部门应制订本辖区内年度安全生产监督检查计划，在工程项目建设的各个阶段，对施工现场的安全生产情况进行监督检查，并逐步推行网格式安全巡查制度，明确每个网格区域的安全生产监管责任人。

(四)《民用建筑工程节能质量监督管理办法》的相关内容

为了进一步做好民用建筑工程节能质量的监督管理工作，保证建筑节能法律法规和技术标准的贯彻落实，建设部于 2006 年 7 月 31 日发布了《民用建筑工程节能质量监督管理办法》(建质[2006]192 号)，明确规定建设单位、设计单位、施工单位、监理单位、施工图审查机构、工程质量检测机构等单位，应当遵守国家有关建筑节能的法律法规和技术标准，履行合同约定义务，并依法对民用建筑(居住建筑和公共建筑)工程节能质量负责。

1. 建设单位的节能质量责任和义务

建设单位应当履行以下质量责任和义务：

(1)组织设计方案评选时，应当将建筑节能要求作为重要内容之一；

(2)不得擅自修改设计文件。当建筑设计修改涉及建筑节能强制性标准时，必须将修改后的设计文件送原施工图审查机构重新审查；

[问一问]

对施工现场安全生产监督管理的内容有哪些？可采取哪些方式？

[想一想]

建设单位的节能质量责任和义务有哪些？

(3)不得明示或者暗示设计单位、施工单位降低建筑节能标准；

(4)不得明示或者暗示施工单位使用不符合建筑节能性能要求的墙体材料、保温材料、门窗成品、采暖空调系统、照明设备等。按照合同约定由建设单位采购的有关建筑材料和设备，建设单位应当保证其符合建筑节能指标；

(5)不得明示或者暗示检测机构出具虚假检测报告，不得篡改或者伪造检测报告；

(6)在组织建筑工程竣工验收时，应当同时验收建筑节能实施情况，在工程竣工验收报告中，应当注明建筑节能的实施内容。

大型公共建筑工程竣工验收时，对采暖空调、通风、电气等系统，应当进行调试。

2. 设计单位的节能质量责任和义务

[想一想]
设计单位的节能质量责任和义务有哪些？

设计单位应当履行以下质量责任和义务：

(1)建立健全质量保证体系，严格执行建筑节能标准；

(2)民用建筑工程设计要按功能要求合理组合空间造型，充分考虑建筑体形、围护结构对节能的影响。合理确定冷源、热源的形式和设备性能，选用成熟、可靠、先进、适用的节能技术、材料和产品；

(3)初步设计文件应设建筑节能设计专篇，施工图设计文件须包括建筑节能热工计算书。大型公共建筑工程方案设计须同时报送有关建筑节能专题报告，明确建筑节能措施及目标等内容。

3. 施工图审查机构的节能质量责任和义务

[问一问]
施工图审查机构的节能质量责任和义务有哪些？

施工图审查机构应当履行以下质量责任和义务：

(1)严格按照建筑节能强制性标准对送审的施工图设计文件进行审查，对不符合建筑节能强制性标准的施工图设计文件，不得出具审查合格书；

(2)向建设主管部门报送的施工图设计文件审查备案材料中应包括建筑节能强制性标准的执行情况；

(3)审查机构应将审查过程中发现的设计单位和注册人员违反建筑节能强制性标准的情况，及时上报当地建设主管部门。

4. 施工单位的节能质量责任和义务

施工单位应当履行以下质量责任和义务：

(1)严格按照审查合格的设计文件和建筑节能标准的要求进行施工，不得擅自修改设计文件；

(2)对进入施工现场的墙体材料、保温材料、门窗成品等进行检验。对采暖空调系统、照明设备等进行检验，保证产品说明书和产品标识上注明的性能指标符合建筑节能要求；

(3)应当编制建筑节能专项施工技术方案，并由施工单位专业技术人员及监理单位专业监理工程师进行审核。审核合格，由施工单位技术负责人及监理单位总监理工程师签字；

(4)应当加强施工过程质量控制，特别应当加强对易产生热桥和热工缺陷等

重要部位的质量控制,保证符合设计要求和有关节能标准规定;

(5)对大型公共建筑工程采暖空调、通风、电气等系统的调试,应当符合设计等要求;

(6)保温工程等在保修范围和保修期限内发生质量问题的,施工单位应当履行保修义务,并对造成的损失承担赔偿责任。

5. 监理单位的节能质量责任和义务

监理单位应当履行以下质量责任和义务:

(1)严格按照审查合格的设计文件和建筑节能标准的要求实施监理,针对工程的特点制定符合建筑节能要求的监理规划及监理实施细则;

(2)总监理工程师应当对建筑节能专项施工技术方案审查并签字认可。专业监理工程师应当对工程使用的墙体材料、保温材料、门窗成品、采暖空调系统、照明设备,以及涉及建设节能功能的重要部位施工质量检查验收并签字认可;

(3)对易产生热桥和热工缺陷部位的施工,以及墙体、屋面等保温工程隐蔽前的施工,专业监理工程师应当采取旁站形式实施监理;

(4)应当在《工程质量评估报告》中明确建筑节能标准的实施情况。

6. 其他相关单位的节能质量责任和义务

工程质量检测机构应当将检测过程中发现建设单位、监理单位违反建筑节能强制性标准的情况,及时上报当地建设主管部门或者工程质量监督机构。

建设主管部门及其委托的工程质量监督机构应当加强对施工过程建筑节能标准执行情况的监督检查。发现未按施工图设计文件进行施工和违反建筑节能标准的,应当责令改正。

建设、勘察、设计、施工、监理单位,以及施工图审查和工程质量检测机构违反建筑节能有关法律法规的,建设主管部门依法给予处罚。

[想一想]
1. 施工单位的节能质量责任和义务有哪些?
2. 监理单位的节能质量责任和义务有哪些?

本章思考与实训

一、思考题

1. 我国工程建设有哪些基本的管理制度?
2. 监理在安全生产监督管理方面的责任和义务有哪些?
3. 监理在建筑节能监督管理方面的责任和义务有哪些?

二、案例分析题

案例1

【背景资料】

建设单位计划将拟建的高速公路建设工程项目委托某一建设监理公司进行施工阶段的监理。建设单位预先起草了一份监理合同(草案),其部分内容如下:

(1)除业主原因造成的工程延期外,其他原因造成的工程延期监理单位应付出相当于对施工单位罚款的20%给业主;如工期提前,监理单位可得到相当于对施工单位工期提前奖的20%。

(2)工程设计图纸出现设计质量问题,监理单位应付给建设单位相当于给设计单位的设计费的5%的赔偿。

(3)在施工期间,每发生一起施工人员重伤事故,对监理单位罚款1.5万元人民币;发生一起死亡事故,对监理单位罚款3万元人民币。

(4)凡由于监理工程师出现差错、失误而造成的经济损失,监理单位应付给建设单位赔偿费。

【问题】

有人指出上述监理合同(草案)中某些条款不妥。请你找出来并分析之。

案例2

【背景资料】

某石化总厂投资建设一项乙烯工程。项目立项批准后,业主委托一监理公司对工程的实施阶段进行监理。双方拟订设计方案竞赛、设计招标和设计过程各阶段任务时,业主方提出了初步的委托意见,内容如下:

(1)编制设计方案竞赛文件;
(2)发布设计竞赛公告;
(3)对参赛单位进行资格审查;
(4)组织对参赛设计方案的评审;
(5)决定工程设计方案;
(6)编制设计招标文件;
(7)对投标单位进行资格审查;
(8)协助业主选择设计单位;
(9)签订工程设计合同,协助起草合同;
(10)工程设计合同实施过程中的管理。

【问题】

从监理工作的性质和监理工程师的责权角度出发,监理单位在与业主进行合同委托内容磋商时,对以上内容应提出哪些修改建议?

第二章 监理工程师

【内容要点】

1. 监理工程师的概念与综合素质；
2. 监理工程师的法律地位与责任；
3. 监理工程师的管理。

【知识链接】

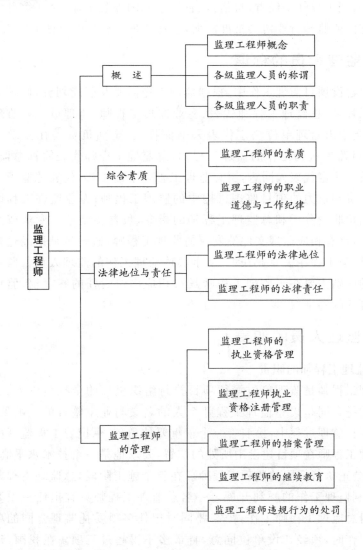

第一节 监理工程师的概述

一、监理工程师的概念

[问一问]
什么叫监理工程师?

监理工程师是指取得国家监理工程师执业资格,并经注册的监理人员。监理工程师是一种岗位职务,执业资格称谓,不是技术职称。取得监理工程师执业资格一般要求在工程建设监理工作岗位上工作,经全国统一考试合格,并经有关部门注册方可上岗执业。监理工程师的概念包括三层含义:

第一,监理工程师是从事建设监理工作的人员;

第二,监理工程师是已经取得国家确认的监理工程师资格证书的人员;

第三,监理工程师是经省、自治区、直辖市或国务院工业、交通等部门的建设行政主管部门或监理行业协会批准注册,取得监理工程师岗位证书的人员。

二、各级监理人员的称谓

在工程建设项目监理工作中,根据监理工作需要及职能划分,监理人员又分为总监理工程师、总监理工程师代表、专业监理工程师、监理员。总监理工程师简称总监,是指由监理单位法定代表人书面授权,全面负责委托监理合同的履行、主持项目监理机构工作的监理工程师;总监理工程师代表简称总监代表,是指经监理单位法定代表人同意,由总监理工程师书面授权,代表总监理工程师行使其部分职责和权力的项目监理机构中的监理工程师;专业监理工程师是根据项目监理岗位职责分工和总监理工程师的指令,负责实施某一专业或某一方面的监理工作,具有相应监理文件签发权的监理工程师;监理员是指经过监理业务培训,具有同类工程相关专业知识,从事具体监理工作的监理人员。监理员与监理工程师的区别主要在于监理工程师具有相应岗位责任的签字权,监理员没有相应岗位责任的签字权。

三、各级监理人员的职责

1. 总监理工程师的职责

总监理工程师是监理单位派往项目执行组织机构的全权负责人。在国外,有的监理委托合同是以总监理工程师个人的名义与业主签订的。可见,总监理工程师在项目监理过程中,扮演着一个很重要的角色,承担着工程监理的最终责任。总监理工程师在项目建设中所处的位置,要求他是一个技术水平高、管理经验丰富、能公正执行合同的监理工程师。在整个施工阶段,总监理工程师人选不宜更换,以利监理工作的顺利开展。一名总监理工程师只宜担任一项委托监理合同的项目总监理工程师工作,当需要同时担任多项委托监理合同的项目总监理工程师工作时,须经建设单位同意,且最多不得超过三项。在我国,建设工程监理实行总监理工程师负责制,总监理工程师应履行以下职责:

(1)确定项目监理机构人员的分工和岗位职责;

(2)主持编写项目监理规划、审批项目监理实施细则,并负责管理项目监理机构的日常工作;

(3)审查分包单位的资质,并提出审查意见;

(4)检查和监督监理人员的工作,根据工程项目的进展情况,可进行人员调配,对不称职的人员应调换其工作;

(5)主持监理工作会议,签发项目监理机构的文件和指令;

(6)审定施工承包单位提交的开工报告、施工组织设计、技术方案、进度计划;

(7)审核签署施工承包单位的申请、支付证书和竣工结算;

(8)审查和处理工程变更;

(9)主持或参与工程质量事故的调查;

(10)调解建设单位与施工承包单位的合同争议,处理索赔,审批工程延期;

(11)组织编写并签发监理月报、监理工作阶段报告、专题报告和项目监理工作总结;

(12)审核签认分部工程和单位工程的质量检验评定资料,审查施工承包单位的竣工申请。组织监理工作人员对待验收的工程项目进行质量检查,参与工程项目的竣工验收;

(13)主持整理工程项目的监理资料。

2. 总监理工程师代表的职责

(1)负责总监理工程师指定或交办的监理工作;

(2)按总监理工程师的授权,行使总监理工程师的部分职责和权力。

总监理工程师代表在任何时候不得行使如下权力:

(1)主持编写项目监理规划、审批项目监理实施细则;

(2)签发工程开工/复工报审表、工程暂停令、工程款支付证书、开竣工报验单;

(3)审核签认竣工结算;

(4)调解业主与施工承包单位的合同争议、处理索赔,审批工程延期;

(5)根据工程项目的进展情况进行监理人员的调配,调换不称职的监理人员。

[做一做]
列表比较总监理工程师和总监理工程师代表的职责有哪些异同点。

3. 专业监理工程师的职责

(1)负责编制本专业的监理实施细则;

(2)负责本专业监理工作的具体实施;

(3)组织、指导、检查和监督本专业监理员的工作,当人员需要调整时,向总监理工程师提出建议;

(4)审查施工承包单位提交的涉及本专业的计划、方案、申请、变更,并向总监理工程师提出报告;

(5)负责本专业分项工程验收及隐蔽工程验收;

(6)定期向总监理工程师提交本专业监理工作实施情况报告,对重大问题及时向总监理工程师汇报和请示;

(7)根据本专业监理工作实施情况做好监理日记;

(8)负责本专业监理资料的收集、汇总及整理,参与编写监理月报;

(9)核查进场材料、设备、构配件的原始凭证、检测报告等质量证明文件及其质量情况,根据实际情况认为有必要时对进场材料、设备、构配件进行平行检验,合格时予以签认;

(10)负责本专业的工程计量工作,审核工程计量的数据和原始凭证。

4. 监理员的职责

[想一想]
监理员的职责有哪些?

(1)在专业监理工程师的指导下开展现场监理工作;

(2)检查施工承包单位投入工程项目的人力、材料、主要设备及其使用、运行状况,并做好检查记录;

(3)复核或从施工现场直接获取工程计量的有关数据并签署原始凭证;

(4)按设计图纸及有关标准,对施工承包单位的工艺过程或施工工序进行检查和记录,对加工制作及工序施工质量检查结果进行记录;

(5)担任旁站工作,发现问题及时指出并向专业监理工程师报告;

(6)做好监理日记和有关的监理记录。

第二节 监理工程师的综合素质

一、监理工程师的素质

[问一问]
监理工程师要具备哪些素质?

建设工程监理服务要体现服务性、科学性、独立性和公正性,就要求由一专多能的复合型人才承担监理工作。要求监理工程师不仅要有一定的工程技术专业知识和较强的专业技术能力,而且还要有一定的组织、协调能力,并且懂得工程经济、项目管理、法律等专业知识,并能够对工程建设进行监督管理,提出指导性意见。因此,监理工程师应具备以下素质:

(1)具有较高的工程专业学历和复合型的知识结构;

(2)具有丰富的工程建设实践经验;

(3)具有良好的品德;

(4)具有健康的体魄和充沛的精力。

虽然建设工程监理工作是一项管理工作,但是目前建设监理主要是在建设工程施工阶段。监理工程师必须驻施工现场,工作条件艰苦,业务繁忙,因此要有健康的体魄和充沛的精力才能胜任工作。

二、监理工程师的职业道德与工作纪律

1. 职业道德守则

监理工程师应严格遵守如下职业道德守则:

(1) 维护国家的荣誉和利益，按照"守法、诚信、公正、科学"的准则执业；

(2) 执行有关工程建设的法律、法规、标准、规范、规程和制度，履行监理合同规定的义务和职责；

(3) 努力学习专业技术和建设监理知识，不断提高业务能力和监理水平；

(4) 不以个人名义承揽监理业务；

(5) 不同时在两个或两个以上监理单位注册和从事监理活动，不在政府部门或施工、材料设备的生产供应等单位兼职；

(6) 不为所监理项目指定承包商、建筑构配件、设备、材料生产厂家和施工方法；

(7) 不收受被监理单位的任何礼金；

(8) 不泄露所监理工程各方认为需要保密的事项；

(9) 坚持独立自主的开展工作。

[想一想]
监理工程师的职业道德有哪些？

2. FIDIC 道德准则

在国外，工程师的职业道德准则，由其协会组织制定并监督实施。国际咨询工程师联合会(FIDIC)于 1991 年在慕尼黑召开的全体成员大会上，讨论并批准了 FIDIC 通用道德准则。

该准则分别从对社会和职业的责任、能力、正直性、公正性、对他人的公正五方面总计 14 项规定了工程师的道德行为准则。

为了使监理工程师的工作充分有效，不仅要求监理工程师必须不断增长他们的知识和技能，而且要求社会尊重他们的道德公正性，信赖他们做出的评审，同时给予合理的报酬。

要想使社会对其专业顾问具有必要的信赖，监理工程师应该：

(1) 对社会和职业的责任

① 接受对社会的职业责任；

② 按发展的原则寻求相适应的解决办法；

③ 在任何时候，维护职业的尊严、名誉和荣誉。

(2) 能力

① 保持其知识和技能与技术、法规、管理和发展相一致的水平，对于委托要求的服务采用相应的技能，并尽心尽力；

② 仅在有能力从事服务时方才进行。

(3) 正直性

在任何时候均为委托人的合法权益行使其职责，并且正直和忠诚地进行职业服务。

(4) 公正性

① 在提供职业咨询、评审或决策时不偏不倚；

② 通知委托人在行使其委托时可能引起的任何潜在的利益冲突；

③ 不接受可能导致判断不公的报酬。

(5) 对他人的公正：

① 加强"按照能力进行选择"的观念；

②不得故意或无意地做出损害他人名誉或事务的事情；

③不得直接或间接取代某一特定工作中已经任命的其他咨询工程师的位置；

④通知该咨询工程师并且接到委托人终止其先前任命的建议前不得取代该咨询工程师的工作。

⑤在被要求对其他咨询工程师的工作进行审查的情况下，要以适当的职业行为和礼节进行。

3. 工作纪律

[想一想]
监理工程师的工作纪律有哪些？

(1)遵守国家法律和政府的有关条例、规定和办法等；

(2)认真履行工程建设监理合同所承诺的义务和承担约定的责任；

(3)坚持公正的立场，公平地处理有关各方的争议；

(4)坚持科学的态度和实事求是的原则；

(5)在按委托监理合同的规定向建设单位提供技术服务的同时，帮助被监理者完成其担负的建设任务；

(6)不以个人的名义在报刊上刊登承揽监理业务的广告；

(7)不能损害他人名誉；

(8)不泄露所监理工程需要保密的事项；

(9)不在任何承包单位和材料供应商中兼任职务；

(10)不擅自接受建设单位额外的津贴，也不接受被监理单位的任何津贴，不接受可能导致判断不公的报酬。

第三节 监理工程师的法律地位与责任

一、监理工程师的法律地位

监理工程师的主要业务是受聘于工程监理企业从事监理工作，受建设单位委托，代表工程监理企业完成委托监理合同约定的委托事项。因此，监理工程师的法律地位主要表现为受托人的权利和义务。

[问一问]
监理工程师有哪些权利？

1. 监理工程师的权利

(1)使用监理工程师名称；

(2)依法自主执行业务；

(3)依法签署工程监理相关文件并加盖执业印章；

(4)接受继续教育；

(5)获得相应的劳动报酬；

(6)对侵犯本人权利的行为进行申诉；

(7)法律、法规赋予的其他权利。

2. 监理工程师的义务

(1)遵守法律、法规，严格依照相关技术标准和委托监理合同开展工作；

(2)恪守执业道德,维护社会公共利益;
(3)保证执业活动成果的质量,并承担相应责任;
(4)在执业中保守委托单位申明的商业秘密;
(5)在本人执业活动所形成的工程监理文件上签字、加盖执业印章;
(6)不得同时受聘于两个及两个以上单位执行业务;
(7)不得出借《监理工程师执业资格证书》、《监理工程师注册证书》和执业印章;
(8)接受执业继续教育,不断提高业务水平;
(9)在规定的执业范围和聘用单位业务范围内从事执业活动;
(10)协助注册管理机构完成相关工作。

[问一问]
监理工程师有哪些义务?

二、监理工程师的法律责任

监理工程师的法律责任是建立在法律法规和委托监理合同的基础上,表现行为主要有违法行为和违约行为两方面。

1. 违法行为

现行法律法规对监理工程师的法律责任专门作出了具体规定。《建筑法》第35条规定:"工程监理单位不按照委托监理合同的约定履行监理义务,对应当监督检查的项目不检查或者不按照规定检查,给建设单位造成损失的,应当承担相应的赔偿责任。"《中华人民共和国刑法》第137条规定:"建设单位、设计单位、施工单位、工程监理单位违反国家规定,降低工程质量标准,造成重大安全事故的,对直接责任人员处五年以下有期徒刑或者拘役并处罚金;后果特别严重的,处五年以上十年以下有期徒刑并处罚金。"《建设工程质量管理条例》第36条规定:"工程监理单位应当依照法律、法规以及有关技术标准、设计文件和建设工程承包合同,代表建设单位对施工质量实施监理并对施工质量承担监理责任。"

如果监理工程师有下列行为之一,则要承担一定的监理责任:
(1)未对施工组织设计中的安全技术措施或者专项施工方案进行审查;
(2)发现安全事故隐患未及时要求施工单位整改或者暂时停止施工;
(3)施工单位拒不整改或者不停止施工,未及时向有关主管部门报告;
(4)未依照法律、法规和工程建设强制性标准实施监理。

2. 违约行为

监理工程师一般主要受聘于工程监理企业,从事工程监理业务。工程监理企业是订立委托监理合同的当事人,是法定意义的合同主体,但委托监理合同在具体履行时,是由监理工程师代表监理企业来实现的。因此,如果监理工程师出现工作过失,违反了合同约定,其行为将被视为监理企业违约,由监理企业承担相应违约责任。当然,监理企业在承担违约赔偿责任后,有权在企业内部向有相应过失行为的监理工程师追偿部分损失。所以,由监理工程师个人过失引发的合同违约行为,监理工程师应当与监理企业承担一定的连带责任。其连带责任

[做一做]
监理工程师在什么情况下属于违法行为、违约行为或安全生产责任,请列表比较之。

的基础是监理企业与监理工程师签订的聘用协议或责任保证书,或监理企业法定代表人对监理工程师签发的授权委托书。一般来说,授权委托书应包含职权范围和相应的责任条款。

3. 安全生产责任

安全生产责任是法律责任的一部分,来源于法律法规和委托监理合同。此部分内容在第一章已叙述,不再赘述。

第四节 监理工程师的管理

一、监理工程师的执业资格管理

执业资格是政府对某些责任较大、社会通用性强、关系公共利益的专业技术工作实行的市场准入控制,是专业技术人员依法独立执业或独立从事某种专业技术工作所必备的学识、技术和标准。

执业资格一般要通过考试方式取得,这体现了执业资格制度公开、公平、公正的原则。只有当某一专业技术人员的执业资格采用考核方式确认,才说明达到了相应的水平并得到社会的认同。

[想一想]
监理工程师如何才能取得执业资格?

1. 考试的组织与管理

由建设部和人事部共同负责全国监理工程师执业资格考试的政策制定、组织协调和监督管理工作。建设部负责组织拟订考试科目,编写考试大纲、培训教材和命题工作,统一规划和组织考前培训,人事部负责审定考试科目、考试大纲和试题,组织实施各项考务工作,会同建设部对考试进行检查、监督、指导和确定考试合格标准。

监理工程师执业资格考试是一种水平考试。为了体现公开、公平、公正的原则,考试实行统一考试大纲、统一命题、统一组织、统一时间、闭卷考试、分科记分、统一录取标准的方法。监理工程师执业资格考试合格者,由各省、自治区、直辖市人事部门颁发人事部门统一印制,人事部和建设部共同盖印的《中华人民共和国监理工程师执业资格证书》,该证书在全国范围内有效。

2. 考试报名条件

国际上多数国家在设立执业资格时,通常比较注重执业人员的专业学历和工作经验。他们认为这是执业人员的基本素质,是保证执业工作有效实施的主要条件。

我国根据对监理工程师业务素质和能力的要求,对参加监理工程师执业资格考试的报名条件从两方面作了规定:一是要具有一定的专业学历,二是要有一定年限的工程建设实践经验,具体地要求报考人员应取得高级专业技术职称或取得中级专业职称后具有三年以上(含三年)工程设计或施工管理实践经验。

3. 考试时间、科目及考场设置

监理工程师执业资格考试时间一般定在每年五月的第一周周末进行,考试的语种为汉语。

[问一问]
监理工程师的报名条件有哪些?

考试科目分为"工程建设监理基本知识和相关法规"、"工程建设合同管理"、"工程建设质量、投资、进度控制"和"工程建设监理案例分析"四科。其中,《建设工程监理案例分析》为主观题,在试卷上作答;其余3科均为客观题,在答题卡上作答。考试分4个半天进行,《工程建设合同管理》、《工程建设监理基本理论与相关法规》的考试时间为2个小时;《工程建设质量、投资、进度控制》的考试时间为3个小时;《工程建设监理案例分析》的考试时间为4个小时。考试的内容主要是建设工程监理基本理论、工程质量控制、工程进度控制、工程投资控制、建设工程合同管理和涉及工程监理的相关法律法规等方面的理论知识和实务技能。

国务院人事行政主管部门负责审定监理工程师执业资格考试科目、考试大纲和考试试题,组织实施考务工作,会同国务院建设行政主管部门对监理工程师执业资格考试进行检查、监督、指导和确定合格标准。

4. 部分科目免试条件

《工程建设合同管理》、《工程建设质量、投资、进度控制》可免考,条件是:
(1)1970年(含)以前工程技术或工程经济专业大专(含)以上毕业;
(2)取得工程技术、工程经济专业高级职务;
(3)从事工程设计或工程施工管理工作满15年;
(4)从事监理工作满一年。

5. 具体事项

(1)参加考试,由本人提出申请,所在单位推荐,持报名表到当地人事考试管理机构报名。中央、国务院各部门、部队及直属单位的人员,按属地原则报名,参加考试,人事考试管理机构按规定程序和报名条件审查合格后,发给准考证,考生凭准考证在指定的时间和地点参加考试。

(2)坚持考、培分开的原则,参与考前培训工作的人员不得参与所有考试工作(包括命题和组织管理),考生自愿参加考前培训,各地、各部门不得以任何理由强迫考生参加考前培训。

(3)申请参加监理工程师执业资格考试必须提供的证明文件:
① 监理工程师执业资格考试报名表;
② 学历证明;
③ 专业技术职务证书。

(4)监理工程师执业资格考试合格者,由各省、自治区、直辖市人事(职改)部门颁发人事部统一印制,人事部和建设部共同盖印的《中华人民共和国监理工程师执业资格证书》,该证书在全国范围有效。

(5)自2000年起,全国监理工程师职业资格考试成绩,均以2年为一个周期。即参加全部科目考试的人员须在连续的两个考试年度内,通过全部科目的考试;参加免试部分科目的人员,须在一个考试年度内通过应试科目。

二、监理工程师执业资格注册管理

实行监理工程师注册制度是政府对监理从业人员实行市场准入控制的有效手段。监理工程师通过考试获得了《监理工程师执业资格证书》,表明其具有一定的从业能力,只有经过注册取得《监理工程师注册证书》才有权利上岗从业。

监理工程师的注册,根据注册的内容、性质和时间先后的不同分为初始注册、续期注册和变更注册。按照我国有关法规规定,监理工程师依据其所学专业、工作经历、工程业绩,按专业注册,每人最多可以申请两个专业注册,并且只能在一家建设工程勘察、设计、施工、监理、招标代理、造价咨询等企业注册。

1. 初始注册

取得中华人民共和国监理工程师执业资格证书的申请人,应自证书签发之日起3年内提出初始注册申请。逾期未申请者,须符合近3年继续教育要求后方可申请初始注册。

(1)申请初始注册的条件

① 热爱中华人民共和国,拥护社会主义制度,遵纪守法,遵守监理工程师职业道德;

② 经全国注册监理工程师执业资格统一考试合格,取得资格证书;

③ 受聘于一个相关单位;

④ 身体健康,能胜任工程建设的现场监理工作;

⑤ 达到继续教育要求。

(2)申请监理工程师初始注册,一般要提供下列材料

① 本人填写的《中华人民共和国注册监理工程师初始注册申请表》(一式二份,另附一张近期一寸免冠照片,供制作注册执业证书使用)和相应电子文档;

② 申请人的资格证书和身份证复印件;

③ 申请人与聘用单位签订的聘用劳动合同复印件及社会保险机构出具的参加社会保险的清单复印件;

④ 学历或学位证书、职称证书复印件,与申请注册相关的工程技术、工程管理工作经历和工程业绩证明;

⑤ 逾期初始注册的,应提交达到继续教育要求的证明材料。

(3)申请初始注册的程序

① 申请人向聘用单位提出申请;

② 聘用单位同意后,连同上述材料由聘用单位向所在省、自治区、直辖市人民政府建设行政主管部门提出申请;

③ 省、自治区、直辖市人民政府建设行政主管部门初审合格后,报国务院建设行政主管部门;

④ 国务院建设行政主管部门对初审意见进行审核,对符合条件者准予注册,并颁发由国务院建设行政主管部门统一印制的《监理工程师注册证书》和执业印章。执业印章由监理工程师本人保管。

[想一想]
监理工程师初始注册的条件有哪些?

国务院建设行政主管部门对监理工程师初始注册每年定期集中审批一次,并实行公示、公告制度,对符合注册条件的进行网上公示,经公示未提出异议的予以批准确认。

2. 续期注册

监理工程师初始注册有效期为3年。注册期满需继续执业的,应在注册有效期届满30日前申请延续注册,在注册有效期届满30日前未提出延续注册申请的,在有效期满后,其注册执业证书和执业印章自动失效,需继续执业的,应重新申请初始注册。

(1)续期注册应提交下列材料

① 申请人续期注册申请表;

② 申请人与聘用单位签订的聘用劳动合同复印件及社会保险机构出具的参加社会保险的清单复印件;

③ 申请人从事工程监理的业绩证明和工作总结;

④ 申请人注册有效期内国务院建设行政主管部门认可的工程监理继续教育证明。

(2)监理工程师如果有下列情形之一的,将不予续期注册

① 没有从事工程监理的业绩证明和工作总结的;

② 同时在两个及以上单位执业的;

③ 未按照规定参加监理工程师继续教育或继续教育未达到标准的;

④ 允许他人以本人名义执业的;

⑤ 在工程监理活动中有过失,造成重大损失的。

(3)申请续期注册的程序

① 申请人向聘用单位提出申请;

② 聘用单位同意后,连同上述材料由聘用单位向所在省、自治区、直辖市人民政府建设行政主管部门提出申请;

③ 省、自治区、直辖市人民政府建设行政主管部门进行审核,对无前述不予续期注册情形的准予续期注册;

④ 省、自治区、直辖市人民政府建设行政主管部门在准予续期注册后,将准予续期注册的人员名单报国务院建设行政主管部门备案。

续期注册的有效期同样为3年,从准予续期注册之日起计算。国务院建设行政主管部门定期向社会公告准予续期注册的人员名单。

3. 变更注册

监理工程师注册后,如果注册内容发生变更,应当向原注册机构办理变更注册。

[想一想]
监理工程师续期注册需要哪些材料?

(1)变更注册应提交下列材料

① 本人填写的《中华人民共和国注册监理工程师变更注册申请表》(一式二份,另附一张近期一寸免冠照片,供制作注册执业证书使用)和相应电子文档;

② 申请人与新聘用单位签订的聘用劳动合同复印件及社会保险机构出具的

参加社会保险的清单复印件；

③ 在注册有效期内，变更执业单位的，申请人应提供工作调动证明（与原聘用单位终止或解除聘用劳动合同的证明文件复印件，或由劳动仲裁机构出具的解除劳动关系的劳动仲裁文件复印件）。跨省、自治区、直辖市变更执业单位的，还须提供满足新聘用单位所在地相应继续教育要求的证明材料；

④ 在注册有效期内或有效期届满，变更注册专业的，应提供与申请注册专业相关的工程技术、工程管理工作经历和工程业绩证明，以及满足相应专业继续教育要求的证明材料；

⑤ 在注册有效期内，因所在聘用单位名称发生变更的，应提供聘用单位新名称的营业执照复印件。

(2) 申请变更注册的程序

① 申请人向聘用单位提出申请；

② 聘用单位同意后，连同申请人与原聘用单位的解聘证明一并上报省、自治区、直辖市人民政府建设行政主管部门；

③ 省、自治区、直辖市人民政府建设行政主管部门对有关情况进行审核，情况属实的准予变更注册；

④ 省、自治区、直辖市人民政府建设行政主管部门在准予变更注册后，将变更人员情况报国务院建设行政主管部门备案。国务院建设行政主管部门定期向社会公告准予变更注册的人员名单。

[问一问]
监理工程师变更注册的程序如何？

需要注意的是，监理工程师办理变更注册后，一年内不能再次进行变更注册。

4. 不予初始注册、续期注册或者变更注册的特殊情况

(1) 如果注册申请人有下列情况之一的，将不予初始注册、续期注册或者变更注册：

① 不具备完全民事行为能力；

② 刑事处罚尚未执行完毕或者因从事工程监理或者相关业务受到刑事处罚，自刑事处罚执行完毕之日起到申请注册之日不满2年；

③ 未达到监理工程师继续教育要求；

④ 在两个或者两个以上单位申请注册；

⑤ 以虚假的职称证书参加考试并取得资格证书；

⑥ 年龄65周岁及以上；

⑦ 法律、法规和国务院建设、人事行政主管部门规定不予注册的其他情形。

[想一想]
哪些情况下监理工程师不予进行初始、续期、变更注册？

(2) 监理工程师在注册后有下列情形之一的，其注册证书和执业印章将自动失效：

① 聘用单位破产；

② 聘用单位被吊销营业执照；

③ 聘用单位被吊销相应资质证书；

④ 已与聘用单位解除劳动关系；

⑤ 注册有效期满且未续期注册；
⑥ 年龄超过65周岁；
⑦ 死亡或者丧失行为能力；
⑧ 其他导致注册失效的情形。

5. 注销注册

注册监理工程师如果有下列情形之一的，应当办理注销注册，交回注册证书和执业印章，注册管理机构将公告其注册证书和执业印章作废：

(1) 不具有完全民事行为能力；
(2) 申请注销注册；
(3) 注册证书和执业印章已失效；
(4) 依法被撤销注册；
(5) 依法被吊销注册证书；
(6) 受到刑事处罚；
(7) 法律、法规规定应当注销注册的其他情形。

[想一想]
哪些情况下注册监理工程师需要办理注销注册？

三、加强监理工程师的档案管理

监理工程师的毕业证书、职称证书、监理工程师执业资格证书和监理工程师岗位证书由公司人事劳资部门保管。监理工程师上岗前，应填写"拟聘人员上岗审批表"，经批准后，再与公司签订"聘用合同书"。工程项目竣工后，及时填写"监理工程师考绩档案"，用来评定监理工程师的工作质量和业绩。

四、监理工程师的继续教育

1. 继续教育的目的

建设工程监理实际上就是向建设单位提供科学管理服务，因此要求其执业人员——监理工程师必须是项目管理方面的专门人才方能胜任其工作。然而，随着现代科学技术日新月异地发展，不断有新技术、新工艺、新材料、新设备涌现，项目管理的方法和手段也在不断地发展，始终停留在原来的知识水平上，就没有能力提供科学管理服务，也就无法继续执业。因此，我国规定，注册监理工程师每年必须接受一定学时的继续教育，不断更新知识，扩大知识面，学习新的理论知识、法律法规，掌握技术、工艺、设备和材料的最新发展，从而不断提高执业能力和水平。

[想一想]
监理工程师为什么要进行继续教育？如何进行？

2. 继续教育的学时

注册监理工程师在每一注册有效期(3年)内应接受96学时的继续教育，其中必修课和选修课各为48学时。必修课48学时每年可安排16学时。选修课48学时按注册专业安排学时，只注册1个专业的，每年接受该注册专业选修课16学时的继续教育；注册2个专业的，每年接受相应2个注册专业选修课各8学时的继续教育。

注册监理工程师申请变更注册专业时，在提出申请之前，应接受申请变更注册专业 24 学时选修课的继续教育。注册监理工程师申请跨省级行政区域变更执业单位时,在提出申请之前,还应接受新聘用单位所在地 8 学时选修课的继续教育。

注册监理工程师在公开发行的期刊上发表有关工程监理的学术论文,字数在 3000 以上的,每篇可充抵选修课 4 学时;从事注册监理工程师继续教育授课工作和考试命题工作的,每年每次可充抵选修课 8 学时。

3. 继续教育方式和内容

继续教育的方式有两种,即集中面授和网络教学。继续教育内容主要有:

(1) 必修课

国家近期颁布的与工程监理有关的法律法规、标准规范和政策;工程监理与工程项目管理的新理论、新方法;工程监理案例分析;注册监理工程师职业道德。

(2) 选修课

地方及行业近期颁布的与工程监理有关的法规、标准规范和政策;工程建设新技术、新材料、新设备及新工艺;专业工程监理案例分析;需要补充的其他与工程监理业务有关的知识。

五、监理工程师违规行为的处罚

[想一想]
监理工程师违规行为的处罚有哪些?

对监理工程师的违规行为及其处罚一般包括以下几个方面:

(1) 对于未取得《监理工程师执业资格证书》、《监理工程师注册证书》和执业印章,以监理工程师名义执业的人员,建设行政主管部门应予以取缔,并处以罚款,有违法所得的,予以没收。

(2) 对于以欺骗手段取得《监理工程师执业资格证书》、《监理工程师注册证书》和执业印章的人员,建设行政主管部门应吊销其证书,收回执业印章,情节严重的 3 年以内不允许考试及注册。

(3) 监理工程师出借《监理工程师执业资格证书》、《监理工程师注册证书》和执业印章,情节严重的,应吊销其证书,收回执业印章,3 年之内不允许考试和注册。

(4) 监理工程师注册内容发生变更,未按照规定办理变更手续的,应责令其改正,并处以罚款。

(5) 同时受聘于两个及两个以上单位执业的,应注销其《监理工程师注册证书》、收回执业印章,并处以罚款,有违法所得的,没收违法所得。

(6) 对于监理工程师在执业中,因过错造成质量事故的,责令停止执业 1 年,造成重大质量事故的,吊销执业资格证书,5 年以内不予注册,情节特别恶劣的,终身不予注册。

对于监理工程师在安全生产监理工作中出现的行为过失,《建设工程安全生产管理条例》中明确规定:未执行法律、法规和工程建设强制性标准的,责令停止执业 3 个月以上 1 年以下;情节严重的,吊销执业资格证书,5 年内不予注册;造成重大安全事故的,终身不予注册;构成犯罪的,依照刑法有关规定追究刑事责任。

本章思考与实训

一、思考题
1. 总监理工程师代表的职责有哪些?
2. 专业监理工程师的职责有哪些?
3. 监理工程师的违法行为与违约行为有什么区别?

二、案例分析题

案例1

【背景资料】

某工程,施工总承包单位依据施工合同约定,与甲安装单位签订了安装分包合同。基础工程完成后:由于项目用途发生变化,建设单位要求设计单位编制设计变更文件,并授权项目监理机构就设计变更引起的有关问题与总承包单位进行协商。项目监理机构在收到经相关部门重新审查批准的设计变更文件后,经研究对其今后工作安排如下:

(1)由总监理工程师负责与总承包单位进行质量、费用和工期等问题的协商工作;
(2)要求总承包单位调整施工组织设计,并报建设单位同意后实施;
(3)由总监理工程师代表主持修订监理规划;
(4)由负责合同管理的专业监理工程师全权处理合同争议;
(5)安排一名监理员主持整理工程监理资料。

【问题】

逐项分析项目监理机构对其今后工作的安排是否妥当。对于不妥之处,请写出正确的做法。

案例2

【背景资料】

政府投资的某工程,监理单位承担了施工招标代理和施工监理任务。该工程采用无标底公开招标方式选定施工单位。工程实施中发生了下列事件:

事件1:开工前,总监理工程师组织召开了第一次工地会议,并要求施工单位及时办理施工许可证,确定工程水准点、坐标控制点,按政府有关规定及时办理施工噪声和环境保护等相关手续。

事件2:开工前,设计单位组织召开了设计交底会。会议结束后,总监理工程师整理了一份《设计修改建议书》,提交给设计单位。

事件3:施工开始前,施工单位向专业监理工程师报送了《施工测量成果报验表》,并附有测量放线控制成果及保护措施。专业监理工程师复核了控制桩的校核成果和保护措施后即予以签认。

【问题】

1. 指出事件 1 中总监理工程师做法的三个不妥之处，写出正确做法。

2. 指出事件 2 中设计单位和总监理工程师做法的不妥之处，分别写出其正确做法。

3. 事件 3 中，专业监理工程师还应检查、复核哪些内容？

第三章　建设工程监理企业

【内容要点】

1. 监理企业相关概念；
2. 工程监理企业的资质与业务范围；
3. 工程监理企业的建立；
4. 工程监理企业的资质管理；
5. 工程监理企业经营。

【知识链接】

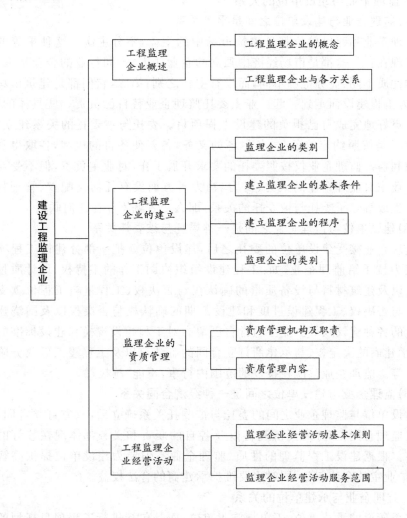

第一节　工程监理企业概述

一、监理企业的概念

[想一想]
监理企业的工作任务有哪些?

监理企业是指具有法人资格，取得监理企业资质证书和营业执照，依法从事建设工程监理工作的监理公司、监理事务所等，也包括具有法人资格的企业下设的专门从事建设工程监理的二级机构。建设工程监理企业是我国建筑领域经济市场化的必然产物，是建筑市场的重要主体之一。它在建筑市场的作用是为建筑市场交易活动的各方提供智能的技术服务，其工作是接受工程项目业主（建设单位）委托对建设工程项目的投资、工期、质量和安全进行监督管理。

二、监理企业与工程建设各方的关系

1. 监理企业与建设单位的关系

(1) 监理企业与建设单位之间是平等关系

监理企业和建设单位都是建筑市场中的主体，不分主次。这种平等的关系主要体现在：第一，都是市场经济中独立的企业法人，不同行业的企业法人，只有经营的性质不同、业务范围不同，而没有主仆之别；第二，它们都是建筑市场中的主体，为工程建设而走到一起。业主委托监理企业替自己负责一些具体的事项，是为了更好地完成自己担负的建设工程项目。委托与被委托的关系建立之后，双方也只是按照约定的条款，各尽各的义务，各行使各自的权利，各取得各自应得到的利益。监理企业仅按照委托的要求开展工作，对业主负责，但不受业主的领导。业主对监理企业的人力、财力、物力等方面没有任何支配权、管理权。如果未发生或解除了委托与被委托的关系，那么二者就不存在任何联系。

[问一问]
建设单位与监理单位存在哪几种关系?

(2) 建设单位与监理企业之间是一种委托与被委托关系

监理企业接受建设单位的委托之后，建设单位就把一部分建设工程项目的管理权力授予给监理企业，如：工程建设组织协调工作的主持权、设计质量和施工质量以及建筑材料与设备质量的确认权与否决权、工程量与工程价款支付的确认权与否决权、工程建设进度和建设工期的确认权与否决权以及围绕建设工程项目的各种建议权等。业主通常自己留有对工程建设规模和建设标准的决定权、对承建商的决定权、与承建商订立合同的鉴认权以及工程竣工后或分阶段的验收权等。监理企业只能在授权的范围内行事，不能"越权"。

(3) 监理企业与建设单位之间是一种经济合同关系

建设单位与监理企业之间的委托与被委托关系确立后，双方订立合同，即建设工程监理合同，双方的经济利益以及各自的职责和义务都体现在签订的监理合同中。根据建设工程监理的性质，监理企业不但要为建设单位提供高智能服务，维护业主的合法权益，同时也要维护承建商的合法权益。

2. 监理企业与承建单位的关系

这里所说的承建单位，不单指施工单位，而是包括进行工程项目规划的规划设计单位、进行工程地质勘探的勘察单位、承接设计业务的设计单位、承接工程施工的施工单位以及工程设备、构配件的加工制造单位等在内的大概念。也就是说，凡是承接工程建设业务的单位相对业主来说，都是承建单位。

(1) 监理企业与承建单位之间是平等关系

如前所述，承建单位（承建商）也是建筑市场的重要主体之一。监理企业与承建单位之间是平等关系，这种平等的关系主要体现在：第一，为了完成工程建设任务而分别承担各自相应的责任；第二，相对于业主来说，无论是监理企业还是承建商角色、地位是一样的；第三，二者都是在工程建设的法律、法规、规章、规范、标准等条款的制约下开展工作。

(2) 监理企业与承建单位之间是监理与被监理的关系

虽然监理企业与承建商之间没有签订任何经济合同，但是，承建商与业主签订有承发包建设合同，同时业主又与监理企业签订有监理合同，这样监理企业依据业主的授权，就有了监督管理承建商履行工程建设承发包合同的权利和义务。承建商不再与业主直接交往，而转向与监理企业直接联系，并接受监理企业对自己进行工程建设活动的监督管理。

3. 监理企业与政府工程质量监督部门在工程管理方面的区别

建设工程监理与政府质量监督部门都属于工程建设领域的监督管理活动，但是它们之间存在很多的区别：

(1) 建设工程监理实施者是社会化、专业化的监理企业，而政府工程质量监督的执行者是政府建设行政主管部门的专业执行机构（工程质量监督部门）；建设工程监理属于社会化的、民间的监督管理行为，而工程质量监督则属于政府行政行为。

(2) 建设工程监理是在项目组织系统范围内平行主体之间的横向监督管理；而政府工程质量监督则是项目组织系统外的监督管理，它对项目系统内的建设行为主体进行的是一种纵向管理。

(3) 建设工程监理具有委托性，而政府工程质量监督则具有强制性。

(4) 建设工程监理的工作范围由监理合同决定，其活动贯穿于工程建设的全过程、全方位；而政府工程质量监督只限于施工阶段。

(5) 它们在工程质量监督方面的工作也存在着较大的区别：

① 工作依据不尽相同

政府工程质量监督以国家、地方颁发的有关法律、法规和技术规范、标准为依据，而建设工程监理不仅以有关法律、法规和技术规范、标准为依据，还以经批准的建设工程项目文件和工程建设合同为依据。

② 深度和广度不同

建设工程监理所进行的质量控制包括对项目质量目标详细规划，采取一系列综合控制措施，既要做到全方位控制，又要做到事前、事中、事后控制，并持续在建设工程项目的各个阶段。而政府工程质量监督则主要在建设工程项目的施工阶段，对工程质量进行阶段性的监督和检查。

[想一想]

1. 监理企业与承建单位的平等关系体现在哪些方面？

2. 监理企业为什么能够对承建单位实施监理？

[想一想]

监理企业与政府工程质量监督部门在工程质量管理方面的工作有哪几个区别？

③ 工作权限、工作方法和手段不同

监理单位依据建设单位的授权对承建商(设计单位、施工单位等)实施监理,围绕着工程项目的投资活动和生产活动进行微观监督管理。而政府工程质量监督部门代表政府对工程项目进行宏观管理。

建设工程监理主要采用组织管理的方法,从多方面采取措施进行项目质量管理。而政府工程质量监督则侧重于行政管理的方法和手段。

需要指出的是,政府工程质量监督部门对监理企业特别是在工程建设施工阶段质量控制工作中有指导、监督作用。

第二节 工程监理企业的资质等级

一、工程监理企业资质

1. 资质

(1) 资质的概念

工程监理企业资质是企业技术能力、管理水平、业务经验、经营规模、社会信誉、业务范围等综合性实力指标。

工程监理企业按照所拥有的注册资本、专业技术人员数量、技术装备和工程监理业绩、管理水平、专业配套能力等资质条件申请资质,经审查合格,取得相应等级的资质证书后,才能在其资质等级许可的范围内从事工程监理活动。

[问一问]
什么是工程监理企业资质?如何分类?

(2) 资质的分类

工程监理企业资质分为综合资质、专业资质和事务所资质。其中,专业资质按照工程性质和技术特点划分为14个专业类别,每个专业类别按照工程规模或技术复杂程度又分为三个等级(如表3-1)。

表3-1 房屋建筑工程分类

工程类别		一等	二等	三等
房屋建筑工程	一般房屋建筑工程	28层以上;36米跨度以上(轻钢结构除外);单项工程建筑面积3万平方米以上	14～28层;24～36米跨度(轻钢结构除外);单项工程建筑面积1万～3万平方米	14层以下;24米跨度以下(轻钢结构除外);单项工程建筑面积1万平方米以下
	高耸构筑工程	高度120米以上	高度70～120米	高度70米以下
	住宅小区工程	建筑面积12万平方米以上	建筑面积6万～12万平方米	建筑面积6万平方米以下

综合资质、事务所资质不分级别,专业资质分为甲级、乙级;其中,房屋建筑、水利水电、公路和市政公用专业资质可设立丙级。

2. 监理单位资质要素

监理单位的资质，主要体现在监理能力及其监理效果上，其中监理能力是指能够监理多大规模和多大复杂程序的工程建设项目；监理效果是指对工程建设项目实施监理后，在工程投资控制、工程进度控制、工程质量控制、工程安全管理等方面取得的成果。监理单位的监理能力和监理效果主要取决于以下要素：

(1) 监理人员素质

对监理单位负责人（含技术负责人）的要求是：取得监理工程师资格证书或具有高级专业技术职称在职的，并且应当具有较强的组织协调和领导能力；对监理单位的技术管理人员的要求是：拥有足够数量的取得监理工程师资格的监理人员且专业配套。监理单位的监理人员一般应为大专以上学历，且应以本科以上学历者为大多数，技术职称方面，监理单位拥有中级以上专业技术职称的人员应在70%左右，具有初级专业技术职称的人员在20%左右，没有专业技术职称的其他人员应在10%以下。

[想一想]

审查监理单位资质为什么首先要看它的专业监理人员是否配备齐全？

(2) 专业配套能力

工程建设监理活动的开展需要多专业监理人员的相互配合。一个监理单位，应当按照它的监理业务范围的要求来配备专业人员，同时，各专业人员都应当拥有素质较高，能力较强的骨干监理人员。审查监理单位资质的重要内容是看它的专业监理人员配备是否与其所申请的监理业务范围相一致。例如，从事一般工业与民用建筑工程监理业务的监理单位，应当配备建筑、结构、电气、给水排水、暖气空调、工程测量、建筑经济、设备工艺人员等专业的监理人员。

从工程建设监理的基本内容要求出发，监理单位还应当在质量控制、进度控制、投资控制、合同管理、安全管理、信息管理和组织协调方面具有专业配套的能力。

(3) 技术装备

监理单位应当拥有一定数量的检测、测量、交通、通讯、计算方面的技术装备。例如，应有一定数量的计算机，以用于计算机辅助监理；应有一定数量的测量、检测仪器，以用于监理中的检查、检测工作；应有一定数量的交通、通讯设备，以便于高效率地开展监理活动；拥有一定的照相、录像设备，以便于及时、真实地记录工程实况等等。

(4) 管理水平

监理单位的管理水平，首先要看监理单位的负责人的素质和能力；其次，要看监理单位的规章制度是否健全完善，例如有没有组织管理制度、人事管理制度、财务管理制度、经营管理制度、设备管理制度、科技管理制度、档案管理制度等，并且能否有效执行；再者就是看监理单位是否有一套系统、有效的工程项目管理方法和手段。监理单位的管理水平主要反映在能否将本单位的人、财、物的作用充分发挥出来，做到人尽其才，物尽其用；监理人员能否做到遵纪守法，遵守监理工程师职业道德准则，能否沟通各种渠道，占领一定的监理市场。

(5) 监理业绩

监理业绩主要是指监理单位在开展监理业务中所取得的成效，其中包括监理业务量的多少和监理效果的好坏。因此有关部门把监理过多少工程,监理过什么等级的工程,以及取得什么样的效果作为监理单位重要的资质要素。

(6)注册资金

例如:房屋建筑专业资质,甲级专项资质监理单位不少于300万元,乙级专项资质监理企业的不少于100万元,丙级专项资质监理企业的不少于50万元。

[问一问]
监理单位资质要素包括哪些方面?

二、工程监理企业资质等级标准

1. 综合资质标准

(1)具有独立法人资格且注册资本不少于600万元。

(2)企业技术负责人应为注册监理工程师,并具有15年以上从事工程建设工作的经历或者具有工程类高级技术职称。

(3)具有5个以上工程类别的专业甲级工程监理资质。

(4)注册监理工程师不少于60人,注册造价工程师不少于5人,一级注册建造师、一级注册建筑师、一级注册结构工程师或者其他勘察设计注册工程师合计不少于15人次。

(5)企业具有完善的组织结构和质量管理体系,有健全的技术、档案等管理制度。

(6)企业具有必要的工程试验检测设备。

(7)申请工程监理资质之日前一年内没有建设部第158号令第十六条禁止的行为。

(8)申请工程监理资质之日前一年内没有因本企业监理责任造成重大质量事故。

(9)申请工程监理资质之日前一年内没有因本企业监理责任发生三级以上工程建设重大安全事故或者两起以上四级工程建设安全事故。

2. 专业资质标准

(1)甲级

① 具有独立法人资格且注册资本不少于300万元。

② 企业技术负责人应为注册监理工程师,并具有15年以上从事工程建设工作的经历或者具有工程类高级技术职称。

③ 注册监理工程师、注册造价工程师、一级注册建造师、一级注册建筑师、一级注册结构工程师或者其他勘察设计注册工程师合计不少于25人次;其中,相应专业注册监理工程师不少于《专业资质注册监理工程师人数配备表》(表3-2)中要求配备的人数,注册造价工程师不少于2人。

④ 企业近2年内独立监理过3个以上相应专业的二级工程项目。但是,具有甲级设计资质或一级及以上施工总承包资质的企业申请本专业工程类别甲级资质的除外。

⑤ 企业具有完善的组织结构和质量管理体系,有健全的技术、档案等管理制度。

⑥ 企业具有必要的工程试验检测设备。

⑦ 申请工程监理资质之日前一年内没有资质管理规定第十六条禁止的行为。第十六条内容如下:"工程监理企业不得有下列行为:(一)与建设单位串通投标或者与其他工程监理企业串通投标,以行贿手段谋取中标;(二)与建设单位或者施工单位串通弄虚作假、降低工程质量;(三)将不合格的建设工程、建筑材料、建筑构配件和设备按照合格签字;(四)超越本企业资质等级或以其他企业名义承揽监理业务;(五)允许其他单位或个人以本企业的名义承揽工程;(六)将承揽的监理业务转包;(七)在监理过程中实施商业贿赂;(八)涂改、伪造、出借、转让工程监理企业资质证书;(九)其他违反法律法规的行为。"

⑧ 申请工程监理资质之日前一年内没有因本企业监理责任造成重大质量事故。

⑨ 申请工程监理资质之日前一年内没有因本企业监理责任发生三级以上工程建设重大安全事故或者两起以上四级工程建设安全事故。

(2)乙级

① 具有独立法人资格且注册资本不少于100万元。

② 企业技术负责人应为注册监理工程师,并具有10年以上从事工程建设工作的经历。

③ 注册监理工程师、注册造价工程师、一级注册建造师、一级注册建筑师、一级注册结构工程师或者其他勘察设计注册工程师合计不少于15人次。其中,相应专业注册监理工程师不少于《专业资质注册监理工程师人数配备表》(表3-2)中要求配备的人数,注册造价工程师不少于1人。

表3-2 专业资质注册监理工程师人数配备表 （单位:人）

序号	工程类别	甲级	乙级	丙级
1	房屋建筑工程	15	10	5
2	冶炼工程	15	10	
3	矿山工程	20	12	
4	石油化工工程	15	10	
5	水利水电工程	20	12	5
6	电力工程	15	10	
7	农林工程	15	10	
8	铁路工程	23	14	
9	公路工程	20	12	5
10	港口与航道工程	20	12	
11	航天航空工程	20	12	
12	通信工程	20	12	
13	市政公用工程	15	10	5
14	机电安装工程	15	10	

[注] 表中各专业资质注册监理工程师人数配备是指企业取得本专业工程类别注册的注册监理工程师人数。

④ 有较完善的组织结构和质量管理体系,有技术、档案等管理制度。
⑤ 有必要的工程试验检测设备。
⑥ 申请工程监理资质之日前一年内没有资质管理规定第十六条禁止的行为。
⑦ 申请工程监理资质之日前一年内没有因本企业监理责任造成重大质量事故。
⑧ 申请工程监理资质之日前一年内没有因本企业监理责任发生三级以上工程建设重大安全事故或者两起以上四级工程建设安全事故。

(3)丙级
① 具有独立法人资格且注册资本不少于50万元。
② 企业技术负责人应为注册监理工程师,并具有8年以上从事工程建设工作的经历。
③ 相应专业的注册监理工程师不少于《专业资质注册监理工程师人数配备表》(表3-2)中要求配备的人数。
④ 有必要的质量管理体系和规章制度。
⑤ 有必要的工程试验检测设备。

3. 事务所资质标准
(1)取得合伙企业营业执照,具有书面合作协议书。
(2)合伙人中有3名以上注册监理工程师,合伙人均有5年以上从事建设工程监理的工作经历。
(3)有固定的工作场所。
(4)有必要的质量管理体系和规章制度。
(5)有必要的工程试验检测设备。

三、工程监理企业的业务范围

1. 综合资质
可以承担所有专业工程类别建设工程项目的工程监理业务。

2. 专业资质
(1)专业甲级资质
可承担相应专业工程类别一、二、三级建设工程项目的工程监理业务。
(2)专业乙级资质
可承担相应专业工程类别二、三级建设工程项目的工程监理业务。
(3)专业丙级资质
可承担相应专业工程类别三级建设工程项目的工程监理业务。

3. 事务所资质
可承担三级建设工程项目的工程监理业务,但是,国家规定必须实行强制监理的工程除外。
各级工程监理企业都可以开展相应类别建设工程的项目管理、技术咨询等业务。

[想一想]
工程监理企业甲、乙、丙资质等级业务范围受地域限制吗?

第三节 工程监理企业的建立

一、监理企业的类别

监理企业的类别有多种。

1. 按经济性质分类

(1) 全民所有制监理企业

这类企业成立较早,一般是在《公司法》颁布实施之前批准成立的。其人员一般是从原有的全民所有制企业中分离出来,由企业原有或原有企业的上级主管部门负责组建。这类监理单位在组建初期,往往在人力、物力、财力上还需要原来企业的支持,但随着建设监理事业的发展,全民所有制单位会按照《公司法》的规定,改建为新型的企业,成为真正具有独立法人资格的企业法人。

(2) 集体所有制监理单位

我国法规中,允许成立集体所有制的监理单位,但实际上由于种种原因,申请这类经济性质的监理单位较少。

(3) 私有监理企业

在国外,私有监理企业比较普遍。由于我国是以公有制为主体的社会主义国家,工程项目建设也大多是公有制性质的,而私有监理承揽监理业务,属于"无限责任"经营,一旦发生监理事故,私有监理企业不仅要赔偿因自己的责任而产生的直接损失,甚至还要赔偿间接的损失,所以风险是非常大的。目前我国还未考虑允许成立私有制的监理单位。

2. 按照组建方式分类

(1) 股份制监理企业

股份公司又可分为有限责任公司和股份责任公司

① 有限责任公司

有限责任公司的股东以出资额为限,对公司承担责任,公司以全部资产对公司的债务承担责任。公司股东,按其投入公司资本额的多少,享有大小不同的资产收益权、重大决策参与权和对管理者的选举权。公司则享有由股东投资形成的全部法人财产权,并承担民事责任。这是我国目前提倡组建的主要公司类别之一。

② 股份有限公司

股份有限公司以其全部资本分为等额股份,股东以其所持股份为限对公司承担经济责任。同时,以其所持股份的多少,享有相应的资产收益权、重大决策参与权和选择管理者的权利。公司则以其全部资产对公司的债务承担责任。另外,与有限责任公司一样,股份有限公司享有由股东投资形成的全部法人财产权,依法享有民事权利,承担民事责任。

股份有限公司是市场经济体制下,大量存在的公司组建形式,监理单位也多是这种类型。

(2) 合资监理单位

这种组建形式是现阶段经济体制下的产物,它包括国内企业合资组建的监理单位,也包括中外企业合资组建的监理单位。合资单位合资各方按照投入资金多少或按约定的合资章程的规定对合资监理单位承担一定的责任,同样享有相应的权利,合资监理单位依法享有民事权利,承担民事责任。

(3) 合作监理单位

对于风险较大、规模较大或技术复杂的工程项目建设的监理,一家监理单位难以胜任时,往往由两家,甚至多家监理共同合作监理,并组成合作监理单位,经工商行政主管部门注册,以独立法人的资格享有民事责任。合作各方,按照约定的合作章程分享利益和承担相应的责任。而两家和几家监理单位仅仅合作监理而不注册,不构成合作监理单位。

3. 按资质等级分

(1) 综合资质监理企业

这是由国家建设行政主管部门审定批准的监理单位。批准为综合资质,意味着该监理单位的资质很好,已达到国家一流水平,该工程监理企业可以承担所有专业工程类别建设工程项目的监理业务。

(2) 专业资质监理企业

① 甲级资质监理企业

这是由国家建设行政主管部门审定批准的监理单位。批准为甲级资质,意味着该监理单位的资质很好,已达到国家一流水平,该工程监理企业可以承担相应专业一级、二级和三级建设工程项目的监理业务。

② 乙级资质监理企业

此类工程监理企业的资质由企业所在地省、自治区、直辖市人民政府建设行政主管部门负责审批和国务院所属铁道、交通、水利、通信、民航等部门负责本部门直属乙级工程监理企业的定级审批。乙级资质的工程监理企业可以承担相应专业工程类别二级、三级建设工程项目的监理业务。

③ 丙级资质监理企业

此类工程监理企业的资质也是由省、自治区、直辖市人民政府建设行政主管部门定级审批和国务院所属交通、水利等部门负责本部门直属丙级工程监理企业的定级审批。丙级资质的工程监理企业只能承担相应专业工程类别三级建设工程项目的监理业务。

(3) 事务所资质监理企业

此类工程监理企业的资质也是由省、自治区、直辖市人民政府建设行政主管部门定级审批和国务院所属铁道、交通、水利、通信、民航等部门负责本部门直属事务所资质工程监理企业的定级审批。事务所资质的工程监理企业只能承担工程类别三级建设工程项目的监理业务。

[问一问]
按资质等级分,监理企业分哪些类?

4. 按专业类别分

目前，我国把土木工程按照工程性质和技术特点分为14个专业工程类别，它们是房屋建筑工程、公路工程、铁路工程、民航机场工程、港口及航道工程、水利水电工程、电力工程、矿山工程、冶炼工程、石油化工工程、市政公用工程、通信与广电工程、机电安装工程和装饰装修工程等，每个专业工程类别按照工程规模或技术复杂程度又分为三个等级。上述工程类别的划分对工程监理企业只是体现在业务范围上，并没有完全用来界定工程监理的专业性质。

二、建立监理企业的基本条件

(1) 有自己的名称和固定的办公场所；

(2) 有自己的组织机构，如领导机构、财务机构、技术机构等；有一定数量的专门从事监理工作的工程经济、技术人员，而且专业基本配套、技术人员数量和职称结构符合要求；

(3) 有符合国家规定的注册资金；

(4) 拟定有监理企业的章程；

(5) 有主管部门同意设立监理企业的批准文件；

(6) 拟从事监理工作的人员中，有一定数量的人已经取得国家建设行政主管部门颁发的《监理工程师资格证书》；并有一定数量的人取得了监理培训结业合格证书。

三、建立监理企业的程序

工程建设监理企业的建立应先申请领取企业法人营业执照，再申报资质。建立监理企业的申报、审批程序一般分为三步：

1. 登记注册并取得企业法人营业执照

新设立的工程建设监理单位，应根据法人必须具备的条件，先到工商行政管理部门登记注册并取得企业法人营业执照，才能到建设行政主管部门办理资质申请手续。

2. 申请资质

取得企业法人营业执照后，即可向建设监理行政主管部门申请资质。工程监理企业应按照监理人员的素质、专业配套能力、技术装备、管理水平、监理业绩、注册资金等资质要素申请资质，应当向建设行政主管部门提供相关资料。

3. 审查、核发资质证书

审核部门应当对工程监理企业的资质条件和申请资质提供的资料审查核实。

(1) 申请综合资质、专业甲级资质的，应当向企业工商注册所在地的省、自治区、直辖市人民政府建设主管部门提出申请。省、自治区、直辖市人民政府建设主管部门应当自受理申请之日起20日内初审完毕，并将初审意见和全部申请材料报国务院建设主管部门，其中涉及交通、水利、信息产业等专业工程监理资质征得同级有关专业部门审核同意后,报国务院建设主管部门。

国务院建设主管部门应当自省、自治区、直辖市人民政府建设主管部门受理申请材料之日起60日内完成审查,公示审查意见,公示时间为10日。其中,涉及铁路、交通、水利、通信、民航等专业工程监理资质的,由国务院建设主管部门送国务院有关部门审核。国务院有关部门应当在20日内审核完毕,并将审核意见报国务院建设主管部门。国务院建设主管部门根据初审意见审批。

(2)专业乙级、丙级资质和事务所资质由企业所在地省、自治区、直辖市人民政府建设主管部门审批。其中涉及交通、水利、信息产业等专业工程监理资质,征得同级有关专业部门初审同意后审批。

专业乙级、丙级资质和事务所资质许可、延续的实施程序由省、自治区、直辖市人民政府建设主管部门依法确定。

省、自治区、直辖市人民政府建设主管部门应当自作出决定之日起10日内,将准予资质许可的决定报国务院建设主管部门备案。

(3)工程监理企业合并的,合并后存续或者新设立的工程监理企业可以承继合并前各方中较高的资质等级,但应当符合相应的资质等级条件。

工程监理企业分立的,分立后企业的资质等级,根据实际达到的资质条件,按照本规定的审批程序核定。

(4)企业需增补工程监理企业资质证书的(含增加、更换、遗失补办),应当持资质证书增补申请及电子文档等材料向资质许可机关申请办理。遗失资质证书的,在申请补办前应当在公众媒体刊登遗失声明。资质许可机关应当自受理申请之日起3日内予以办理。

四、工程监理企业的资质申请

工程监理企业申请资质,一般要到企业注册所在地的县级以上地方人民政府建设行政主管部门办理有关手续。

[问一问]
办理资质申请时,应当向哪些部门提出申请、办理手续?

1. 资质申请提供资料

工程监理企业申请资质,应当先到工商行政管理部门登记注册并取得企业法人营业执照后,才能到建设行政主管部门办理资质申请手续。办理资质申请手续时,应当向建设行政主管部门提供下列资料:

(1)工程监理企业资质申请表(一式三份)及相应电子文档。

(2)企业法人、合伙企业营业执照。

(3)企业章程或合伙人协议。

(4)企业负责人和技术负责人的身份证明、工作简历及任命(聘用)文件;其他注册执业人员的注册执业证书。

(5)工程监理资质申请表中所列注册监理工程师及其他注册执业人员的注册执业证书。

(6)有关企业质量管理体系、技术和档案等管理制度的证明材料。

(7)有关工程试验检测设备的证明材料。

2. 资质升级提供资料

取得专业资质的企业申请晋升专业资质等级或者取得专业甲级资质的企业申请综合资质的，除上述规定的材料外，还应当提交以下材料：企业原工程监理企业资质证书正、副本原件及复印件，企业《监理业务手册》。近两年已完成代表工程的监理合同、监理规划、工程竣工验收报告及监理工作总结。

3. 申请资质证书变更时提交的材料

(1) 资质证书变更的申请报告。

(2) 企业法人营业执照副本原件。

(3) 工程监理企业资质证书正、副本原件。

工程监理企业改制的，除前款规定材料外，还应当提交企业职工代表大会或股东大会关于企业改制或股权变更的决议、企业上级主管部门关于企业申请改制的批复文件。

工程监理企业在资质证书有效期内名称、地址、注册资本、法定代表人等发生变更的，应当在工商行政管理部门办理变更手续后 30 日内办理资质证书变更手续。

涉及综合资质、专业甲级资质证书中企业名称变更的，由国务院建设主管部门负责办理，并自受理申请之日起 3 日内办理变更手续。

前款规定以外的资质证书变更手续，由省、自治区、直辖市人民政府建设主管部门负责办理。省、自治区、直辖市人民政府建设主管部门应当自受理申请之日起 3 日内办理变更手续，并在办理资质证书变更手续后 15 日内将变更结果报国务院建设主管部门备案。

4. 资质有效期届满，工程监理企业需要继续从事工程监理活动

(1) 应当在资质证书有效期届满 60 日前，向原资质许可机关申请办理延续手续。对在资质有效期内遵守有关法律、法规、规章、技术标准，信用档案中无不良记录，且专业技术人员满足资质标准要求的企业，经资质许可机关同意，有效期延续 5 年。

(2) 工程监理企业资质证书分为正本和副本，每套资质证书包括一本正本，四本副本。正、副本具有同等法律效力。工程监理企业资质证书的有效期为 5 年。工程监理企业资质证书由国务院建设主管部门统一印制并发放。

第四节 工程监理企业的资质管理

为了加强对工程监理企业的资质管理，保障其依法经营业务，促进建设工程监理事业健康发展，国家建设行政主管部门对工程监理企业资质管理工作制定了相应的管理规定。

一、工程监理企业资质管理机构及其职责

根据我国现阶段管理体制，我国工程监理企业的资质管理确定的原则是"分

级管理,统分结合",按中央和地方两个层次进行管理。国务院建设行政主管部门负责全国工程监理企业资质的归口管理工作,涉及铁道、交通、水利、信息产业、民航等专业工程监理资质的,由国务院铁道、交通、水利、信息产业、民航等有关部门配合国务院建设行政主管部门实施资质管理工作。

省、自治区、直辖市人民政府建设行政主管部门负责本行政区域内工程监理企业资质归口管理工作,省、自治区、直辖市人民政府交通、水利、通信等有关部门配合同级建设行政主管部门实施相关资质类别工程监理企业资质的管理工作。

1. 国务院建设行政主管部门管理工程监理企业资质的主要职责

(1)负责全国工程监理企业资质的归口管理工作。其中涉及铁道、交通、水利、信息产业、民航工程等专业的工程监理企业资质的,由国务院铁道、交通、水利、信息产业、民航等有关部门配合国务院建设行政主管部门实施资质管理工作。

(2)审批全国综合资质、专业甲级资质工程监理企业的资质。其中交通、水利、信息产业等方面的工程监理企业资质的,应征得同级有关部门初审同意后审批;

(3)审查、批准全国综合资质、专业甲级资质工程监理企业资质的变更与终止。

(4)制定有关全国工程监理企业资质管理办法。

2. 省、自治区、直辖市人民政府建设行政主管部门对管理工程监理企业资质的主要职责

(1)审批本行政区域内专业乙级、丙级资质和事务所资质工程监理企业的资质。其中交通、水利、通信等方面的工程监理企业资质,应征得同级有关部门初审同意后审批。

(2)审查、批准本行政区域内专业乙级、丙级和事务所资质工程监理企业资质的变更与终止。

(3)对本行政区域内专业乙级和丙级工程监理企业资质监督管理。

(4)制定在本行政区域内资质管理办法。

(5)受国务院建设行政主管部门委托负责本行政区域内综合资质、甲级资质工程监理企业资质监督管理。

3. 资质审批实行公示公告制度

资质初审工作完成后,初审结果先在中国工程建设信息网上公示,经工程建设信息网上公告。实行这一制度的目的是提高资质审批的透明度,便于社会监督,从而增强其公正性。

二、工程监理企业资质管理内容

工程监理企业资质管理,主要是指对工程监理企业的设立、定级、升级、降级、变更、终止等的资质审查或批准及监督管理。

[问一问]
1. 甲级工程监理企业资质如何审批?
2. 乙、丙级工程监理企业的资质如何审批?

1. 资质审批制度

对于工程监理企业资质条件符合资质等级标准,并且未发生下列行为的,建设行政主管部门将向其颁发相应资质等级的《工程监理企业资质证书》:

(1)与建设单位串通投标或者与其他工程监理企业串通投标,以行贿手段谋取中标。

(2)与建设单位或者施工单位串通弄虚作假、降低工程质量。

(3)将不合格的建设工程、建筑材料、建筑构配件和设备按照合格签字。

(4)超越本企业资质等级或以其他企业名义承揽监理业务。

(5)允许其他单位或个人以本企业的名义承揽工程。

(6)将承揽的监理业务转包。

(7)在监理过程中实施商业贿赂。

(8)涂改、伪造、出借、转让工程监理企业资质证书。

(9)其他违反法律法规的行为。

《工程监理企业资质证书》分为正本和副本,具有同等法律效力。工程监理企业在领取新的《工程监理企业资质证书》的同时,应当将原资质证书交回发证机关予以注销。任何单位和个人不得涂改、伪造、出借、转让《工程监理企业资质证书》,不得非法扣压、没收《工程监理企业资质证书》。

[想一想]
资质审批合格要具备哪些条件?

工程监理企业申请晋升资质等级,在申请之日前1年内有上述1~9种行为之一的,建设行政主管将不予批准。

工程监理企业因破产、倒闭、撤销、歇业的,应当将资质证书交回原发证机关予以注销。

2. 资质监督管理制度

(1)工程监理企业应当按照有关规定,向资质许可机关提供真实、准确、完整的工程监理企业的信用档案信息。工程监理企业的信用档案应当包括基本情况、业绩、工程质量和安全、合同违约等情况。被投诉举报和处理、行政处罚等情况应当作为不良行为记入其信用档案。工程监理企业的信用档案信息按照有关规定向社会公示,公众有权查阅。

(2)县级以上建设主管部门和其他有关部门应当依照有关法律、法规和本规定,加强对工程监理企业资质的监督管理。

(3)建设主管部门履行监督检查职责时,有权采取下列措施:

① 要求被检查单位提供工程监理企业资质证书、注册监理工程师注册执业证书;有关工程监理业务的文档,有关质量管理、安全生产管理、档案管理等企业内部管理制度的文件。

② 进入被检查单位进行检查,查阅相关资料。

③ 纠正违反有关法律、法规和本规定及有关规范和标准的行为。

(4)建设主管部门进行监督检查时,应当有两名以上监督检查人员参加,并出示执法证件,不得妨碍被检查单位的正常经营活动,不得索取或者收受财物、谋取其他利益。有关单位和个人对依法进行的监督检查应当协助与配合,不得拒绝或者阻挠。监督检查机关应当将监督检查的处理结果向社会公布。

(5)工程监理企业违法从事工程监理活动的,违法行为发生地的县级以上建设主管部门应当依法查处,并将违法事实、处理结果或处理建议及时报告该工程监理企业资质的许可机关。

(6)工程监理企业取得工程监理企业资质后不再符合相应资质条件的,资质许可机关根据利害关系人的请求或者依据职权,可以责令其限期改正;逾期不改的,可以撤回其资质。

(7)有下列情形之一的,资质许可机关或者其上级机关,根据利害关系人的请求或者依据职权,可以撤销工程监理企业资质:

① 资质许可机关工作人员滥用职权、玩忽职守作出准予工程监理企业资质许可的。

② 超越法定职权作出准予工程监理企业资质许可的。

③ 违反资质审批程序作出准予工程监理企业资质许可的。

④ 对不符合许可条件的申请人作出准予工程监理企业资质许可的。

⑤ 依法可以撤销资质证书的其他情形。

以欺骗、贿赂等不正当手段取得工程监理企业资质证书的,应当予以撤销。

(8)有下列情形之一的,工程监理企业应当及时向资质许可机关提出注销资质的申请,交回资质证书。国务院建设主管部门应当办理注销手续,公告其资质证书作废:

① 资质证书有效期届满,未依法申请延续的。

② 工程监理企业依法终止的。

③ 工程监理企业资质依法被撤销、撤回或吊销的。

④ 法律、法规规定的应当注销资质的其他情形。

(9)违规处理

工程监理企业必须依法开展监理业务,全面履行委托监理合同约定的责任和义务。一旦出现违规现象,建设行政主管部门将根据情节给予必要的处罚。违规现象主要有以下几个方面:

① 以欺骗手段取得《工程监理企业资质证书》。

② 超越本企业资质等级承揽监理业务。

③ 未取得《工程监理企业资质证书》而承揽监理业务。

④ 转让监理业务。转让监理业务是指监理企业不履行委托监理合同约定的责任和义务,将所承担的监理业务全部转给其他监理企业,或者将其肢解以后分别转给其他监理企业的行为,国家有关法律法规明令禁止转让监理业务的行为。

⑤ 挂靠监理业务。挂靠监理业务是指监理企业允许其他单位或者个人以本企业名义承揽监理业务,这种行为也是国家有关法律法规明令禁止的。

⑥ 与建设单位或者施工单位串通,弄虚作假、降低工程质量。

⑦ 将不合格的建设工程、建筑材料、建筑构配件和设备按照合格签字。

⑧ 工程监理企业与被监理工程的施工承包单位以及建筑材料、建筑构配件和

[想一想]
对监理单位资质监督管理的内容有哪些?

设备供应单位有隶属关系或者其他利害关系,并承担该项建设工程的监理业务。

第五节 工程监理企业经营活动基本准则和服务内容

一、工程监理企业经营活动基本准则

工程监理企业从事建设工程监理活动,应当遵循"守法、诚信、公正、科学"的准则。

1. 守法

守法,即要求工程监理企业遵守国家的法律法规。对于工程监理企业来说,守法就是要依法经营,主要体现在:

(1)工程监理企业只能在核定的业务范围内开展经营活动。

工程监理企业的业务范围,是指填写在资质证书中、经工程监理资质管理部门审查确认的主项资质。核定的业务范围包括两方面:一是监理业务的工程类别;二是承接监理工程的等级。

(2)工程监理企业不得伪造、涂改、出租、出借、转让、出卖《工程监理企业资质证书》。

(3)建设工程监理合同一经双方签订,即具有法律约束力,工程监理企业应按照合同的约定认真履行,不得无故或故意违背自己的承诺。

(4)工程监理企业离开原住所地承接监理业务,要自觉遵守当地人民政府颁发的监理法规和有关规定。主动向监理工程所在地的省、自治区、直辖市建设行政部门备案登记,接受其指导和监督管理。

(5)遵守国家关于企业法人的其他法律、法规的规定。

2. 诚信

诚信,即诚实守信用,这是道德规范在市场经济中的体现。它要求一切市场参加者在不损害他人利益和社会公共利益的前提下,追求自己的利益。目的是在当事人之间的利益关系和当事人与社会之间的利益关系中实现平衡,并维护市场道德秩序。诚信原则的主要作用在于指导当事人以善意的心态、诚信的态度行使民事权利,承担民事义务,正确地从事民事活动。

加强企业信用管理,提高企业信用水平,是完善我国工程监理制度的重要保证。企业信用的实质是解决经济活动中经济主体之间的利益关系。它是企业经营理念、经营责任和经营文化的集中体现。信用是企业的一种无形资产,良好的信用能为企业带来巨大效益。我国是世贸组织的成员,信用将成为我国企业"走出去"、进入国际市场的身份证。它是能给企业带来长期经济效益的特殊资本。监理企业应当树立良好的信用意识,使企业成为讲道德、讲信用的市场主体。

3. 公正

公正,是指工程监理企业在监理活动中既要维护业主的利益,又不能损害承

[问一问]
工程监理企业应遵照哪些法律法规?

包商的合法利益,要依据合同公平、合理地处理业主与承包商之间的争议。

工程监理企业要做到公正,必须做到以下几点。

(1)要具有良好的职业道德。

(2)要坚持实事求是。

(3)要熟悉有关建设工程合同条款。

(4)要提高专业技术能力。

(5)要提高综合分析判断问题的能力。

4. 科学

科学,是指工程监理企业要依据科学的方案,运用科学的手段,采取科学的方法开展监理工作,工程监理工作结束后,还要进行科学的总结。主要体现在:

(1)科学的方案

工程监理的方案主要是指监理规划。其内容包括:工程监理的组织计划;监理工作的程序;各专业、各阶段监理工作内容;工程的关键部位或可能出现的重大问题的监理措施等等。在实施监理工作前,要尽可能准确地预测出各种可能的问题,有针对性地拟定解决办法,制订切实可行的监理实施细则,使各项监理活动都纳入科学管理的轨道。

(2)科学的手段

实施工程监理必须借助于先进的科学仪器才能做好监理工作,如各种检测、试验、化验仪器,摄录像设备和计算机等。

(3)科学方法

监理工作的科学方法主要体现在监理人员在掌握大量的、确凿的有关监理对象及其外部环境实际情况的基础上,适时、妥帖、高效地处理有关问题,解决问题要用事实说话、用书面文字说话,用数据说话;要利用或开发计算机软件辅助工程监理。

[想一想]
工程监理企业的科学性体现在哪几个方面?

二、工程监理企业的服务内容

根据建设工程的总体目标和客观需要,监理单位经营活动分成三个阶段,包括:建设工程决策阶段监理、建设工程设计阶段监理和建设工程施工阶段监理三个部分。

1. 建设工程决策阶段监理

建设工程决策阶段的监理工作主要是对投资决策、立项决策和可行性研究决策的监理。建设工程决策监理不是监理单位代替业主决策,而是受业主单位的委托选择决策咨询单位,协助业主与决策咨询单位签订咨询合同,并监督合同的履行。建设工程决策阶段监理的内容如下:

(1)投资决策监理

投资决策监理的委托方可能是业主(筹备机构),也可能是金融单位,也可能是政府。

① 协助委托方选择投资决策咨询单位,并协助签订合同书。
② 监督管理投资决策咨询合同的实施。
③ 对投资咨询意见评估,并提出监理报告。
(2)建设工程立项决策监理
建设工程立项决策主要是确定拟建工程项目的必要性和可行性(建设条件是否具备)以及拟建规模。这一段的监理内容是:
① 协助委托方选择建设工程立项决策咨询单位,并协助签订合同书。
② 监督管理立项决策咨询合同的实施。
③ 对立项决策咨询方案进行评估,并提出监理报告。
(3)建设工程可行性研究决策监理
建设工程的可行性研究是根据确定的项目建议书在技术上、经济上、财务上对项目进行详细论证,提出优化方案。这一阶段的监理内容是:
① 协助委托方选择建设工程可行性研究单位,并协助签订可行性研究合同书。
② 监督管理可行性研究合同的实施。
③ 对可行性研究报告进行评估,并提出监理报告。

[想一想]
投资决策监理有哪些工作内容?

对于规模小、工艺简单的工程来说,在建设工程决策阶段可以委托监理,也可以不委托监理,而直接把咨询意见作为决策依据。但是,对于大型、中型工程建设项目的业主或政府主管部门来说,最好是委托监理单位,同时搞好咨询意见的审查,做出科学的决策。

2. 建设工程设计阶段监理

建设工程设计阶段是工程项目建设进入实施阶段的开始。工程设计通常包括初步设计和施工图设计两个阶段。在工程设计之前还要进行勘察(地质勘察、水文勘察),所以,这一阶段又叫做勘察设计阶段。在工程建设实施过程中,一般是把勘察和设计分开来签订合同,但也有把勘察工作委托给设计单位,业主与设计单位签订工程勘察设计合同。

(1)为了叙述简便,把勘察和设计的监理工作合并如下:
① 编制工程勘察设计招标文件。
② 协助业主审查和评选工程勘察设计方案。
③ 协助业主选择勘察设计单位。
④ 协助业主签订工程勘察设计合同书。
⑤ 监督管理勘察设计合同的实施。
⑥ 审核工程设计概算和施工图预算,验收工程设计文件。

建设工程勘察设计阶段监理的主要工作是对勘察设计进度、质量和投资的监督管理。总的内容是依据勘察设计任务批准书编制勘察设计资金使用计划、勘察设计进度计划和设计质量标准要求,并与勘察设计单位协商一致,圆满地贯彻业主的建设意图。

(2)对勘察设计工作进行跟踪检查、阶段性审查。设计完成后要进行全面审查。审查的主要内容是：

① 设计文件的规范性、工艺的先进性和科学性、结构安全施工的可行性以及设计标准的适宜性等。

② 设计概算或施工图预算的合理性以及业主投资的许可性，若超过投资限额，除非业主许可，否则要修改设计。

③ 在审查上述两项的基础上，全面审查勘察设计合同的执行情况，最后核定勘察设计费用。

3. 建设工程施工阶段监理

这里所说的工程施工阶段监理包括施工招标阶段的监理、施工阶段监理和竣工保修阶段的监理。

工程施工是建设工程最终的实施阶段，是形成建筑产品的最后一步。施工阶段各方面工作的好坏对建筑产品优劣的影响是难以更改的，所以这一阶段的监理工作至关重要。

建设工程施工阶段监理的主要内容包括：

(1) 编制工程施工招标文件。

(2) 核查工程施工图设计、工程施工图预算。当工程总包单位承担施工图设计时，监理单位更要投入较大的精力搞好施工图设计审查和施工图预算审查工作。

(3) 协助业主组织开标、评标、定标活动，向业主提供中标企业建议。

(4) 协助业主与中标单位签订工程施工合同书。

(5) 察看工程项目建设现场，向承建商办理移交手续。

(6) 审查、确认承建商选择的分包单位。

(7) 制定施工总体规划，审查承建商的施工组织设计和施工技术方案，提出修改意见，下达单位工程施工开工令。

(8) 审查承建商提出的建筑材料、建筑构配件和设备的采购清单。

(9) 检查工程使用的材料、构配件、设备的规格和质量。

(10) 检查施工技术措施和安全防护设施。

(11) 对业主或设计单位提出的设计变更提出意见。

(12) 监督、管理工程施工合同的履行，调解合同双方的争议，处理索赔事项。

(13) 核查完成的工程量，签署工程付款凭证。

(14) 督促施工单位整理施工文件的归档准备工作。

(15) 参与工作竣工预验收，并签署监理意见。

(16) 审查工程结算。

(17) 编写监理工作总结。

(18) 向业主提交监理档案资料。

(19) 在规定的工程质量保修期限内，负责检查工程质量状况，组织鉴定质量问题责任，督促责任单位维修。

[想一想]
1. 设计阶段监理有哪些工作内容？
2. 施工阶段监理有哪些工作内容？

本章思考与实训

一、思考题

1. 简述监理单位与建设单位及承包单位的关系。
2. 工程建设监理与工程质量监督的区别是什么?
3. 监理单位的专业资质等级从哪些方面来划分?
4. 监理单位的资质要素有哪些?
5. 如何遵守工程监理企业经营活动的基本准则?

二、案例分析题

案例1

【背景资料】

某工程咨询公司,主要从事市政公用工程方面的咨询业务,该咨询公司通过研究《工程监理企业资质管理条例》文件,认为已经具备从事市政公用工程监理的能力,符合丙级资质。为迅速拓展业务,该公司通过某种渠道与业主签订了一栋20层框架结构办公大楼监理任务,建筑面积为40 000 m^2,该座建筑物属于二等房屋建筑工程项目。在签订的监理合同中,咨询公司应业主的要求,大幅度地降低监理费取费费率,最终确定标准为每平方米建筑面积的监理费为5元。在监理过程中,给承包商提供方便,接受承包商生活补贴5万元。

【问题】

1. 工程咨询公司是否具备工程监理企业资质?
2. 工程咨询公司进行资质申请时,对于房屋建筑工程和市政公用工程,应当申请哪一个工程类别?
3. 该工程咨询公司的行为有何不妥之处?
4. 按照《建设工程质量管理条例》,对该工程咨询公司如何进行处理?

案例2

【背景资料】

某新建住宅小区,规划建筑面积25万平方米,属于一等房屋建筑工程,监理单位A以监理单位B的名义承担了该工程施工阶段的监理。A监理单位的资质等级为丙级,B监理单位的资质等级为甲级,该小区分为一区,二区,三区三部分。该工程监理单位指定承包商采购某材料供应商的材料,而且工程监理单位从供货款中提取10%作为管理费,同时将部分不合格的材料按照合格予以签字。在工程施工监理过程中,对于承包商出现的有关质量问题,均已按照监理规范的规定进行了处理。

【问题】

1. 该住宅小区应由何种资质等级的监理单位进行监理?

2. 监理单位A和B的行为有何不妥,应该如何处罚?

案例3

【背景资料】

某建设项目由3个单项工程构成,由某总承包商负责该项目的施工。该项目属于房屋建筑工程,某监理单位具有公路工程乙级资质,经业主同意,承接了该项目施工阶段的监理任务。总承包商将A单项工程中的桩基础,B单项工程中的高级装修,C单项工程中的幕墙分包了出去,在监理过程中,该监理单位借用了其他监理单位的资质证书,因为这个监理单位具有房屋建筑工程资质。总监理工程师在监理工作开始前确定了目标的控制基本环节工作。

【问题】

1. 监理单位违反了哪项经营活动准则?
2. 工程分包应履行哪些程序?

第四章　建设工程监理目标控制

【内容要点】

1. 目标控制的基本概念与类型；
2. 目标系统与三大目标之间的关系；
3. 投资控制的目标、任务与措施；
4. 进度控制的目标、任务与措施；
5. 质量控制的目标、任务与措施。

【知识链接】

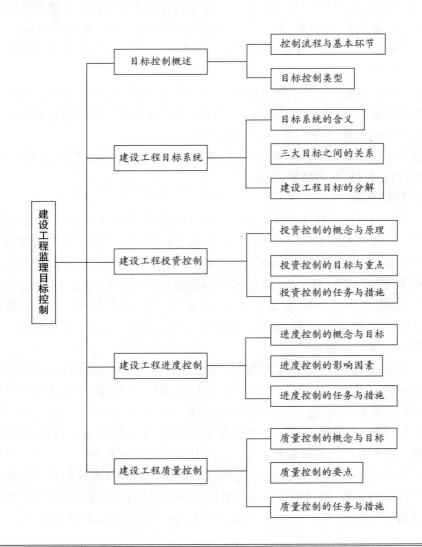

第一节　建设工程监理目标控制概述

一、基本概念

1. 控制

[想一想]
什么是建设工程监理目标控制？

控制是指在实现行为对象目标的过程中,行为主体按预定的计划实施各项工作。由于在实施过程中会遇到许多干扰因素,行为主体应通过检查,收集实施状态的信息,并将它与原计划或标准做比较,若发现偏差,则采取措施纠正这些偏差,从而保证计划正常实施,达到预定目标的全部活动。由于控制表现为以实现事先预定目标为目的,所以又叫目标控制。

建设工程监理的中心任务是对建设工程项目的目标,也就是经过科学地规划所确定的建设工程项目的三大目标,即投资目标、进度目标和质量目标实施有效的协调控制。由于当今建设工程项目的规模日趋庞大,功能、标准要求越来越高,新技术、新工艺、新材料、新设备不断涌现,参加建设的单位越来越多,市场竞争日益激烈。所以,只有在监理活动中采用科学的方法才能对建设工程项目进行有效的控制。

建设工程实施控制的对象是建设工程的技术系统;控制主体包括建设工程组织者以及参与者(如设计勘察单位,监理单位,承包商);控制对象的目标是建设工程总目标体系,和参与单位的合同目标。

建设工程目标控制的要素是：工程项目,控制目标,控制主体,实施计划,实施信息,偏差数据,纠偏措施,纠偏行为。

2. 控制流程

[谈一谈]
请大家讨论建设工程目标控制的循环过程。

控制者进行控制的过程是在预先制定目标的基础上,事先制订实施计划,实施开始后将计划所要求的劳动力、材料、设备、施工机具、方法等信息资源输入受控系统,在输入资源转化为产品的过程中,将工程实际状况与目标、计划进行比较。如果偏离了目标和计划,则应采取纠偏措施。要么改变投入,要么修改计划,使工程能在新的计划状态下进行,进入新一轮控制循环,这个过程就是PDCA循环,P即计划,D即执行,C即检查,A即处理。建设工程目标控制工作的流程图见图4-1所示。

工程项目的建设周期一般都较长,项目实施过程中存在的风险因素较多,实际状况常常会偏离目标与计划,比如出现投资增加、工期拖延、工程质量和功能未达到预定要求等问题。由于项目实施过程中主客观条件的变化是绝对的,不变则是相对的;在项目进展过程中平衡是暂时的,不平衡则是永恒的,因此在项目实施过程中必须随着情况的变化进行项目目标的动态控制。即收集项目目标的实际值,如实际投资,实际进度;定期(如每两周或每月)进行项目目标的计划值和实际值的比较;通过项目目标的计划值和实际值的比较,如有偏差,则采取纠偏措施进行纠偏,或改变投入,或修改计划,使工程能在新的计划状态下进行。

上述控制流程是一个不断循环的过程,直至工程完工交付使用,因而建设工程项目的目标控制是一个有限循环过程。

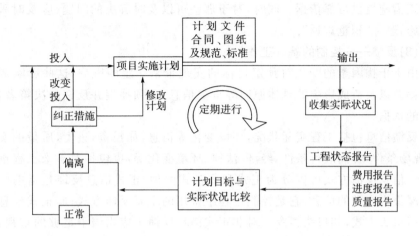

图4-1 控制流程图

3. 控制的基本环节

图4-1所示的控制流程是一个连续的过程,必须经过投入、转换、反馈、对比、纠偏等五个基本环节,如图4-2所示。对于每个控制循环来说,如果缺少这些基本环节中的任何一个,就会导致循环障碍,也就必然会降低控制工作的有效性,从而使循环控制的整体作用不能充分发挥。因此,必须明确控制流程各个基本环节的有关内容并做好相应的控制工作。

[问一问]

控制流程有哪几个基本环节?

图4-2 控制流程的基本环节

(1)投入——按计划投入

控制过程首先从投入开始,计划能否顺利实现,其基本条件就是能否按计划要求的人力、财力、物力进行投入。计划所确定的资源数量、质量和投入的时间是保证计划得以顺利实现的基本条件,也是实现计划目标的基本保障。因此,要使计划能够正常实施并达到预期目标,就应当保证将质量、数量符合计划要求的资源按规定时间和地点投入到建设工程项目实施过程中去。

(2)转换——做好转换过程的控制

转换是指由投入到产出的输出过程,通常表现为劳动者应用劳动资料将劳动对象转变为预定的建设工程。在计划运行过程中会受到来自外部环境和内部系统许多因素的干扰。同时,由于计划本身不可避免地存在一定问题,从而造成实际状况偏离预定的目标和计划。

转换过程中的控制工作是实现有效控制的重要一环。在工程实施过程中，监理工程师应当跟踪了解工程进展情况，掌握第一手资料，为分析偏差原因，确定纠正措施提供可靠依据。同时，对于那些可以及时解决的问题，应及时采取纠偏措施，避免"积重难返"。

(3) 反馈——控制的基础工作

由于干扰因素的变化对预定目标的实现带来一定的影响，这些影响造成的实际偏差以及造成影响的具体原因等重要信息，必须捕捉并反馈给决策者，作为决策的依据。

反馈信息包括工程实际状况，环境变化等信息，如投资、进度、质量的实际状况，现场条件，合同履行条件，经济、法律、环境变化等，也包括对未来工程预测的信息。信息反馈方式可以分为正式和非正式两种，正式信息反馈是指书面的工程状况报告之类的信息，它是控制过程中采用的主要反馈方式；非正式信息反馈主要指口头方式，如口头指令。对非正式信息反馈也应当给予足够的重视，但应当适时转化为正式信息反馈。

(4) 对比——以确定是否偏离

对比是将实际进展信息与计划值进行比较，以确定是否偏离。控制的核心就是找出偏差并采取措施加以纠正，使工作得以在计划的轨道与目标上继续进行。因此，对比工作是控制活动的重要一环，但应注意以下几点：

① 明确目标实际值与计划值的内涵。目标的实际值与计划值是两个相对的概念，随着建设工程的深入，其实施计划和目标都将逐渐深化、细化。例如，投资目标有投资估算、设计概算、施工图预算、合同价、结算价等表现形式，其中，投资估算相对于其他的投资值都是目标值；施工图预算相对于投资估算、设计概算为实际值，而相对于合同价、结算价则为计划值；结算价则相对于其他的投资值均为实际值。

② 合理选择比较的对象。在实际工作中，常见的是相邻两种目标值之间的比较。结算价以外各种投资值之间的比较都是一次性的，而结算价与合同价的比较则是经常性的，一般是定期比较。

③ 建立目标实际值与计划值之间的对应关系。建设工程项目的各项目标都要进行适当的分解，通常，目标的计划值分解较粗，而目标的实际值分解较细。

④ 确定衡量目标偏离的标准。要正确判断某一目标是否发生偏差，就要预先确定衡量目标偏离的标准。

(5) 纠正——取得控制的效果

[想一想]

控制过程中纠偏有哪几种情况？

对于偏离计划的情况要采取措施加以纠正，实现控制的效果。根据偏离的程度，可以分为以下三种纠偏情况：

① 轻度偏离时直接纠偏。指在轻度偏离的情况下，不改变原定目标的计划值，基本不改变原定的实施计划，在下一个控制周期内，使目标的实际值控制在计划值范围内。

② 不改变总目标的计划值，调整后期实施计划。这是在中度偏离情况下所

采取的对策。由于目标实际值偏离计划值的情况已经比较严重,已经不可能通过直接纠偏在下一个控制周期内恢复到计划状态,因而必须调整后期实施计划。

③ 重新确定目标的计划值,并据此重新制订实施计划。这是在重度偏离情况下所采取的对策。由于目标实际值偏离计划值的情况已经很严重,已经不能通过调整后期实施计划来保证原定目标计划值的实现,因而必须重新确定目标的计划值。

对于建设工程项目目标控制来说,纠偏一般是针对正偏差(实际值大于计划值)而言,如投资增加、工期拖延。而如果出现负偏差,并不会采取"纠偏"措施,但应认真分析其原因,排除假象。对于确实是通过积极而有效的目标控制方法和措施而产生负偏差的情况,应认真总结经验,扩大其应用范围,更好地发挥其在目标控制中的作用。

二、控制类型

控制类型的划分是主观的,控制措施本身是客观的。同一控制措施可以表述为不同的控制类型,按控制对象的时间可分为事前控制,事中控制和事后控制;按控制过程是否形成闭合回路,可分为开环控制和闭环控制;按控制信息的来源,可分为前馈控制和反馈控制;按控制措施出发点,可分为主动控制和被动控制。

1. 主动控制

主动控制是在预先分析各种风险因素及其导致目标偏离的可能性和程序的基础上,拟订和采取有针对性的预防措施,从而减少乃至避免目标偏离。

[想一想]
如何做好主动控制?

主动控制是一种面对未来的控制,它可以解决传统控制过程中存在的滞后影响。尽最大可能避免偏差成为现实,减小偏差发生的机会,从而使目标得到有效控制。

主动控制通常是一种开环控制。见图 4-3 所示。

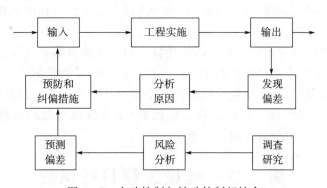

图 4-3 主动控制与被动控制相结合

2. 被动控制

被动控制是从计划实际输出中发现偏差,通过对产生偏差原因分析,研究制订纠偏措施,以使偏差得以纠正,使工程实施尽最大可能恢复到原来的计划状态,或虽然不能恢复到计划状态但可以减少偏差的严重程度。它可以表述为其他不同的控制类型：

(1) 被动控制是一种事中控制和事后控制。它是在计划实施过程中对已经出现的偏差采取控制措施。它虽然不能降低目标偏离的可能性，但可以降低目标偏离的严重程度，并将偏差控制在尽可能小的范围内。

(2) 被动控制是一种反馈控制。它是根据工程实施情况的综合分析结果进行的控制，其控制效果在很大程度上取决于反馈信息的全面性、及时性和可靠性。

(3) 被动控制是一种面对现实的控制，它是一种闭环控制。见图4-4所示。被动控制表现为一个循环过程：发现偏差，分析产生偏差的原因，研究制订纠偏措施并预计纠偏措施的成效，落实并实施纠偏措施，产生实际成效，收集实施情况，对实施的实际效果进行评价，将实际效果与预期效果进行比较，发现偏差，进入下一个循环，直至整个工程建成。

[谈一谈] 请大家讨论被动控制的必要性和重要性。

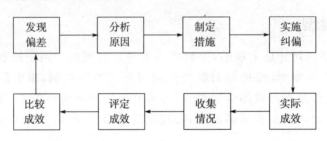

图4-4 被动控制的闭合回路

3. 主动控制与被动控制的关系

在建设工程实施过程中，仅采取被动控制措施，出现偏差是不可避免的，甚至会产生累积效应，虽然采取了纠偏措施，但偏差可能越来越大，从而难以实现预定目标。所以主动控制具有非常重要的现实意义，要认真加以研究，并制订多种主动控制措施，尤其要重视不需要耗费资金、时间的主动控制措施，如组织、经济、合同方面的措施并力求加大主动控制过程的比例。但是，仅仅采取主动控制措施往往又不现实，有时又不可能的，因为建设工程实施过程中有相当多的风险因素是不可预见的，甚至是无法防范的，如政治、社会、自然等因素，而且，采取主动控制措施往往要付出资金和时间等代价。对于发生概率小且发生后损失较小的风险因素，采取主动控制措施是不经济的，这说明，是否采取主动控制措施，采取什么主动控制措施，应对风险因素进行定量分析的基础上，通过经济技术分析比较来决定。因此，对于建设工程目标控制，主动控制与被动控制两者缺一不可，只有这样才能取得较好的控制效果。

[想一想] 如何正确处理主动控制与被动控制的关系？

第二节 建设工程目标系统

一、建设工程目标系统的含义

建设项目具有明确的目标，它分为成果性目标和约束性目标。成果性目标是指功能上的要求，约束性目标是指限制条件，通常是指建设工程的工期，造价和质量等方面。由于建设项目一次性特征,不同的建设项目目标各不相同,因此建设项目管理的前提是对目标进行确定和分析,目标对工程建设项目不同的参与者来说在表现形式上是有差别的。

就业主来说,他是建设项目的需求者。因此建设项目的控制目标是时间、资金、质量。即建设项目应满足预期的生产能力,技术水平和使用效益指标。通常把建设项目目标称为质量、投资和工期。

就设计方来说,设计项目是一项建筑产品的设计过程和成果。其目的是根据业主的建设要求形成设计成果而获取酬金。因此,设计项目目标又称为进度、成本和质量。

就施工企业来说,施工项目是建筑施工企业对一个建筑产品的施工过程和成果,是建筑施工企业的劳动对象。因此施工项目的目标称为质量、成本和工期。此外针对施工过程的特点有时又把健康、安全和环保作为施工项目目标。

建设项目、设计项目和施工项目的目标尽管在具体内容上不同,但都可概括为投资,进度和质量三大目标。

[想一想]
什么是建设工程目标系统?

这三大目标又构成了建设工程监理的目标系统。为了有效地进行目标控制,就必须处理好投资、进度和质量三大目标之间的关系。

二、建设工程三大目标之间的关系

建设工程投资、进度、质量是建设工程目标系统的基本要素。从建设工程业主的角度出发,希望该工程质量越高越好,投资越少越好,进度越快越好。但事实上三者是不可能同时实现的,因为他们之间存在着既对立又统一的关系。

1. 建设工程三大目标之间的对立关系

建设工程投资、进度、质量之间存在着矛盾和对立的一面,如果对建设工程的功能和质量要求较高,就需要采用较好的机械设备和建筑材料,投入较多的资金,同时还需要精工细作,严格管理,既要增加人力的投入,又需要较长的建设时间;若要抢时间,缩短工期完成建设项目,那么成本的投入就要相应提高,质量将会适当下降;若要降低成本减少投资,那么项目的功能及质量要求也会降低。以上就是建设工程三大目标之间对立关系的具体体现。

2. 建设工程三大目标之间的统一关系

对于建设工程三大目标之间不仅具有对立的一面,在一定范围内还存在着统一关系,具体表现在:一是加快进度,缩短工期,虽然增加一定的投资,但是可以使整个建设工程提前投入使用,发挥了投资效益并及早收回投资,从而使项目全寿命周期的经济性得到提高;二是工期目标定的合理,进度计划既可行又优化,既避免盲目赶工,又避免停工,保证了建设项目的连续性和均衡性,不但可以使工期目标得到保证,而且还可以获得较好的质量和较小的投资;三是严格控制质量还能起到保证进度的作用,如果在工程实施过程中发现质量问题及时进行返工处理,虽然需要耗费时间,可能影响局部工作的进度,但不影响整个工程的进度,或虽然影响整个工程的进度,但是比不及时返工而酿成重大工程质量事故,对整个工程进度影响要小,也比留下工程质量隐患到使用阶段才发现,而不得不停止使用进行修理,所造成的时间损失要小。这些都是三大目标统一性的表现。

建设工程三大目标之间既是对立的又是统一的,因此要实现目标系统整体优化,必须统筹考虑反复协调和平衡。建设工程三大目标之间的相互关系见图4-5(a)、(b)、(c)所示。

[想一想]
如何正确处理三大目标之间的关系?

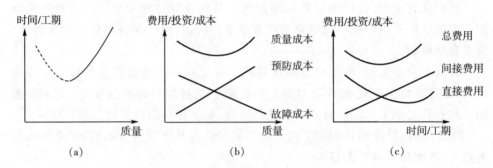

图4-5 三大目标之间的相互关系

三、建设工程目标的分解

1. 建设工程目标分解的目的

(1)保证建设工程结构的系统性和完整性。

(2)方便网络计划的建立和分析,可用于进度控制。

(3)可作为建设项目报告系统的对象。如进度报告,会议纪要,文件的说明,工程结算等。

(4)是建立完整的建设项目保证体系的基础。将建设项目的质量、工期(进度)、成本(投资)目标分解到各项目单元,这样就可以进行详细的设计、规划、实行更有效的控制。

(5)便于目标的协调,使建设项目形象直观透明,方便控制。

(6)便于建立建设项目的组织和责任体系。可作为下达任务,进行沟通的依据。

[问一问]
为什么要进行目标分解?应掌握哪些原则?

2. 建设工程目标分解的原则

(1)能分能合

要求建设工程的总目标能够自上而下逐层分解,也能够根据需要自下而上逐层综合。

(2)应按工程部位分解而不能按工种或工艺分解

这是因为建设工程的建造过程就是工程实体形成过程,这样分解比较直观,可以将三大目标联系起来,便于对偏差原因进行分析。

(3)区别对待,有细有粗

根据建设工程目标的具体内容、作用和所具备的数据,目标分解的粗细应有所区别。例如,在建设工程的总投资构成中,有些费用数额大,占总投资的比例大,而有些费用则相反,从投资控制工作的要求来看,重点在于前一类费用。因此,对前一类费用应当尽可能分解的细一些、深一些,而对后一类费用则分解得粗一些、浅一些。另外,有些工程内容的组成非常明确、具体(如建筑工程、设备等),所需要的投资和时间也较为明确,可以分解得很细;而有些工程内容则比较笼统,难以详细分解。因此,对不同工程内容目标分解的层次或深度,不必强求一律,要根据目标控制的实际需要和可能来确定。

(4) 有可靠的数据来源

目标分解本身不是目的而是手段,是为目标控制服务的。目标分解的结果是形成不同层次的分目标,这些分目标就成为各级目标控制组织机构和人员进行目标控制的依据。如果数据来源不可靠,分目标就不可靠,就不能作为目标控制的依据。因此,目标分解所达到的深度应当以能够取得可靠的数据为原则,并非越深越好。

(5) 目标分解结构与组织分解结构相对应

如前所述,目标控制必须要有组织加以保障,要落实到具体的机构和人员,因而就存在一定的目标控制组织分解结构,只有使目标分解结构与组织分解结构对应,才能进行有效的目标控制。当然,一般而言,目标分解结构较细、层次较多,而组织分解结构较粗、层次较少,目标分解结构在较粗的层次上应当与组织分解结构一致。

3. 目标分解的方式

建设工程的总目标可以按照不同的方式进行分解。对于建设工程投资、进度、质量三个目标来说,目标分解的方式并不完全相同。其中,进度目标和质量目标的分解方式较为单一,而投资目标的分解方式较多。

按工程内容分解是建设工程目标分解最基本的方式,适用于投资、进度、质量三个目标的分解。但是,三个目标分解的深度不完全一致,一般来说,将投资、进度、质量三个目标分解到单项工程和单位工程是比较容易办到的,其结果也是比较合理和可靠的。在施工图设计完成之前,目标分解至少都应当达到这个层次。至于是否分解到分部工程和分项工程,一方面取决于工程进度所处的阶段、资料的详细程度、设计所达到的深度等,另一方面还取决于目标控制工作的需要。

[问一问]

投资目标的分解有哪些方式?

第三节 投 资 控 制

一、投资控制的概念

建设工程投资控制就是在投资决策阶段、设计阶段、发包阶段、施工阶段以及竣工阶段,把建设工程投资控制在预算范围内的过程。

建设工程投资可以分为静态投资部分和动态投资部分,而且只有这两部分才能共同构成完整的建设投资。静态投资部分由设备工器具购置费、建筑安装工程费、工程建设其他费用、基本预备费组成;动态投资部分是指在建设期间内,由于利息、国家新批准的税费、汇率、利率变动,以及价格变化而引起的建设投资增加额,它主要包括涨价预备费、建设期利息、相关税费等。

二、投资控制原理

[说一说]

对照图4-6说说投资控制的原理。

投资控制的原理:建设工程投资是全过程、全方位的,同时又是动态的、系统的,需随时进行动态跟踪、调整,并贯穿于项目建设的整个过程。

投资控制的原理如图4-6所示。

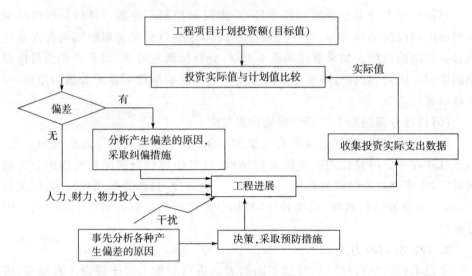

图4-6 投资控制原理图

所谓全过程控制,也就是要求从项目决策阶段就开始进行投资控制,并将投资控制工作贯穿于建设工程实施的全过程,直至整个工程建成且延续到保修期结束。在明确全过程控制的前提下,还要特别强调早期控制的重要性,越早进行控制,投资效果就越好,节约投资的可能性越大。

所谓全方位控制,也就是要求对投资目标的控制,按工程总投资的各项费用构成,即建筑安装工程费用、设备工器具购置费用以及建设工程其他费用等进行全方位的控制。在对建设工程投资进行全方位控制时,要认真分析建设工程及其投资构成的特点,了解各项费用的变化趋势和影响因素,进行动态控制,同时要抓住主要矛盾,有所侧重。

三、投资控制的目标

建设工程投资的目标,就是通过有效的投资控制工作和具体的投资控制措施,在满足进度和质量要求的前提下,力求使工程实际投资不超过计划投资。这一目标可见图4-7表示。

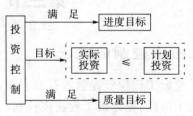

图4-7 投资控制的目标

投资控制不是单一的目标控制,是与进度控制和质量控制同时进行的,它是针对整个建设工程目标系统所实施的控制活动的一个组成部分，在实施投资控制的同时需要兼顾质量目标和进度目标。因此，在对建设工程投资目标进行确定或论证时，应当综合考虑整个目标系统的协调和统一，而不能片面强调投资控制。做到三大目标控制的有机结合和相互平衡，力求实现整个目标系统最优。

[想一想]
投资控制的目标有哪些？

四、投资控制的重点

投资控制贯穿于项目建设的各个阶段，不同建设阶段，影响建设工程投资程度大小是不同的，如图4-8所示。项目控制的重点在于施工以前的投资决策阶段和设计阶段，而在项目做出投资决策后，控制项目投资的关键在于设计。

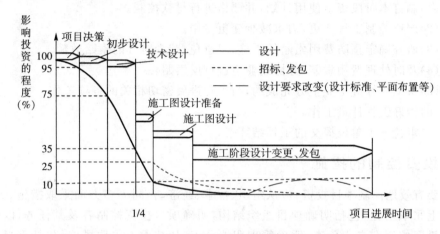

图4-8 不同建设阶段影响投资程度的坐标图

统计表明，设计费一般只相当于建设工程全寿命周期费用的1%以下，但正是这少于1%费用的工作基本决定了几乎全部随后的费用。由此可见，设计质量决定整个工程建设的效益是何等的重要，我们必须开展以设计阶段为重点的建设全过程投资控制。

[问一问]
为什么要把投资控制的重点放在设计阶段？

五、投资控制的任务

投资控制是建设工程监理的一项主要任务，它贯彻于设计阶段，施工招标阶段，施工阶段，具体表现在：

1. 设计阶段的任务

（1）对建设工程总投资进行论证，确认其可行性。

（2）组织设计方案竞赛或设计招标，协助业主确定对投资控制有利的设计方案。

（3）为本阶段和后续阶段投资控制提供依据。

（4）在保障设计质量的前提下，协助设计单位开展限额设计工作。

（5）编制本阶段资金使用计划，并进行付款控制。

（6）审查工程概算、预算，在保障建设工程具有安全可靠性、适用性基础上，概算不超估算，预算不超概算。

(7) 进行设计挖潜,节约投资。
(8) 对设计进行技术经济分析、比较、论证,寻求一次性投资少而全寿命经济性好的设计方案。

2. 施工招标阶段的任务

(1) 协助业主组织编制招标文件和工程量清单。
(2) 协助业主编制标底。
(3) 做好投标资格预审工作。
(4) 组织开标、评标、定标工作。

3. 施工阶段的任务

(1) 制订本阶段资金使用计划,并严格进行付款控制。
(2) 严格控制工程变更,力求减少变更费用。
(3) 研究确定预防费用索赔的措施,以避免、减少对方的索赔数额。
(4) 及时处理费用索赔,并协助业主进行反索赔。
(5) 协助做好应由业主方完成的,与工程进展密切相关的各项工作。
(6) 做好工程计量工作。
(7) 审核施工单位提交的工程结算书。

[想一想]
设计阶段、施工招标阶段、施工阶段投资控制各有哪些任务?

六、投资控制的措施

要有效地控制项目投资,应从组织、技术、经济、合同等多方面采取措施。从组织上采取措施,包括明确项目组织结构,明确项目投资控制者及其任务,以使项目投资控制有专人负责,明确管理职能分工;从技术上采取措施,包括重视设计多方案选择,严格审查监督初步设计、技术设计、施工图设计、施工组织设计,深入技术领域研究节约投资的可能性;从经济上采取措施,包括动态地比较项目投资的实际值和计划值,严格审核各项费用支出,采取节约投资的奖励措施等;从合同上采取措施,包括拟定合同条款、参加合同谈判、处理合同执行过程问题、防止和处理索赔等措施之外,还要协助业主确定对目标控制有利的建设工程组织管理模式和合同结构,分析不同合同之间的相互联系和影响,对每一个合同做出总体和具体分析等。

[问一问]
投资控制有哪些具体措施?

第四节　进度控制

一、进度控制的概念

建设工程进度控制是指将确认的进度计划付诸实施,在实施过程中经常检查实际进度是否按计划要求进行,若出现偏差,分析原因。采取必要的调整措施,修改原计划,不断如此循环,直至建设工程竣工验收。

二、进度控制的目标

建设工程进度控制的目标是通过有效的进度控制工作和具体的进度控制措

施,在满足投资和质量要求的前提下,力求使工程按计划的时间投入使用。对于项目来说,就是要按计划时间达到负荷联动试车成功,对于民用项目来说,就是按计划时间交付使用。

三、进度控制的影响因素

影响建设工程进度目标的因素有很多,包括政治、经济、技术及自然等方面的各种可预见或不可预见的因素。政治方面有战争、罢工等;经济方面有未能及时向承包商和供应商付款;技术方面有安全事故;自然方面有地震,雪灾等。常见的影响因素有:

1. 资金因素

由于业主没有及时支付足够的工程预付款或拖欠了进度款。

2. 材料、设备因素

不能及时运抵施工现场,不合理使用特殊材料及新材料。

3. 人为因素

来源于建设单位,勘察设计单位,施工单位,协作单位,以及建设监理单位等人的因素。

4. 技术因素

施工方案不当,计划不周,应用不可靠的技术,错误的施工工艺等。

[问一问]
进度控制常见哪些影响因素?

四、进度控制的任务

建设工程进度控制的主要任务就是按计划实施,控制计划的执行,按期完成任务,最终实现进度目标。具体表现在:

1. 设计前的准备阶段的任务

(1)向业主提供有关工期的信息资料,协助业主确定工期总目标。
(2)调查和分析施工现场条件和环境状况。
(3)编制建设工程总进度计划。
(4)编制设计准备阶段详细工作进度计划并控制其执行。

2. 设计阶段的任务

(1)对建设工程进度总目标进行论证,确认其可行性。
(2)制订建设工程总进度计划,建设工程总控制性进度计划和本阶段实施性进度计划。
(3)审查设计单位设计进度计划,并监督执行。
(4)编制业主方材料和设备供应计划,并实施控制。
(5)编制本阶段工作进度计划,并实施控制。
(6)开展各种组织协调活动。

3. 施工招标阶段的任务

(1)协助业主编制施工招标文件。
(2)协助业主编制标底。

[想一想]
1. 设计前的准备阶段进度控制有哪些具体的任务?
2. 设计阶段进度控制有哪些具体的任务?
3. 施工招标阶段进度控制有哪些具体的任务?
4. 施工阶段进度控制有哪些具体的任务?

(3)做好投标资格预审工作。
(4)组织开标、评标、定标工作。

4. 施工阶段的任务
(1)完善建设工程控制性进度计划。
(2)审查施工单位施工进度计划,确认其可行性并满足建设工程控制性进度计划要求。
(3)制订业主方材料和设备供应进度计划并进行控制,使其满足施工要求。
(4)审查施工单位进度控制报告,督促施工单位做好施工进度控制。
(5)对施工进度进行跟踪,掌握施工动态。
(6)研究制定预防工期索赔的措施,做好处理工期索赔工作。
(7)开好进度协调会议,及时协调有关各方关系,使工程施工顺利进行。

五、进度控制的措施

进度控制的措施应包括组织措施、技术措施、经济措施和合同措施。

1. 组织措施
进度控制的组织措施主要包括:
(1)建立进度控制目标体系,明确建设工程现场监理组织机构中进度控制人员及其职责分工。
(2)建立工程进度报告制度及进度信息沟通网络。
(3)建立进度计划审核制度和进度计划实施中的检查分析制度。
(4)建立进度协调会议制度,包括协调会议举行的时间、地点,协调会议的参加人员等。
(5)建立图纸审查、工程变更和设计变更管理制度。

2. 技术措施
(1)审查承包商提交的进度计划,使承包商能在合理的状态下施工。
(2)编制进度控制工作细则,指导监理人员实施进度控制。
(3)采用网络计划技术及其他科学适用的计划方法,并结合电子计算机的应用,对建设工程进度实施动态控制。

3. 经济措施
进度控制的经济措施主要包括:
(1)及时办理工程预付款及工程进度款支付手续。
(2)对应急赶工给予适当的赶工费用。
(3)对工期提前给予适当奖励。
(4)对工期延误收取误期损失赔偿金。

4. 合同措施
进度控制的合同措施主要包括:
(1)推行工程项目总承包管理模式,对建设工程实行分段设计、分段发包和分段施工。

[想一想]
进度控制有哪几项具体的措施?

(2)加强合同管理,协调合同工期与进度计划之间的关系,保证合同中进度目标的实现。

(3)严格控制合同变更,对各方提出的工程变更和设计变更,监理工程师应严格审查后再补入合同文件之中;

(4)加强风险管理,在合同中应充分考虑风险因素及其对进度的影响,以及相应的处理方法;

(5)加强索赔管理,公正地处理索赔。

第五节 质 量 控 制

一、质量控制的概念

质量控制是指满足建设工程质量要求所采取的作业技术和活动。即满足工程合同,规范标准所采取的措施、方法和手段。

工程质量要求表现为工程合同,设计文件,技术规范标准规定的质量标准。按其实施主体不同分为业主方面的质量控制,政府方面的质量控制和承包商方面的质量控制。

二、质量控制的目标

1. 概述

建设工程质量控制的目标,就是通过有效的质量控制工作和具体的质量控制措施,在满足投资和进度要求的前提下,实现工程预定的质量目标。

2. 质量目标

(1)符合国家现行的工程质量的法律、法规、技术标准和规范等有关规定,它具有共性特点。

(2)按合同约定,新建具有特定功能和使用价值的建设工程。它具有个性特点。

(3)建设工程质量控制的目标就是要实现以上两方面的工程质量目标。由于工程的共性质量目标一般都有明确的规定,质量控制工作的对象和内容比较明确,也比较准确,因而能客观地评价质量控制的效果。而工程个性质量目标具有一定的主观性,有时没有明确、统一的标准,因而质量控制工作的对象和内容较难把握,对质量控制效果的评价与评价方法和标准密切相关。因此,在建设工程的质量控制工作中,要注意对工程个性质量目标的控制,最好能预先明确控制效果定量评价的方法和标准。另外,对于合同约定的质量目标,必须保证不得低于国家强制性质量标准的要求。

[想一想]
质量控制有哪些具体的目标?

三、质量控制要点

1. 建设工程质量控制过程

建设工程总体质量目标的实现与工程质量的形成过程息息相关,因而必须对工程质量实行全过程控制,同时还应根据建设工程各阶段质量控制的特点和重点,确定各阶段质量控制的目标和任务,以便实现全过程质量控制。质量控制过程如图4-9所示。

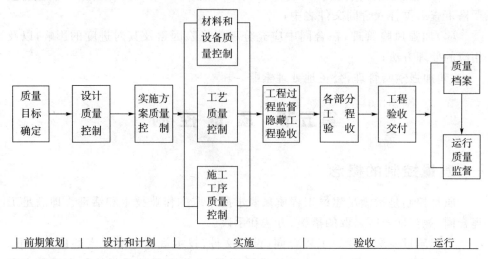

图4-9 质量控制的过程

2. 影响工程质量的因素

影响工程质量的因素主要是人、材料、机械、方法和环境等五个方面。简称为4M1E因素。

(1)人

是工程项目建设的决策者,组织者和操作者。项目的规划、决策、勘察、设计和施工都是人来完成的,人的素质将直接影响规划是否合理,决策是否正确,设计是否符合功能需要,施工能否满足合同、规范、技术标准的需要等。因此,我国建筑行业实行经营资质管理和各类专业人员持证上岗制度来保证工程质量。

[想一想]

质量控制应把握哪些要点?

(2)材料

是构成工程实体的物质条件,是工程质量的基础,材料的质量直接影响工程的刚度、强度、外表、观感、功能、安全等。

(3)机械设备

可分为生产机械设备和施工机械设备两类。生产机械设备是指组成工程实体及配套的工艺设备、机具等,它是工程项目的组成部分。施工机械设备是指施工过程中使用的各类机具设备,它是工程项目实施的重要物质基础,因此应对机械设备的购置、验收、安装和试运转加以控制,保证工程项目质量目标的实现。

(4)方法

是指工艺流程、组织措施和施工方案。它是实现工程项目实施的手段,对工程质量都将产生重大影响。因此必须采取新技术,新工艺,新方法,确保工程项目质量目标的实现。

(5)环境

是指对工程质量特性起重要作用的环境因素,有社会环境,工程管理环境,工程技术环境,工程作业环境,周边环境等。环境因素对工程质量产生特定的影响,具有复杂性、多重性和不确定性。因此必须加强环境管理,保证工程项目质量目标的实现。

四、质量控制的任务

1. 设计阶段质量控制的任务

(1)建设工程总体质量目标论证。

(2)提出设计要求文件,确定设计质量标准。

(3)利用竞争机制选择并确定优化设计方案。

(4)协助业主选择符合目标控制要求的设计单位。

(5)进行设计过程跟踪,及时发现质量问题,并及时与设计单位协调解决。

(6)审查阶段设计成果,并根据需要提出修改意见。

(7)对设计提出的主要材料和设备进行比较,在价格合理基础上确认其质量符合要求。

(8)做好设计验收工作。

2. 施工招标阶段质量控制的任务

(1)协助业主编制施工招标文件。

(2)协助业主编制标底。

(3)做好投标资格预审工作。

(4)组织开标、评标、定标工作。

3. 施工阶段质量控制的任务

(1)协助业主做好施工现场准备工作,为施工单位提交质量合格的施工现场。

(2)确认施工单位资质。

(3)审查确认施工分包单位。

(4)做好材料和设备工作,确认其质量。

(5)检查施工机械和机具,保证施工质量。

(6)审查施工组织设计。

(7)检查并协助搞好各项生产环境、劳动环境、管理环境条件。

(8)进行施工工艺过程质量控制工作。

(9)检查工序质量,严格工序交接检查制度。

(10)做好各项隐蔽工程的检查工作。

(11)做好工程变更方案的比选,保证工程质量。

(12)进行质量监督,行使质量监督权。

(13)认真做好质量鉴证工作。

(14)行使质量否决权,协助做好付款控制。

(15)组织质量协调会。

(16)做好中间质量验收准备工作。

[想一想]

1. 设计阶段质量控制有哪些具体的任务?

2. 施工招标阶段质量控制有哪些具体的任务?

3. 施工阶段质量控制有哪些具体的任务?

(17) 做好竣工验收工作。
(18) 审查竣工图。

五、质量控制的措施

质量控制措施应包括组织措施、技术措施、经济措施、合同措施。

1. 组织措施

是从目标控制的组织管理方面采取的措施,如落实目标控制的组织机构和人员,明确各级目标控制人员的任务和职能分工、权力和责任、改善目标控制的工作流程等。组织措施是其他各类措施的前提和保障,而且一般不需要增加什么费用,运用得当可以收到良好的效果。尤其是对由于业主原因所导致的目标偏差,这类措施可能成为首选措施,故应予以足够的重视。

2. 技术措施

不仅对解决建设工程实施过程中的技术问题它是不可缺少的,而且对纠正目标偏差亦有相当重要的作用。任何一个技术方案都有基本确定的经济效果,不同的技术方案就有着不同的经济效果。因此,运用技术措施纠偏的关键,一是要能提出多个不同的技术方案,二是要对不同的技术方案进行技术经济分析。在实践中,要避免仅从技术角度选定技术方案而忽视对其经济效果的分析论证。

3. 经济措施

是最易为人接受和采用的措施。经济措施不仅仅是审核工程量及相应的付款和结算报告,还需要从一些全局性、总体性的问题上加以考虑,往往可以取得事半功倍的效果。另外,不要仅仅局限在已发生的费用上。通过偏差原因分析和未完工程投资预测,可发现一些现有和潜在的问题将引起未完工程的投资增加,对这些问题应以主动控制为出发点,及时采取预防措施。

[问一问]
质量控制有哪些具体的措施?应如何实施?

4. 合同措施

是投资控制、进度控制和质量控制的依据。对于合同措施要从广义上理解,除了拟定合同条款、参加合同谈判、处理合同执行过程的问题、防止和处理索赔等措施之外,还要协助业主确定对目标控制有利的建设工程组织管理模式和合同结构,分析不同合同之间的相互联系和影响,对每一个合同做总体和具体分析等。这些合同措施对目标控制更具有全局性的影响,其作用也就更大。另外,在采取合同措施时要特别注意合同中所规定的业主和监理工程师的义务和责任。

本章思考与实训

一、思考题

1. 根据建设工程目标控制流程图详细说明投资控制的程序。
2. 列举施工阶段进度控制的具体措施。
3. 列举施工阶段质量控制的具体措施。

二、案例分析题

案例 1

【背景资料】

某监理公司承担了一项综合写字楼工程实施阶段的监理任务。总监理工程师发现监理分解目标还没有及时落实,所以及时组织召开了项目监理部专题工作会议。会上让大家认真地分析和讨论,会议结束前总监理工程师总结了大家的意见,提出如下应尽快解决的问题:

(1)纠正目标控制的不规范行为,制订目标控制基本程序框图;

(2)处理好主动控制和被动控制关系,不可偏废任何一面,应将主动控制和被动控制相结合;

(3)目标控制的措施不可单一,应采取综合性措施进行控制。

如果你作为一名实习人员列席会议,总监理工程师布置给你三件事情,请你逐一落实。

【问题】

1. 请你绘出目标控制框图。
2. 请讲述主动控制与被动控制的关系,并给出两者关系的示意图。
3. 请你讲述"综合措施"应包括的基本内容。

案例 2

【背景资料】

某工程项目分为三个相对独立的标段,业主组织了招标并分别和三家施工单位签订了施工承包合同。承包合同价分别为4 000万元、3 000万元和2 000万元。合同工期分别为20个月、15个月、12个月。总监理工程师根据本项目合同结构的特点,组建了监理组织机构,编制了监理规划。监理规划的内容中提出了监理控制措施,要求监理工程师应将主动控制和被动控制紧密结合,按以下控制流程进行控制。

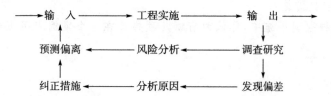

【问题】

1. 控制流程的内容存在哪些不妥?为什么?上图应如何纠正?
2. 请绘出目标控制(被动)流程框图。

案例 3

【背景资料】

业主将钢结构公路桥建设项目的桥梁下部结构工程发包给甲施工单位,将钢梁的制作、安装工程发包给乙施工单位。业主还通过招标选择了某监理单位承担该建设项目施工阶段的监理任务。

监理合同签订后,总监理工程师组建了直线制监理组织机构,并重点提出了五个质量目标控制措施,包括:

一、熟悉质量控制依据;

二、确定质量控制要点,落实质量控制手段;

三、完善职责分工及有关质量监督制度,落实质量控制责任;

四、对不符合合同规定质量要求的,拒签付款凭证;

五、审查承包单位的施工组织设计,同时提出了项目监理规划编写的几点要求。

此外,为了取得目标控制的理想成果,有时可以采取以下控制措施:

1. 组织措施——落实目标控制的组织机构、人员、任务、分工、权力,改善工作流程;

2. 技术措施——多方案比较与选择,对方案进行技术经济分析,优选方案;

3. 经济措施——工程量及费用审核,偏差分析与投资预测,预防措施、经济激励与惩罚的运用;

4. 政治措施——政治动员,政治组织层层保证,宣传鼓动,思想政治工作保证,争比先进;

5. 合同措施——拟定合理、完善的合同条款、处理合同执行中的问题,确定有利的管理模式及合同结构;

6. 法律措施——采取法律手段,如仲裁、诉讼等。

【问题】

1. 监理工程师在进行目标控制时应采取哪些方面的措施?

2. 总监理工程师提出的五个质量目标控制措施,请你指出各属于哪一种措施。

3. 总监理工程师提出的质量目标控制措施中,哪些属于主动控制措施?哪些属于被动控制措施?

4. 在6种控制措施中,你认为有哪几项措施在这个案例中用不到?

第五章　建设工程监理组织

【内容要点】

1. 组织的基本原理；
2. 建筑工程承发包模式及对应的监理模式；
3. 工程项目监理组织形式与各级监理人员职责；
4. 监理组织的协调内容与主要方法。

【知识链接】

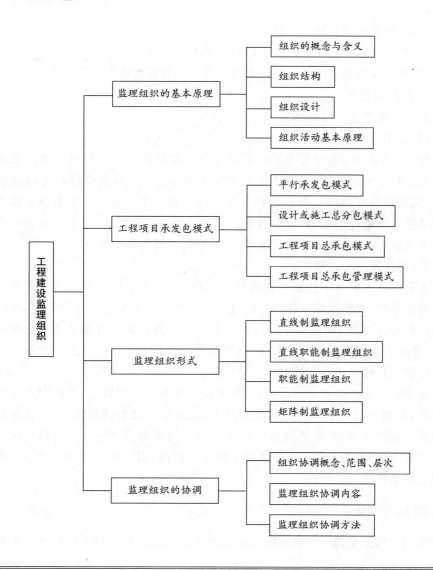

第一节　组织的基本原理

社会不断发展使人们的需求日趋复杂化、多样化，单靠个人的努力无法满足这种需求，必须依靠众人的努力，因此便形成了组织。组织是管理中的一项重要的基本职能。建立一支精干、高效的工程项目监理组织机构，并使之正常运行是实现建设监理目标的前提和保证。

一、组织

1. 组织的概念

所谓的组织，就是为了使系统达到它的特定目标，使全体参加者经分工与协作以及设置不同层次的权力和责任制而构成的一种人的组合体。它含有三层意思：

(1)组织必须有目标。目标是组织存在的前提。
(2)组织内部必须有不同层次的权力与相应的责任制。
(3)组织内各成员在各自岗位上为实现共同目标而进行分工与协作。

2. 组织的含义

组织一词包含了两种含义：

(1)组织是一个实体

作为一个实体，组织是为了达到自身目标而结合在一起的具有正式关系的一群人。对于正式组织，这种关系反映人们正式的、有意形成的职务或岗位结构，组织必须具有目标且为了达到自身的目标而产生和存在。在组织工作中的人们必须承担某种职务，对承担的职务需要进行专门的设计，规定所需各项活动有人去完成，并且保持各项活动协调一致，同时获得更高的效率。

(2)组织是一个过程

主要是指人们为了达到目标而创造组织结构，为适应环境的变化而维持和调整组织结构，并使组织发挥作用的过程。管理人员要根据工作的需要，对组织结构进行合理设计，明确每个岗位的任务、权力、责任和相互关系及信息沟通的渠道，使人们在实现目标的过程中，能够发挥比合作个人总和更大的能量。管理人员还要根据环境条件变化对组织结构进行改革和创新再创造。

[想一想]
如何理解组织的含义？

组织作为生产要素之一，与其他要素相比具有明显的特点：其他要素可以相互替代，如增加机器设备可以替代劳动力，而组织不能替代其他要素，也不能被其他要素所取代，但是组织可以使其他要素合理配合而增值。随着现代化社会大生产的发展，随着其他生产要素复杂程度的提高，组织在提高经济效益方面的作用也显著提高。

二、组织结构

组织结构就是指一个组织内构成要素之间确定的较为稳定的相互关系和联

系方式,并且用组织结构图和职位图加以说明,组织结构包括三个核心内容,即组织结构的复杂性、规范性和集权与分权性。

1. 组织结构的复杂性

组织结构的复杂性是指一个组织中的差异性,它包含横向差异性、纵向差异性和空间分布差异性。这三个差异性中的任何一个发生变化都会影响到组织结构的复杂性程度的变化,组织结构的横向差异产生于组织成员之间的差异性和由于社会劳动分工所造成的部门分工;纵向差异性是指组织结构中纵向垂直管理层的层数及层级之间的差异程度;空间分布差异性是指一个组织机构的管理机构、工作地点及其人员在地区分布上形成的差异程度。

[做一做]

列表分析组织结构复杂性、规范性、集权与分权性的关系。

2. 组织结构的规范性

组织结构的规范性是指组织中各项工作的标准化程度,具体来说就是指有关指导和限制组织成员行为和活动的方针政策、规章制度、工作程序、工作过程的标准化程度。在一个组织中,其规范化程度随着技术和专业工作的不同而产生差异,还随着管理层次的高低和职能的分工而有所差异,提高组织的规范性可以给组织带来效益。工作越规范,工作自由度就越小,这就意味着成本越低。

3. 组织结构的集权与分权性

组织结构的集权与分权性是指组织结构中的决策权集中在组织结构的那一个点上及其程度与差异。高度集权即决策权高度集中在最高管理层中,低度集权是指决策权分散在组织各管理层乃至底层的每一个员工,因此,低度集权又叫分权。当高层决策者控制决策过程中所有步骤时,决策是最集权的,适当分权可以使组织得到很多好处,但在某些情况下,集权会更有利。

当组织的复杂性程度增大是由于纵向差异性和空间差异性大而引起时,一般将导致规范化程度降低。当组织的复杂化程度高是由于横向差异大时,如果由于非技术性的劳动分工增加而增大时,必然导致高度的规范化,若是由于专业技术人员的分工引起的,则有较高的"内在"的规范性,组织对他们的"外在"的规范化程度就低。复杂性与集权性之间成反比关系,复杂性总与分权性相伴随。一个组织的成员以劳动工人为主,便会有许多规章制度来规范员工的行为,高层管理者一般采用高度规范性和集权性的组织结构。反之,如果一个组织成员多是专家和专业技术人员的话,就要有低规范性和分权性的组织结构与之相适应。

三、组织设计

组织设计是指对一个组织的结构进行规划、构造、创新和再构造的过程。它是管理者在系统中建立最有效相互关系的一种合理的、有意识的过程。有效的组织设计在提高组织活动效能方面起着重大作用,组织设计的最终结果是形成组织结构。组织设计的流程如图5-1所示。

1. 组织的构成因素

组织结构一般是上小下大的形式,由管理层次、管理跨度、管理部门、管理职能四大因素组成,各因素之间密切相关,互相制约。在组织结构设计时,必须充分考虑各因素之间的平衡与衔接。

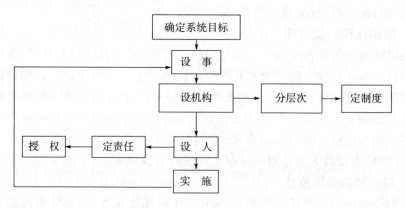

图 5-1 组织设计的流程

(1) 管理层次

管理层次是指从组织的最高管理者到最基层的实际工作人员之间的等级层次的数量。

管理层次可以分为决策层、协调层和执行层、操作层三个层次。决策层的任务是确定组织管理的目标和大政方针以及实施计划,它必须精干、高效,协调层的主要任务是参谋、咨询的职能,其人员应有较高的业务工作能力;执行层的任务是从事直接调动和组织人力、财力、物力等具体活动,其人员应有实干精神并能坚决贯彻管理指令;操作层的任务是从事操作和完成具体任务,其人员应有熟练的作业技能。这三个层次的职能和要求不同,标志着不同的职责和权限。管理层次应根据组织、战略、规律、环境、技术等合理设置,管理层次过多会造成资源和人力的浪费,也会使信息传递慢,指令协调困难。

[想一想]
各管理层次的职能和要求有什么不同?

(2) 管理跨度

管理跨度是指一名上级管理人员所直接管理的下级人数。由于每一个人的能力和精力都是有限的,因此为了使组织能高效地运行,必须确定合理的跨度。

管理跨度的大小受很多因素的影响,它与管理人员的性格、才能、个人精力、授权程度以及被管理者的素质有关。此外还与职能的难易程度、工作的相似程度、工作地点远近、工作制度和程序等客观因素有关。

确定合理的管理跨度,须积累经验并在实践中不断调整。通常一个组织中高中级管理人员的运行管理跨度为 3 到 9 人或部门,而低级管理人员的有效管理跨度可大些。

(3) 管理部门

管理部门是指组织结构中工作人员组成的若干管理单元。划分部门就是对劳动管理的合理分工,将不同的管理人员安排在不同的管理岗位和部门中,通过他们在特定的环境、特定的相互关系中的管理工作使整个管理系统有机的运转起来。组织中管理部门的合理化划分对发挥组织效能十分重要,如果划分的不合理,会造成控制和协调困难,也会造成人浮于事,浪费人力、物力、财力。划分部门要根据组织目标和工作内容确定,形成既相互分工又相互配合的有机整体。

(4)管理职能

管理职能是指组织中各部门应完成的组织任务和目标。组织设计中确定各部门的职能,应便于纵向的领导、检查、指挥,达到指令传递快,信息反馈及时,使横向各部门间相互联系,协调一致,使各部门有职有责,尽职尽责。

2. 组织设计原则

项目监理机构组织设计一般需考虑以下几项原则:

(1)管理跨度与管理层次统一的原则

最佳跨度是指管理组织中一个职能部门最合理的能够管理与控制下一级部门以及部门之间关系的数量。管理部门与管理层次相互制约,且成反比关系,扩大管理跨度可以使管理层次减少,加快信息传递,减少信息失真,信息反馈及时,同时管理人员减少,降低管理费用,反之,则相反。一般来说,在项目监理机构设置中,应该在通盘考虑影响管理跨度的各种因素后根据具体情况确定管理层次。常见的建设工程监理组织的管理层次一般分为 2~3 个,在实际运用中应根据内部条件和外部环境等具体情况确定管理层次。

[谈一谈]

结合实际,谈谈你对监理机构组织设计原则的理解。

(2)职能分工与协作统一的原则

分工就是指按照提高监理专业化程度和工作效益的需求把现场监理组织的任务和目标进行分解,明确规定每个层次,每个部门乃至个人,工作内容,工作范围以及完成工作的方法和手段。协作就是指部门与部门之间,部门内人与人之间的协调与配合。监理组织中的管理职能,只有通过专业化分工协作才能提高管理职能的强度和工作效率。因此,在监理组织设计中,尽可能按照专业化分工的要求设置组织机构,工作分工要严密,每个人承担的工作应力求达到较熟练的程度,同时要注意分工的效率,在协作时要强调协调的主动性,要有具体可行的办法,对协调中的各项关系,应尽可能做到规范化和程序化。

(3)集权与分权统一的原则

在项目机构设计中,所谓集权,就是总监理工程师掌握所有监理大权,各专业监理工程师只是其命令的执行者。所谓分权是指各专业监理工程师在各自管理的范围内有足够的决策权,总监理工程师主要起协调作用。事实上在任何组织中都不存在绝对的集权与分权,只是权力的分配程度不同。在工程项目建设监理中,实行总监理工程师负责制,所以要求建设监理组织采取一定的集权形式,以保证统一指挥,项目监理机构采用集权形式还是分权形式,要根据建设工程的特点、性质、总监理工程师的能力、精力及各专业监理工程师的工作经验、工作能力、工作态度等因素进行综合考虑。

(4)责权一致的原则

在项目监理机构中应明确划分职能、权力范围,做到职责与权力相一致,只有做到有职、有责、有权才能使机构正常运行。权大于责容易导致瞎指挥,滥用职权的官僚主义,责大于权就会影响管理人员的积极性、主动性、创造性、使组织缺乏活力。

(5) 才职相称的原则

每项工作都应该确定为完成该工作所需要的知识与技能。通过对组织中各成员的考察，了解其知识、经验、才能、兴趣等，使每个人现有的和可能的才能与其职位上的要求相适应，做到才职相称、人尽其才、才尽其用。

(6) 经济效益原则

合理的组织设计必须精干、高效，用较少的人员、较少的层次、较少的时间来达到管理效果。因此，组织结构中每个部门、每个人都为了统一的目标，组合成最适宜的结构形式，实行最有效的内部协调，使办事简捷而正确，减少重复和扯皮。

(7) 弹性原则

组织机构既要具有相对的稳定性，又要随组织内部和外部条件而变化。根据长远的目标的要求，对管理部门和人员进行相应的调整，使组织机构具有一定的适应性。

四、组织活动的基本原理

1. 要素有用性原理

[想一想]
如何用世界普遍联系的观点分析要素有用性原理？

一个组织的基本要素有人力、物力、财力、信息、时间等。这些要素都是有用的，但作用的大小不尽相同，有的要素起决定作用，有的要素起辅助作用，有的要素在某个时间段上起作用。运用要素有用性原理，首先应看到人力、物力、财力等因素在组织活动中的有用性，要根据各要素作用的大小、主次、好坏进行合理安排、组合和使用，做到人尽其才、物尽其用，尽最大可能提高各要素的使用效率。

2. 动态相关性原理

组织系统处在静止状态是相对的，处在运动状态是绝对的。组织机构内部各要素之间既相互联系，又相互制约，既相互依存又相互排斥。这种相互作用推动组织活动的进行与发展，这种相互作用的因子叫相关因子，充分发挥相关因子的作用，是提高组织管理效应的有效途径。事物在组合过程中，由于相关因子的作用，可以发生质变，一加一可以等于二，可以大于二，也可以小于二，整体效应不等于其各局部效应的简单相加，这就是动态相关性原理。组织管理者的主要任务就是通过调整各要素，使组织活动的整体效应大于其局部之和。

3. 主观能动性

在组织的各要素中，人是最根本、最活跃的因素。人是有思想、有感情、有创造的，人的主观能动性是客观存在的，最终管理者的重要任务就是要把人的主观能动性发挥出来，当人的主观能动性发挥出来后，就能最大限度地发挥其作用，就会取得更好的效果。

4. 规律效应性原理

规律是客观事物内部的、本质的、必然的联系。组织管理者在管理过程中要掌握规律,按规律办事,把注意力放在抓事物内部的、本质的、必然的联系上,以达到预期的目标,取得良好的效应。一个成功的管理者要懂得只有努力揭示规律,严格按客观规律办事,才能实现组织的预期目标,取得较好的效应。

第二节 工程建设监理组织模式

工程建设监理组织模式,很大程度上取决于建设工程的管理模式。建设工程的管理模式主要包括平行承发包模式,设计或施工总分包模式,工程项目总承包模式,工程项目总承包管理与设计和施工联合体承包模式。

一、平行承发包模式与监理模式

1. 平行承发包模式

(1)平行承发包的特点

所谓平行承发包是指业主将建设工程的设计、施工以及材料设备采购的任务经过分解,分别发包给若干个设计单位,施工单位和材料设备供应单位,并分别与各方签订合同,各设计、施工和材料设备供应单位之间是平行的。如图5-2所示。

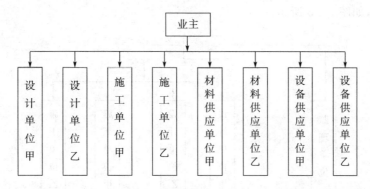

图5-2 平行承发包模式

平行承发包模式的重点是将项目进行合理分解,分类综合,以确定每个合同发包的内容,便于择优选择承包商。在进行任务分解与确定合同数量、内容时应考虑以下因素:首先要考虑工程项目的性质,规模,结构特点。工程项目规模大,范围广,专业多,工期长,往往合同数量多;其次要考虑市场情况,根据承建单位的专业性质,规模大小,市场分布状况,力求项目分包与市场结构相适应,合同任务与内容要适合各级别承包商的参与竞争,符合市场惯例;同时,还要考虑贷款协议对承包商的要求。

(2)平行承发包模式的优缺点

① 优点

第一,有利于缩短工期。由于设计和施工任务经过分解分别发包,设计阶段和施工阶段有可能形成搭接关系,从而缩短整个建设工程工期。

第二,有利于质量控制。整个工程经过分解分别发包给各承建单位,合同约束与相互制约使每一部分都能较好地实现质量要求。

第三,有利于业主选择承建单位。这种模式的合同内容比较单一,合同价值小,风险小,便于更多专业性强,规模小的承建企业参与竞争,业主就可以在更大的范围内选择承建商。

② 缺点

第一,这种承发包模式合同数量多,业主对承建商合同管理麻烦。要加强合同管理力度,加强各承建单位之间的横向联系和协调工作。

第二,投资控制难度大。由于工程招标量大,多项合同价格需要确定,因此,合同总价不宜确定,增加了投资控制难度。同时施工过程中设计变更和修改较多,导致投资增加的可能性加大。

[问一问]
如何理解平行承发包模式的特点?

2. 平行承发包模式的监理模式

与平行承发包模式相适应的监理模式有以下两种主要形式:

(1)业主可以委托一家监理企业对整个工程项目实施监理

这种监理模式对监理企业要求有较强的合同管理与组织协调以及全面规划的能力。监理单位可以组建多个分支机构对各承建单位分别实施监理,项目总监理工程师应重点做好总体协调工作,加强横向联系,保证建设工程监理工作的有效运行,如图5-3所示。

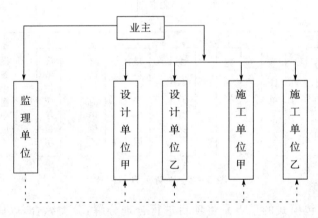

图5-3 平行承发包模式委托一家监理的监理模式

(2)业主可以委托多家监理企业监理

采用这种模式,由于业主分别与多个监理单位签订委托监理合同,监理企业的监理对象单一,便于对承包商的管理。但建设工程监理工作被肢解,各监理单位之间的相互协作与配合需要业主进行协调,缺少一个对工程进行总体规划与协调控制的监理单位。如图5-4所示。

二、设计或施工总分包模式和监理模式

1. 设计或施工总分包模式

(1)设计或施工总发包特点

设计或施工总发包是指业主将主要部分设计发包给一个设计单位作为设计

总承包,将主要施工任务发包给一个施工单位作为施工总承包,总包单位可以将其部分任务再分包给其他承建单位,形成一个设计总承包合同和有关施工总承包合同以及若干个分包合同的结构模式。如图5-5所示。

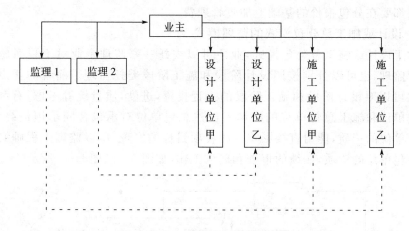

图5-4 平行承发包模式委托多家监理的监理模式

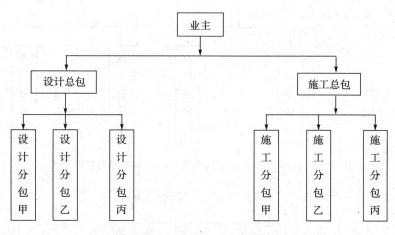

图5-5 设计或施工总分包模式

(2)设计或施工总发包的优缺点

① 优点

第一,有利于建设工程的组织管理和投资控制。由于业主只与一个设计总包单位和一个施工总包单位签订合同,合同数量少,因此,有利于组织协调和合同管理。同时,由于总包合同价格可以较早确定,易于造价控制。

第二,有利于质量控制和工期控制。这种模式既有分包自控,又有总包单位的监督,还有工程监理单位的检查认可,有利于质量控制。同时总包单位与分包单位之间相互制约,有利于总体进度的协调控制。

② 缺点

第一,建设周期长。由于设计图纸全部完成后才能进行施工总包招标,不能

[问一问]
如何理解设计或施工总分包模式的优缺点?

将设计与施工搭接。

第二,总包报价可能较高。对于规模较大的工程来说,通常只有大型承建单位有总承包资格和能力,竞争相对不激烈。另一方面,对于分包出去的工程,总包单位都要在分包报价的基础上加收管理费。

2. 设计或施工总分包模式的监理模式

对于设计或施工总分包模式,业主可以委托一家监理企业对工程实施全过程进行监理,也可以分别按照设计阶段和施工阶段委托监理。前者的优点是监理单位可以对设计阶段和施工阶段的工程投资,进度,质量统筹考虑,有利于设计总包单位和施工总包单位的协调。虽然总包单位对承包合同承担最终责任,但分包单位的资质,能力直接影响工程各项目标的实现,所以监理工程师必须做好对分包单位的资质,业绩的审查和确认工作,如图5-6、图5-7所示。

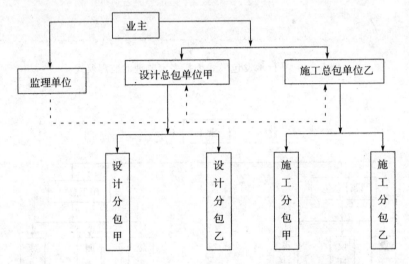

图5-6 设计或施工总分包模式委托一家监理的监理模式

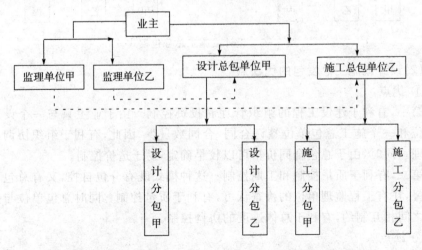

图5-7 设计或施工总分包模式委托多家监理的监理模式

三、工程项目总承包模式和监理模式

1. 项目总承包模式

(1)项目总承包模式的特点

所谓的工程项目总承包就是业主把一个工程项目的全部设计任务和施工任务都发包给一个总承包单位,总承包单位可以自行完成全部设计和全部施工任务。也可以把项目的部分设计任务和部分施工任务在取得业主认可的前提下,分别发包给其他设计单位和施工单位。

按照这种模式发包的工程,项目总承包单位要向业主交出一个达到使用条件的项目又称"交钥匙工程"。如图5-8所示。

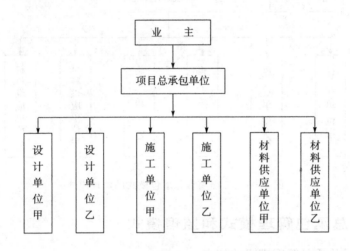

图5-8 工程项目总承包模式

(2)项目总承包模式的优缺点

① 优点

第一,合同关系简单,组织协调工作量小。业主只与项目总承包单位签订一个合同,合同关系大大简化。监理工程师主要与项目总承包单位进行协调。

第二,合同建设期短。由于设计和施工由一个单位统筹安排,使两个阶段有机的融合,一般能做到设计阶段与施工阶段相互搭接,因而有利进度目标控制。

第三,有利于投资控制。通过设计与施工的统筹考虑,可以提高项目的经济性,以价值工程或全寿命周期费用的角度可以取得明显的经济效益,但这并不意味着项目总承包价格低。

② 缺点

第一,合同条款不宜准确确定。合同条款难度一般较大,容易引起较多的合同纠纷。

第二,业主择优选择承包商的范围小。合同价格较高,承包商承担较大的风险。

[问一问]
项目总承包模式有哪些优缺点?

第三,质量控制难度大。质量标准和功能要求不易做到全面具体准确,同时质量的制约机制薄弱,缺少相互制约机制。

2. 工程项目总承包模式下的监理模式

在工程项目总承包模式下,业主可与总承包单位签订一份工程承包合同。一般宜委托一家监理单位进行监理,要求总监理工程师具备较全面的知识。监理模式如图 5-9 所示。

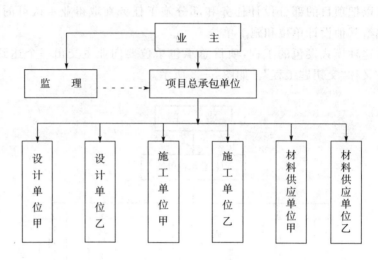

图 5-9 工程项目总承包模式的监理模式

四、项目总承包管理模式和监理模式

1. 项目总承包管理模式的特点

[问一问]
什么是项目总承包管理模式?它与项目总承包模式有什么区别?

工程项目总承包管理是指业主将工程项目任务发包给专门从事项目组织管理的单位,再由他分包给设计、施工和材料供应单位,并在实施中从事项目管理。与总承包相比,项目总承包管理单位不直接进行设计与施工,而是将承接的设计与施工任务全部分包出去,并在项目总承包的立场上对项目进行管理,建设单位可以派出一部分人员进行协调。同时,还要监督总承包单位的管理工作。

工程项目总承包管理与项目总承包类似,对合同管理组织协调比较有利,进度控制也有利。这种模式下分包的设计和施工才是项目的基本力量,监理工程师对各分包单位的确认十分重要。

由于项目总承包管理单位自身经济实力一般比较弱,而承担的风险相对较大,因此,建设工程采用这种模式时应持慎重的态度。其总承包管理模式如图 5-10 所示。

2. 项目总承包管理模式下的监理模式

在工程总承包管理模式下,业主与承包方只签订一份总承包合同。一般宜委托一家监理单位进行监理。这样便于监理工程师对项目总承包合同的管理及对承包商进行发包等活动的管理。其监理模式如图 5-11 所示。

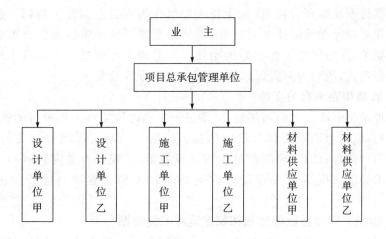

图 5-10　工程项目总承包管理模式

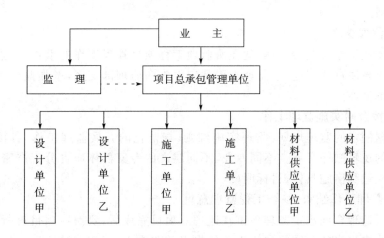

图 5-11　工程项目总承包模式下的监理模式

第三节　工程项目监理组织

监理单位与业主签订委托监理合同后,就意味着监理业务正式成立,进入工程项目建设监理的实施阶段。

一、工程项目建设监理程序

1. 确认或委托项目总监理工程师

监理单位应根据建设工程的规模、性质、业主对监理的要求,委派称职的人员担任总监理工程师,代表监理单位全面负责该工程的监理工作。通常情况下监理单位在承接工程监理业务时,在参与工程监理的投标,编制监理大纲以及与业主商签委托监理合同时,即应选派称职的人员主持该项目工作。在监理任务

[想一想]
工程项目建设监理程序有哪些?

确定并签订委托监理合同后,该主持人即可作为项目总监理工程师。这样项目的总监理工程师在承接任务时已介入,从而更能了解业主的建设意图和对监理工作的要求,并与后续工作很好的衔接。总监理工程师是一个建设工程监理工作的总负责人,他对内向监理单位负责,对外向业主负责。

2. 收集和熟悉有关文件

监理单位组成项目监理部后,必须进一步熟悉该监理工程项目的情况,收集相关资料,以作为监理工作开展的依据。包括:(1)与工程项目有关的批文,报告,图纸,合同等;(2)工程所在地工程建设政策,法规等有关资料;(3)工程所在地区技术经济状况等有关建设条件资料;(4)类似工程项目建设情况的有关资料。

3. 编制工程项目监理规划和制定监理实施细则

工程项目监理规划是指对项目监理组织全面开展交流活动的纲领性文件,是监理人员有效开展工作的依据和指导性文件。在监理规划指导下,为具体指导工程项目投资、质量、进度、安全控制的进行,结合工程实际情况,编制相应的实施细则。

4. 监理交底

在监理工作实施前,一般就在所监理工程项目管理工作的重点,难点以及监理工作应该注意的问题,总监理工程师应事先向监理部交底,增强监理工作的针对性和预见性。

5. 按合同实施监理工作

根据制定的监理规划,监理实施细则,规范化的开展监理工作,各项工作都按一定的逻辑顺序开展。不同专业,不同层次的专家群体职责分工严密,每项监理工作应达到措施具体,目标明确。

6. 监理工作结束,签署工程监理意见

委托监理合同规定监理单位在监理的项目完成后,要对该项目进行预验收。在预验收中提出的问题要向施工单位提出整改要求,待整改结束后,向业主提出工程竣工验收建议并签署工程建设监理意见。

7. 提交工程建设监理资料和监理工作总结

监理工作完成后,监理单位向业主提交监理档案资料,其主要内容包括:设计变更、工程变更资料、监理指令性文件、各种签证资料和其他约定提交的资料。

资料工作完成后,项目监理机构应及时进行监理工作总结。其一,是向业主提交监理工作总结,主要内容包括:委托监理合同履行情况概述、监理任务或监理目标完成情况、由业主提供的供监理活动使用的办公用房、试验设施的清单、表明监理工作终结的说明等;其二,向监理单位提交监理工作总结,其主要内容包括:监理工作经验、可采用的某种技术方法或经济组织措施的经验以及签订监理合同、协调关系的经验、监理工作中存在的问题及改进的建议等。

二、建立项目监理组织机构的步骤

监理企业在组织项目监理机构时,一般按以下步骤进行,如图5-12所示。

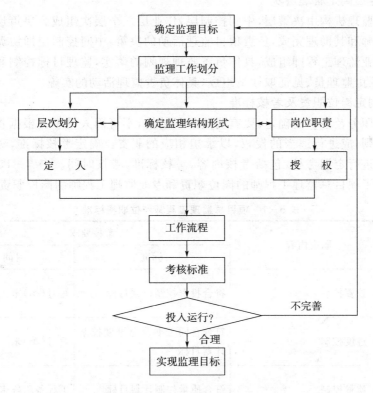

图 5-12 项目监理组织机构的步骤

1. 确定工程监理组织目标

建设工程监理目标是项目监理机构建立的前提,项目监理机构的建立应根据委托监理合同中确定的监理目标。制定总目标并明确划分监理机构的分解目标。

2. 确定监理工作内容

根据监理目标和委托监理合同规定的监理任务,明确列出监理工作内容,并进行分类,归并及组合。对全过程监理工作可按设计阶段和施工阶段分别归并和组合。

施工阶段监理可以按投资,质量,进度,安全目标进行归并和组合。监理工作的归并与组合应便于监理目标控制,并综合考虑监理工作的组织模式,工程结构特点,合同工期要求,工程复杂程度,工程管理及技术特点,还应考虑监理单位自身组织管理水平、管理人员数量、技术业务特点等。

[想一想]
设计阶段和施工阶段监理工作内容各有哪些?

3. 组织结构设计

(1)选择组织结构形式

监理组织结构形式必须根据工程项目规模性质,建设阶段等适应监理工作的需要。以有利于项目合同管理,目标控制,决策指挥,信息沟通等方面综合考虑。

(2)全面确定管理层次

项目监理机构由决策层,中间控制层,作业层三个层次组成。决策层是由总监理工程师和其助理完成,负责项目监理活动的决策,中间控制层即协调层和执行层由专业监理工程师组成,具体负责监理规划的落实,监理目标控制和合同管理,作业层由监理员、见证取样员组成,具体负责监理活动的实施。

(3)制定岗位职责及考核标准

岗位职务及职责的确定,要有明确的目的性,不可因人设事。根据责、权,利一致的原则,应进行适当的授权,以承担相应的职责。确定考核标准,对监理人员的工作进行定期考核,包括考核内容,考核标准,考核时间。表5-1、表5-2分别列出了项目总监理工程师的岗位职责和专业监理工程师的岗位职责。

表5-1 项目总监理工程师岗位职责标准

项目	职责内容	考核要求	
		标准	时间
工作目标	1. 投资控制	符合投资控制计划目标	每月(季)末
	2. 进度控制	符合合同工期及总进度控制计划目标	每月(季)末
	3. 质量控制	符合质量控制计划目标	工程各阶段末
基本职责	1. 根据监理合同,建立和有效管理项目监理机构	1. 监理组织机构科学合理 2. 监理机构有效运行	每月(季)末
	2. 主持编写与组织实施监理规划;审批监理实施细则	1. 对工程监理工作系统策划 2. 监理实施细则符合监理规划要求,具有可操作性	编写和审核完成后
	3. 审查分包单位资质	符合合同要求	一周内
	4. 监督和指导专业监理工程师对投资、进度、质量进行监理;审核、签发有关文件资料;处理有关事项	1. 监理工作处于正常工作状态 2. 工程处于受控状态	每月(季)末
	5. 做好监理过程中有关各方的协调工作	工程处于受控状态	每月(季)末
	6. 主持整理建设工程的监理资料	及时、准确、完整	按合同约定

表 5-2 专业监理工程师岗位职责标准

项目	职责内容	考核要求	
		标准	时间
工作目标	1. 投资控制	符合投资控制分解目标	每周(月)末
	2. 进度控制	符合合同工期及总进度控制分解目标	每周(月)末
	3. 质量控制	符合质量控制分解目标	工程各阶段末
基本职责	1. 熟悉工程情况,制订本专业监理工作计划和监理实施细则	反映专业特点,具有可操作性	实施前一个月
	2. 具体负责本专业的监理工作	1. 工程监理工作有序 2. 工程处于受控状态	每周(月)末
	3. 作好监理机构内各部门之间的监理任务的衔接配合工作	监理工作各负其责,相互配合	每周(月)末
	4. 处理与本专业有关的问题;对投资、进度、质量有重大影响的监理问题应及时报告总监	1. 工程处于受控状态 2. 及时、真实	每周(月)末
	5. 负责与本专业有关的签证、通知、备忘录,及时向总监理工程师提交报告、报表资料等	及时、真实、准确	每周(月)末
	6. 管理本专业建设工程的监理资料	及时、准确、完整	周(月)末

(4)制定工作流程

监理工作要求按照客观规律规范化的开展,必须制定科学,有序的工作流程。

(5)选派监理人员

根据组织各岗位的需要,选择称职的监理人员,包括总监理工程师,专业监理工程师和监理员,必要时可配备总监代表。监理人员的选择除应考虑个人素质外,还应考虑其他因素。

[做一做]

总结一下,列表写出建立项目监理组织机构的几个步骤。

第五章 建设工程监理组织

三、项目监理机构的组织模式

项目监理机构的组织模式是指项目监理机构具体采用的管理组织结构,应根据建设工程的特点,承发包模式,业主委托的监理任务以及监理单位自身情况而确定。常见的项目监理机构的组织模式有直线制监理组织,职能制监理组织,直线职能制监理组织和矩阵制监理组织等形式。

1. 直线制监理组织

如图 5-13 所示,直线制组织结构在上下层之间是直接纵向联系,没有隔层的纵向联系。不同层次没有交叉关系,同一层各部门没有横向联系,这就是结构的直线性。这种组织形式的特点是项目监理机构中任何一个下级只接受唯一上级的命令,各级部门主管人员对所属部门问题负责,项目监理机构不再另设职能部门。

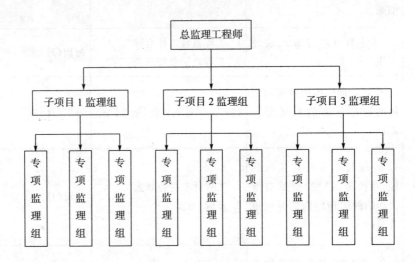

图 5-13 直线制监理组织

[问一问]
直线制监理组织形式有哪些特点?

直线制监理组织形式可分为按子项分解的直线制组织形式和按建设阶段分解的直线制组织形式,组织中各职位按垂直系统排列,总监理工程师负责整个项目规划、组织、指导与协调。子项目监理组分别负责各子项目的目标控制,具体指导现场专业或专项组的工作。

直线制监理组织形式的主要优点是组织结构简单,权力集中,命令统一,职责分明,决策迅速,专属关系明确。缺点是要求总监在业务和技能上是全能式人物,此种组织形式一般适用于监理项目可划分为若干个相对独立子项的大、中型建设项目。

2. 职能制监理组织形式

如图 5-14 所示,职能制监理组织形式,是在监理机构内设立一些职能部门,把相应的监理职责和权力交给职能部门,各职能部门在本职能范围内有权直接指挥下级。

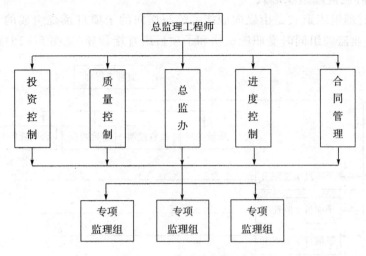

图 5-14 职能制监理组织

这种组织形式的主要优点是加强了项目监理部目标控制的职能化分工,能够发挥职能机构的专业管理作用,提高管理效率,总监理工程师负担减少。但容易出现多头领导,职能部门间协调麻烦。如果上级指令矛盾,将使下级在工作中无所适从。该组织形式适用于项目地理位置相对集中的工程项目。

[问一问]
职能制监理组织形式有哪些特点?

3. 直线职能制监理组织

如图 5-15 所示,这种组织形式综合了直线制监理组织和职能制监理组织的优点,它把管理部门和人员分为两类:一类是直线指挥部门人员,他们拥有对下级实行指挥和发布命令的权力,并对该部门的工作全面负责,另一类是职能部门人员,他们是直线指挥人员的参谋,他们只能对下级部门提供业务指导而不能直接进行指挥和发布命令。直线职能制监理组织领导集中,职责分明,管理效率高,但职能部门与指挥部门易产生矛盾,不利于信息传递。

[想一想]
直线职能制监理组织形式与职能制监理组织形式有什么区别?

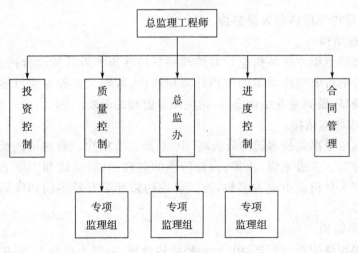

图 5-15 直线职能制监理组织

4. 矩阵制监理组织形式

这种监理组织形式是由纵向职能系统与横向的子项目系统组成的矩阵组织结构,各专业监理组同时受职能机构和子项目组直接领导(见图5-16)。

[想一想]
矩阵制监理组织形式有哪些特点?

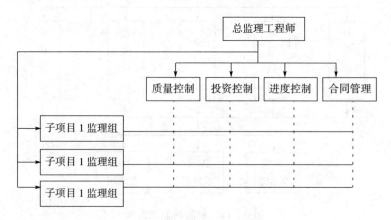

图5-16 矩阵制监理组织

这种组织的优点是加强了各职能部门的横向联系,具有较大的机动性和适应性,对上下,左右集权与分权实行最优的结合。有利于解决复杂难题,有利于监理人员业务能力的培养。缺点是纵横向协调工作量大,处理不当会造成扯皮现象,产生矛盾。它适用于较复杂的大型工程项目。

四、工程项目监理组织的人员配备及职责分工

1. 工程项目监理组织的人员配备

项目监理机构中人员数量和专业应根据监理的任务范围、内容、期限以及工程的类别、规模、技术复杂程度、工程环境、工程进度、监理合同等因素综合考虑。要能形成组织优化、结构合理、整体素质高的监理组织,要能满足监理目标控制的要求。

(1)项目监理机构的人员结构

① 专业结构

[想一想]
项目监理机构的人员结构包含哪些内容?

项目监理组织专业结构应针对监理项目的性质和委托监理合同进行设置。专业人员的配备要与所承担的监理任务相适应,监理人员和专业可随工程进展作适当的调整,做到专业结构合理,适应项目监理的需要。

② 技术职称结构

监理人员根据其技术职称分为高、中、初级三个层次。合理的人员层次有利于管理与分工。一般来说,决策、设计阶段的监理,具有高级和中级职称的人员在整个监理人员构成中应占多数,施工阶段的监理可有较多的初级职称的人员从事实际操作。

③ 年龄结构

监理组织结构要做到老、中、青年龄结构合理,老年人经验丰富,中年人综合素质好,青年人精力充沛,根据监理工作的需要形成合理的年龄结构,充分发挥

不同年龄层次的优势,有益于提高监理工作的效率与质量。

(2)项目监理机构人员的数量

① 影响项目监理机构人员数量确定的因素

配备足够数量的监理人员是保证监理工作正常开展的重要环节。确定监理人员的数量需要考虑工程项目的建设强度、复杂程度、监理单位的业务水平和监理组织情况等因素。

a. 工程建设强度

工程建设强度是指单位时间内投入的建设工程资金的数量,它是衡量一线工程紧张程度的标准。

工程建设强度＝投资/工期

其中投资和工期是指由监理单位所承担的那部分工程的建设投资和工期。一般投资额是合同价,工期是根据进度总目标和分目标确定。

b. 工程复杂程度

一般情况下工程的复杂程度要考虑的因素有:设计活动的多少、工程地点位置、气候条件、地形条件、工程地质、施工方法、工程性质、工期要求、材料供应和工程分散程度等。根据工程复杂程度的不同可划分为五个级别;即简单、一般、一般复杂、复杂、很复杂。工程复杂程度可采用定量的方法,对构成工程复杂程度的每一个因素,根据工程实际情况给出相应的权重,将各影响因素的评分加权平均后,根据其值的大小确定该工程的复杂程度等级。如按十分制计评,则平均分值1~3分者为简单工程,平均分值为3~5分,5~7分,7~9分者依次为一般工程,一般复杂工程,复杂工程,9分以上者为很复杂工程。

"工程复杂程度"分为五级,指标值如表5-3所示。

表5-3 工程复杂程度指标值

工程等级	复杂程度	指 标 值
一级	简单	0~3
二级	一般	3~5
三级	一般复杂	5~7
四级	复杂	7~9
五级	很复杂	9~10

c. 监理单位的业务水平

监理单位由于人员素质,专业能力,管理水平,工程经验,设备手段等方面差异导致业务水平的不同,进而会影响到监理效益的高低。同样的工程项目,低水平的监理单位往往要比高水平的监理单位投入的人要多。

d. 项目监理机构的组织结构和职能分工

项目监理机构的组织结构情况关系到具体的监理人员配备,因此,监理组织结构要合理,任务职能分工要明确。当监理组织有业主方的参与,或有时监理工作需要委托专业咨询机构或专业监测、检验机构进行时,项目监理机构的监理人员数量可以适当的减少。

② 项目监理机构人员数量的确定方式

配备足够数量的项目监理人员是保证监理工作能正常进行的重要环节。监理人员应配备的数量指标常以"监理人员密度"表示。所谓监理人员密度,是指能覆盖被监理工程范围,且能保证有效的开展监理活动所需要的监理人员数量。监理人员密度应根据工程项目类型、规模、复杂程度,以及监理人员素质和监理企业管理水平等因素决定。目前我国尚无公认的标准和定额,但可以参考世界银行的有关定额指标来估算监理人员数量。

世界银行认为,监理人员数量可根据"施工密度"和"工程复杂程度"决定。所谓"施工密度",可以用工程的建设强度即年造价(百万美元/年)来度量。

根据工程复杂程度分值的平均值和施工密度规定的每年支付 100 万美元的监理人数的定额标准,如表 5-4 所示;然后,再根据工程年度投资额计算出当年应配备各类监理人员数及监理人员总数。

表 5-4 监理人员需要配备定额指标

工程复杂程度	监理工程师	监理员	行政文秘人员
简　　单	0.20	0.75	0.10
一　　般	0.25	1.00	0.10
一般复杂	0.35	1.10	0.25
复　　杂	0.50	1.50	0.35
很复杂	0.50+	1.50+	0.35

下面,我们举一个例子,来计算出某工程建设项目监理人员配备。

某大厦建筑高度188m,地上主楼41层,裙房7层,地下3层。总建筑面积约7.1万 m^2,主楼采用钢筋混凝土核心筒和结构外框架;裙楼采用全钢结构。整个大厦功能和设施先进,最大程度的运用当代先进信息技术。工程总造价约8 000万美元,工期为30个月。该工程评估的复杂程度指标值平均分为6.1分。属于一般复杂程度。

由表 5-4 的定额指标,各类监理人员的配备人数分别为:

监理工程师　　　0.35×80/30×12=11.2(按 12 人计)

监理员或技术员　1.00×80/30×12=32

行政人员或秘书　0.25×80/30×12=8

通过以上计算,该建设项目监理人员可以配备 52 人。

2. 项目监理机构各类人员的基本职责

监理人员的基本职能应按照工程建设阶段和建设工程情况确定。

第四节 工程建设监理的组织协调

一、组织协调概述

1. 组织协调的概念

协调就是联结,联合,调和所有的活动及力量,使各方配合得当,其目的是促使各方协同一致,以实现预定目标。协调工作应贯穿于整个建设工程实施及其管理过程之中。

系统是由若干个相互关联而又相互制约的要素有组织、有秩序组成的具有特定功能和目标的统一体。按照系统分析的方法,建设工程系统就是一个由人员、物质、信息等构成的人为组织系统。建设工程协调一般有三大类,包括:"人员/人员界面"、"系统/系统界面"和"系统/环境界面"。

建设工程组织是由各类人员组成的工作班子,由于每个人的性格、习惯、能力、岗位、任务、作用的不同,即使只有两个人在一起工作,也有潜在的人员矛盾或危机。这种人和人之间的间隔,就是所谓的"人员与人员界面"。

工程建设系统是由若干个子项目组成的完整系统,子项目即子系统。由于子系统的功能和目标不同,容易产生各自为政的趋势和相互推诿的现象。这种子系统与子系统之间的间隔,就是所谓的"系统与系统界面"。

[想一想]
什么是组织协调?

工程建设是一个典型的开放系统,它具有环境适应性,能主动从外部世界取得必要的能量、物质和信息。在取得的过程中,不可能没有障碍阻力,这种系统与环境之间的隔阂,就是所谓的'系统与环境界面'。

项目监理机构的协调管理就是在"人员/人员界面","系统/系统界面","系统/环境界面"之间对所有的活动及力量进行联结、联合、调和的工作。系统方法强调,要把系统作为一个整体来研究处理。因为总体作用的规模要比各子系统的作用规模之和大。为了顺利实现工程建设系统目标,必须重视协调管理,发挥协调的整体功能。特别是大、中型建设项目涉及面广,周期长,技术复杂,参与单位多,要保证项目的参与各方围绕建设工程开展工作,使项目的目标顺利实现,组织协调工作最为重要,也最为困难,是监理工作能否成功的关键。

2. 组织协调的层次和范围

从系统方法的角度看,项目监理机构协调的范围分为系统内部的协调和系统外部的协调。系统外部的协调又分为近外层和远外层协调,近外层和远外层区别在于,建设工程与近外层关联单位一般有合同关系,与远外层关联单位一般没有合同关系。

二、监理协调工作的特点

1. 监理单位协调涉及的部门与单位多

监理单位对委托合同范围的监理工作,除了要和委托人和被监理单位发生工作协调外，还会和勘察设计单位、政府建设主管部门、工程建设质量、安全监督站、建设方委托的检测单位、造价咨询单位，以及投资主体委托的审计部门等部门和单位发生工作上的协调关系。监理单位在和上述单位的工作协调中，由于相互之间的工作性质与工作关系不同，而要求监理的协调方式和方法有所差异。

2. 监理项目具有工作协调的"磨合期"

在监理工作的初期阶段，监理人员就要与监理项目所涉及的部门和单位的人员打交道。在此期间，监理人员既要熟悉合同内工程对象的内、外部环境与条件，又要与各方人员发生工作上的接触与交流。由于各方人员的工作经历、处事阅历、待事方法与方式、工作地位与工作作风等不尽相同，所以大家也形成了不同的办事作风、态度与风格。因此，监理工作要形成有效的协调机制，必须要经过一个相互了解、相互适宜的"磨合期"。

3. 监理系统的对象是以人为主体

监理的工作性质体现为即不是工程产品勘察设计成果的完成者，也不是工程产品的生产操作者，是用监理人员的知识与经验在工程产品的建设生产过程中代表委托者履行监督管理的职能。因此，监理的工作无论是为服务者，还是对被管理者，主要是通过与有关人员接触实现监理工作的沟通，即监理协调的对象是各个有关方的人员。

4. 监理协调重在沟通联系

沟通联系是我们通常所说的信息交流，是管理学原理中所强调的基本的现代管理学研究的内容之一，它表现为人与人之间的、组织与组织之间的、人与机器之间的信息交流。监理工作对外的协调体现为组织与组织之间的信息交流，对内体现为人与人之间的信息交流。而监理工作的特点决定了其必须通过经常性的沟通联络、信息交流来达到各方对监理项目工作情况的了解与认识，从而才能对工程建设中的问题做出相应而及时的决策。因此，监理工作的协调应重视沟通联络的重要性。

三、组织协调的工作内容

协调工作贯穿工程建设项目的全过程，渗透到各工程建设项目的每一个环节。

1. 项目监理机构内部的协调

(1) 项目监理机构内部人际关系的协调

工程建设项目系统是由人组成的工作体系。工作效率如何，很大程度上取决于人际关系的协调程度，总监理工程师应首先抓好人际关系的协调，激励项目监理机构成员做好工作。

① 在人员安排上要量才录用

对项目监理机构各个人员，要根据每个人的专长进行安排，做到人尽其才。人员的搭配应注意能力互补和性格互补，人员配备应尽可能少而精，防止力不胜任和忙闲不均现象。

[问一问]

监理协调工作有什么特点？

② 在工作委任上要职责分明

对项目机构内的每一个岗位,都应订立明确的目标和岗位责任制,使管理职能不重不漏,做到事事有人管,人人有责,同时明确岗位职权。

③ 效益评价上要实事求是

谁都希望自己的工作做出成绩并得到肯定。但工作成绩的取得,不仅需要主观努力,而且需要一定的工作条件和相互配合。要发扬民主作风,实事求是评价以免人员无功自傲或有功受屈。使每个人热爱自己的工作,并对工作充满信心和希望。

④ 在矛盾调解上要恰到好处

人员之间的矛盾总是存在的,一旦出现矛盾就应进行调解。调解要注意工作方法,如果通过及时沟通,个别谈话和必要的批评还无法解决矛盾时,应采取必要的岗位变动措施。对上,下级矛盾要区别对待,是上级的问题应做自我批评,是下级的问题应启发引导,对无原则争论应当批评制止,这样才能使人们处于团结,和谐,热情的气氛中。

[问一问]
1. 如何做好监理机构内部人际关系的协调?
2. 如何做好监理机构内部组织关系的协调?

(2) 项目监理机构内部组织关系的协调

① 在职能划分的基础上设置组织机构,根据工程对象及委托监理合同所规定的工作内容,确定职能划分。

② 明确规定每个部门的目标,职能和权限。最好以规章制度的形式做出明文规定。

③ 事先预定各个机构在工作中的相互联系,防止出现脱节等贻误工作的现象。

④ 建立信息沟通制度,如采用工程例会,业务碰头会,发会议纪要,采用工作流程图,计算机网络信息传递等方式来沟通信息。这样才能通过局部了解全部,服从全局的需要。

⑤ 及时清除工作中的矛盾和冲突,解决矛盾的方法应根据具体情况而定。如配合不佳导致的矛盾和冲突,应以配合关系入手来清除;争功要利导致的矛盾和冲突应从考核标准入手来清除;奖罚不公导致的矛盾和冲突,应从明确奖罚原则入手来解决等等。

(3) 项目监理机构内部需求关系的协调

建设工程监理实施中有人员的需求,实验设备的需求,材料供应的需求,而资源是有限的。因此,内部需求平衡至关重要。

① 对监理设备,材料的平衡

建设工程监理开始时,要做好监理规划和监理实施细则的编写,提出合理的资源配置。要注意抓住期限上的及时性,规格上的明确性,数量上的准确性,质量上的规定性。

② 对监理人员的平衡

一个工程包括多个分部分项工程,复杂性和要求各不相同,因此监理力量的安排必须考虑工程的进展,技术的要求,以保证工程监理目标的实现。

2. 与建设单位之间的协调

监理实践证明,监理目标的顺利实现和监理工程师与业主协调的好坏有很大的关系。我国长期的计划经济体制使得业主合同意识差,随意性大,主要体现在:一是沿袭计划经济时期的基建管理模式,搞"大业主,小监理",在一个建设工程上,业主管理人员要比监理人员多或管理层次多,对监理工作干涉多,并插手监理人员应做的具体工作;二是不把合同规定的权力交给监理单位,致使监理工程师有职无权,发挥不了作用;三是科学管理意识差,在建设工程目标确定上压工期,压造价,在建设工程实施过程中变更多或时效不按要求,给监理工作的质量,进度,投资控制带来困难。因此,与业主协调是监理工作的重点和难点。监理工程师应从以下几个方面加强与业主的协调:

[想一想]

1. 监理机构如何做好与建设单位之间的协调?
2. 监理机构如何做好与施工单位之间的协调?

(1)监理工程师首先要了解建设工程的总目标,理解业主的意图。对于未能参加项目决策过程的监理工程师,必须了解项目构思的基础、起因、出发点,否则可能对监理目标及完成任务有不完整的理解,会给他的工作造成很大的困难。

(2)利用工作之便,做好监理宣传工作,增进业主对监理工作的理解,特别是对建设工程管理各方职责及监理程序的理解;主动帮助业主处理建设工程中的事务性工作,以自己规范化,标准化,制度化的工作去影响和促进双方工作的协调一致。

(3)尊重业主,让业主一起投入建设工程全过程。尽管有预定的目标,但建设工程实施必须执行业主的指令,使业主满意。对业主提出的某些不适当的要求,只要不属于原则问题,都可先执行,然后利用适当时机,采取适当方式加以说明或解释;对于原则性问题,可采取书面报告等方式说明原委,尽量避免发生误解,以使建设工程顺利实施。

3. 监理工程师与承包商的协调

监理工程师对质量,进度和投资的控制都是通过承包商的工作来实现的,所以做好与承包商的协调工作是监理工程师组织协调工作的重要内容。

(1)坚持原则,实事求是,严格按规范,规程办事,讲究科学态度。监理工程师在监理工作中应强调各方面利益的一致性和建设工程总目标;监理工程师应鼓励承包商将建设工程实施状况,实施结果和遇到的困难和意见向他汇报,以寻找对目标控制可能的干扰。双方了解得越多越深刻,监理工作中的对抗和争执就越少。

(2)协调不仅是方法,技术问题,更多的是语言艺术,感情交流和用权适度问题。有时尽管协调意见是正确的,但由于方式和表达不妥,反而会激起施工阶段协调工作的内容化矛盾。而高超的协调能力则往往能起到事半功倍的效果,令各方面都满意。

(3)施工阶段协调工作的内容:

① 与承包商项目经理关系的协调

从承包商项目经理及其工地工程师的角度来说,他们是希望监理工程师是公正,通情达理并容易理解别人的;希望从监理工程师处得到明确而不是含糊的指令,并且能够对他们所询问的问题给予及时的答复;希望监理工程师的指示能够在他们工作之前发出,他们可能对本本主义者以及工作方法僵硬的监理工程师最为反感。这些心理现象,作为监理工程师来说,应该非常清楚。一个既懂得坚持原则,又善于理解承包商项目经理的意见,工作方法灵活,随时可能提出或愿意接受变通方法的监理工程师肯定是受欢迎的。

[问一问]
施工阶段,监理机构协调的内容有哪些?

② 进度问题的协调

由于影响进度的因素错综复杂,因而进度问题的协调工作也十分复杂。实践证明,有两项协调工作很有效:一是业主和承包商双方共同商定一级网络计划,并由双方主要负责人签字作为工程承包合同的附件;二是设立提前竣工奖,由监理工程师按一级网络计划节点考核,分期支付阶段工期奖,如果整个工程最终不能保证工期,由业主从工程款中将已付的阶段工期奖扣回并按合同规定予以罚款。

③ 质量问题的协调

在质量控制方面,应实行监理工程师质量签字认可制度。对没有出厂证明,不符合使用要求的原材料,设备和构件,不准使用;对工序交接实行报验签证;对不合格的工程部位不予验收签字,也不予计算工程量,不予支付工程款。在建设工程施工过程中,设计变更或工程内容增减是经常出现的,有些是合同签订时无法预料和明确规定的,对于这种变更,监理工程师要认真研究,合理计算价格,与有关方面充分协商,达成一致意见,并实行监理工程师签证制度。

④ 对承包商违约行为的处理

在施工过程中,监理工程师对承包商的某些违约行为进行处理是一件须慎重而又难免的事情。当发现承包商采用一种不适当的方法进行施工,或是用了不符合合同规定的材料时,监理工程师除了立即制止外,可能还要采取相应的处理措施。遇到这种情况,监理工程师应该考虑的是自己的处理意见是不是监理权限以内的,根据合同要求,自己应该怎么做等等。在发现质量缺陷并需要采取措施时,监理工程师必须立即通知承包商。监理工程师要有期限的概念,否则承包商有权认为监理工程师对已完成的工程内容是满意或认可的。

监理工程师最担心的可能是工程总进度和质量受到影响。有时,监理工程师会发现,承包商的项目经理或某个工地工程师不称职,此时明智的做法是继续观察一段时间,待掌握足够的证据时,总监理工程师可以正式向承包商发出警告。万不得已时,总监理工程师有权要求撤换承包商的项目经理或工地工程师。

⑤ 合同争议的协调

对于工程中的合同争议,监理工程师应首先采用协商解决的方式,协商不成时才由当事人向合同管理机关申请调解。只有当对方严重违约而使自己的利益受到重大损失且不能得到补偿时才采用仲裁或诉讼手段。如果遇到非常棘手的合同争议问题,不妨暂时搁置,等待时机,另谋良策。

⑥ 分包单位的管理

主要是对分包单位明确合同管理范围,分层次管理。将总包合同作为一个独立的合同单元进行投资,进度,质量控制和合同管理,不直接和分包合同发生关系。对分包合同中的工程质量，进度进行直接跟踪监控，通过总包商进行调控、纠偏。分包商在施工中发生的问题，由总包商负责协调处理，必要时，监理工程师帮助协调，当分包合同条款与总包合同发生抵触，以总包合同条款为准。此外，分包合同不能解除总包商对总包合同所承担的任何责任和义务。分包合同发生的索赔问题，一般由总包商负责，涉及总包合同中业主义务和责任时，由总包商通过监理工程师向业主提出索赔，由监理工程师进行协调。

⑦ 处理好人际关系

在监理过程中，监理工程师处于一种十分特殊的位置。业主希望得到真实、独立、专业的高质量服务，而总包商则希望监理单位能对合同条件有一个公正的解释。因此，监理工程师必须善于处理各种人际关系，既要严格遵守职业道德，礼貌而坚决地拒绝任何礼物，以保证行为的公正性，也要利用各种机会增进与各方面人员的友谊与合作，有利于工程的进展。否则，便有可能引起业主或承包商对其可信赖程度的怀疑。

4. 监理单位与设计单位的协调方法

[问一问]
监理单位与设计单位如何协调？

监理单位必须协调与设计单位的工作，以加快工程进度，确保质量，降低消耗。

(1)真诚尊重设计单位的意见，在设计单位向承包商介绍工程概况，设计意图，技术要求，施工难点等时，注意标准过高，设计遗漏，图纸差错等问题，并将其解决在施工之前；施工阶段，严格按图施工；结构工程验收，专业工程验收，竣工验收等工作，邀请设计代表参加；若发生质量事故，认真听取设计单位的处理意见等等。

(2)施工中发现设计问题，应及时向设计单位提出，以免造成大的直接损失；若监理单位掌握比原设计单位更先进的新技术，新工艺，新材料，新结构，新设备时，可主动向设计单位推荐。为使设计单位有修改设计的余地而不影响施工进度，协调各方达成协议，约定一个期限，争取设计单位，承包商的理解和配合。

(3)注意信息传递的及时性和程序性。监理单位的工作联系单，工程变更单的传递，要按规定的程序进行。这里要注意的是，在工程监理的条件下，监理单位与设计单位都是受业主委托进行工作的，二者之间并没有合同关系，所以监理单位主要是和设计单位做好交流工作，协调要靠业主的支持。设计单位应就其设计质量对建设单位负责，因此《建筑法》指出：工程监理人员发现工程设计不符合建筑工程质量标准或者合同约定的质量要求的，应当报告建设单位要求设计单位改正。

5. 监理单位与政府部门及其他单位的协调方法

一个建设工程的开展还存在政府部门及其他单位的影响，如政府部门，金融部门，社会团体，新闻媒介等。它们对建设工程起着一定的控制、监督、支持、帮助作用，这些关系如协调不好，建设工程实施也可能严重受阻。

(1)与政府部门的协调

① 工程质量监督站是由政府授权的工程质量监督实施机构，对委托监理的工程，质量监督站主要是核查勘察设计单位，施工单位和监理单位的资质，监督这些单位的质量行为和工程质量。监理单位在进行工程质量控制和质量问题处

理时,要做好与工程质量监督站的交流和协调。

② 发生重大质量事故,在承包商采取急救、补救措施的同时,应督促承包商立即向政府有关部门报告情况,接受检查和处理。

③ 建设工程合同应送公证机关公证,并报政府建设管理部门备案;征地、拆迁,依法要争取政府有关部门的支持和协作;现场消防设施的配置,宜请消防部门检查认可;要督促承包商在施工中注意防止环境污染,坚持做到文明施工。

[想一想]
监理单位为什么要做好与政府部门及其他单位的协调工作?

(2) 协调与社会团体的关系

一些大、中型建设工程建成后,不仅会给业主带来效益,还会给该地区的经济发展带来好处,同时给当地人民的生活带来方便,因此必然会引起社会各界的关注。业主和监理单位应把握机会,争取社会各界对建设工程的关心和支持。这是一种争取良好社会环境的协调。对本部门的协调工作,从组织协调的范围看是属于远外层的管理。根据目前的工程监理实践,对远外层关系的协调,应由业主主持,监理单位主要是协调近外层关系。如业主将部分或全部远外层关系协调工作委托监理单位承担,则应在委托监理合同专用条件中明确委托的工作和相应的报酬。

监理组织与社会团体关系的协调中接触的社会团体很多,其性质、任务、权限各不相同。与项目有一定关系的社会团体主要有:金融组织、服务部门、新闻单位等。监理组织协调好和这些社会团体的关系,有助于工程项目的实施。

① 监理组织与金融组织关系的协调

监理组织与金融组织关系最密切的是开户建设银行。建设银行即是金融机构,又代行部分政府职能。建筑安装工程价款,甲乙双方都要通过开户建设银行进行结算。工程承包合同副本应报送开户银行审查,认为不符合有关规定的条款,甲乙双方应协商修改,否则银行可不予拨款。若遇到在其他专业银行开户的建设单位拖欠工程款,监理组织可商请开户建设银行协助解决拨款问题。

② 监理组织与服务部门关系的协调

工程建设离不开社会服务部门的服务,监理组织应主动联系,求得他们对工程项目建设的支持和帮助。例如,为解决施工运输和当地交通部门争道路争时间问题,应主动上门协商,做出双方都能接受的统筹安排;为解决施工高峰期机具设备和周围作业用料不足问题,可提前与当地租赁服务单位取得联系,预约租赁,求得满意的租赁服务;为解决地方采购材料的货源问题,可和当地的建材生产、供应单位取得联系,请他们帮助落实货源,组织材料供应服务到现场。

四、组织协调的具体做法

工程监理组织协调的具体做法有多种形式,以下几种方法仅供参考。

(一)会议协调法

1. 第一次工地会议

第一次工地会议是施工单位,监理机构进入工地后的第一次会议,是建设单位,施工单位,监理工程师建立良好合作关系的一次机会。第一次工地会议的目的,在于监理工程师对工程开工前的各项准备工作进行全面检查,确保工程实施有一个良好开端。第一次工地会议宜在正式开工前召开,并应尽早举行。会议的组织由监理工程师负责,监理工程师应事先将会议议程及有关事项通知建设单位,施工单位和有关单位,必要时可以先召开一次预备会议,使参加会议的有关方面做好资料准备。在会议进行中,如果某些问题达不到目的,形不成一致意见,可以暂时休会,待条件具备时再行复会。

(1)第一次工地会议参加人员的组成

第一次工地会议由建设单位主持,监理单位、施工单位的授权代表必须出席会议,各方将要担任职务的项目负责人及指定的分包人参加会议。会议纪要由项目监理机构负责整理,并经与会各方代表签认,监理单位作为资料存档。

[问一问]
监理机构会议协调法有哪些?

(2)会议的主要内容

① 介绍人员及组织机构

建设单位或其代表应就其实施工程建设项目期间的职能机构、职责、范围及主要人员名单提出书面文件,并就有关细节进行说明。

总监理工程师向总监理工程师代表和专业监理工程师授权,并声明自己保留的权利,书面就授权书、组织机构图、职责范围及全体监理人员名单提交施工单位及建设单位。

施工单位应书面就项目经理或工地代表授权书、主要人员名单、职能机构框图、职责范围及有关人员资质材料提交监理工程师,以取得监理工程师的批准。监理工程师应在本次会议上进行审查并口头批准(或有保留的批准),会后正式予以书面确认。

② 介绍施工进度计划

施工单位的施工进度计划应在中标通知发出后合同规定的时间内提交监理工程师。在第一次工地会议上,监理工程师就施工进度计划作出如下说明:施工单位进度计划可于何日批准或哪些分项已获得批准;根据批准或将要批准的施工进度计划,施工单位何日进行哪些施工,有无其他条件限制,有哪些重要的或复杂的分项工程还应单独编制进度计划提交批准。

③ 施工单位介绍施工准备情况

施工单位应就施工准备情况按如下内容提出陈述报告,监理工程师应逐项予以澄清、检查和评述。

主要施工人员包括项目负责人、主要技术人员、主要机械操作人员,是否进场或何日进场。用于工程的进口材料、机械、仪器和设备、设施是否进场或何日进场,是否会对施工产生影响,并提交进场计划和清单。用于工程的本地材料来源是否落实,并提交进场计划和清单。

施工驻地及临时工程建设进展情况如何,并提交施工驻地及临时工程建设计划和分布图。工地实验室、流动实验室及设备是否准备就绪,将于何日安装,并提交实验室布置图、流动实验室分布图及仪器设备清单。施工测量的基础资料是否已经落实并通过复核,施工测量是否进行或将何日完成,并应提供施工测量计划及有关资料。履约保函和动员预付款保函及各种保险是否已办理或何日办理完毕,提交有关已办理的手续副本。为监理工程师提供的住房、交通、通信、办公等设备服务设施是否具备或将何日具备,并提交有关安排计划和清单。其他与开工条件有关的内容和事项。

④ 建设单位说明开工条件

建设单位代表就工程占地、临时用地、临时道路、拆迁以及其他开工条件有关的问题进行说明。监理工程师应根据批准的施工进度计划的安排,对上述事项提出建议和要求。

⑤ 明确施工监理例行程序

监理工程师应沟通与施工单位之间的联系渠道,明确工作例行程序并提出有关表格及说明;一般包括:质量控制的主要程序、表格及说明;施工进度的主要程序、图表及说明;投资控制的主要程序、表格及说明;工程计量程序、报表及说明;索赔的主要程序、报表及说明,工程变更的主要程序、图表及说明;工程质量事故及安全事故的报告程序、报表及说明;函件的往来传递交接程序、报表及说明;确定事故过程中的工地会议举行时间、地点及程序;其他有关的制度规定等。

2. 工地会议

工地会议属于工程开工后举行的一种例行会议,用于解决施工中存在的问题。工地会议的目的在于监理工程师对工程实施中的进度、质量、投资的执行情况进行全面检查,为正确决策提供依据,确保工程顺利进行。

工地会议由总监理工程师主持,定期召开,其具体时间间隔可根据施工中存在问题的程度由总监理工程师决定。工地会议应在开工后整个活动期内定期举行,会议纪要由监理机构负责起草,并经与会代表会签。

(1) 参加人员

会议参加者应为总监理工程师、专业监理工程师及有关助理人员;施工单位驻地授权代表、指定分包单位及有关助理人员;建设单位代表及有关助理人员。

(2) 会议的主要内容

会议按既定的例行议程进行,一般应由施工单位逐项陈述并提出问题和建议;监理工程师逐项组织讨论并作出决定或决议意向。会议一般按下列议程进行讨论和研究:

① 检查上次会议议定情况,分析未完成的原因。

② 检查工程建设项目进度计划完成情况,主要是关键线路上的施工进展情况及影响施工进度的因素。提出下一阶段进度目标及其落实措施。

③ 检查分析工程质量状况,主要是针对存在的质量问题提出改进措施。

④ 检查工程量核定及工程款支付情况。

⑤ 检查施工现场安全状况,主要是对发生的安全事故、事故隐患以及不安全因素提出问题及措施,对交通和民众的干扰提出问题及措施。

⑥ 解决需要协调的有关事项。

⑦ 其他事项

[想一想]
工地会议的主要内容有哪些?

3. 现场协调会

在整个建设工程施工期间，应根据具体情况定期或不定期的召开不同层次的施工现场协调会。现场协调会的目标在于监理工程师对日常或经常性的施工活动进行检查、协调落实，使监理工作和施工活动密切配合。会议由监理工程师主持，施工单位或代表出席，有关监理工程师及施工技术人员酌情参加。会议只对近期建设工程施工中的问题进行证实、协调和落实，对发现的施工质量问题及时予以纠正，对其他重大问题只提出而不进行讨论，另安排专门会议或在工地会议上进行研究处理。会议的主要内容包括施工单位报告近期施工活动，提出近期的施工计划安排，简要陈述发生或存在的问题。监理工程师就施工进度和施工质量予以简要评述，并根据施工单位提出的施工活动安排，安排监理工程师或助理监理人员进行旁站、巡视、平行检验、抽样试验、检测验收、测量、计算、权限处理等施工监理工作，对执行施工合同有关其他问题交换意见。

[问一问]
为什么要召开现场协调会？

现场协调会以协调工作为主，讨论和证实有关问题，及时发现工程施工中的问题，一般对出现问题不作出决议，重点对日常工作发出指令。监理工程师和施工单位通过现场协调会彼此交换意见，交流信息，促使监理工程师和施工单位双方保持良好关系，以利于工程建设活动的开展。

4. 专业性监理会议

除定期召开工地监理会议外还应根据需要组织召开一些专业性协调会议，例如加工订货会、业主直接分包的工程承包单位与总包单位之间的协调会、专业性较强的分包单位进场协调会等，均由监理工程师主持会议。

（二）交谈协调法

在实践中，并不是所有问题都需要开会来解决，有时可采用"交谈"这一方法。交谈包括面对面的交谈和电话交谈两种形式。无论是内部协调还是外部协调，这种方法使用频率都是相当高的。其作用在于：

1. 保持信息畅通

交谈具有方便性和及时性，所以建设工程参与各方之间及监理机构内部都愿意采用这一方法进行沟通。

2. 寻求协作和帮助

在寻求别人帮助和协作时，往往要及时了解对方的反映和意见，以便采取相应的对策。另外，相对于书面寻求协作，人们更难以拒绝面对面的请求。因此，采用交谈方式请求协作和帮助比采用书面方法实现的可能性要大。

3. 及时发布工程指令

在实践中，监理工程师一般都采用交谈方式先发布口头指令，这样，一方面可以和对方进行交流，了解对方是否正确理解了指令。随后，再以书面形式加以确认。

（三）书面协调法

当会议或者交谈不方便或不需要时，或者需要精确的表达自己的意见时，就会用到书面协调的方法。书面协调法的特点是具有合同效力，一般常用于以下几个方面：

(1)不需要双方直接交流的书面报告、报表、指令和通知等。
(2)需要以书面形式向各方提供详细信息和情况通过的报告、信函和备忘录等。
(3)事后对会议记录、交谈内容或口头指令的书面确认。

(四)访问协调法

访问法主要用于外部协调中,有走访和邀访两种形式。走访是指监理工程师在建设工程施工前或施工过程中,对与工程施工有关的各政府部门、公共事业机构、新闻媒介或工程毗邻单位等进行访问,向他们解释工程情况,了解他们的意见。邀访是指监理工程师邀请上述各单位(包括业主)代表到施工现场对工程进行指导性巡视,了解现场工作。因为在多数情况下,这些有关方面并不了解工程,不清楚现场的实际情况,如果进行一些不恰当的干预,会对工程产生不利影响。此时,采用访问法是一个相当有效的协调法。

[想一想]
如何做好监理的协调工作?

(五)情况介绍法

情况介绍法通常是与其他协调方法紧密结合在一起的,他可能是在一次会议前,或是一次交谈前,或是一次走访或邀访前向对方进行的情况介绍。形式上主要是口头的,有时也伴有书面的。介绍往往作为其他协调的引导,目的是使人想了解情况。因此,监理工程师应重视任何场合下的每一次介绍,要使别人能够理解所介绍的内容、问题和困难、想得到的协助等。

总之,组织协调是一种管理艺术和技巧,监理工程师需要掌握领导科学、心理学、行为科学方面的知识和技能,如鼓励、交际、表扬和批评的艺术,开会的艺术,谈话的艺术,谈判的技巧等等。只有这样,监理工程师才能进行有效地协调。

本章思考与实训

一、思考题

1. 组织设计应该遵循什么样的原则?
2. 工程建设监理管理的基本模式及监理模式有哪些?
3. 工程建设监理实施的基本原则有哪些?
4. 简述建立工程建设监理组织的步骤。
5. 工程建设监理组织协调的常用方法有哪些?

二、案例分析题

案例1

【背景资料】

某公路建设工程项目,其中包括路基和路面工程(60km),大型桥梁(3座),业主把路基路面工程和桥梁工程分别发包给了两个承包人(单位),并签订了施工承包合同。某监理单位受业主委托承担了该公路工程的施工监理任务,并签订了监理委托合同。监理合同中部分内容如下:

一、在施工期间,任何工程变更均需经过监理单位审查、认可,并发布变更指令为有效,实施变更。

二、监理单位应在业主的授权范围内对委托的工程项目实施施工监理。

三、监理单位有发布开工令、停工令、复工令的权力。

四、监理单位为本工程项目的最高管理者。

五、监理单位应维护业主的权益。

六、监理单位主要进行质量控制,而进度与投资控制的任务主要由业主行使。

七、由于监理单位的努力,使合同工期提前的,监理单位与业主分享利益。

【问题】

1. 上述监理合同中有无不妥之处?请逐条分析。

2. 项目总监应如何考虑建立何种监理组织结构形式?请说明理由,并绘出组织结构图。

案例 2

【背景资料】

××建设工程监理单位承担了某大厦工程项目施工监理及设备采购监理工作。该工程项目由 A 设计单位负责设计总承包、B 建筑公司负责施工总承包,其中幕墙工程的设计和施工任务分包给了具有相应设计和施工资质的 C 公司,土方工程分包给了 D 建筑公司,主要设备由业主负责采购。

该建设工程项目总监理工程师组建了直线职能制项目监理机构,并分析了参加建设各方的关系,绘制出示意图。

在工程的施工准备阶段,总监理工程师审查了施工总承包单位现场项目管理机构的质量管理体系和技术管理体系,并指令专业监理工程师审查施工分包单位的资质,分包单位为此报送了企业营业执照和资质等级证书二份资料。

【问题】

1. 绘出直线职能制项目监理机构组织形式示意图。

2. 根据背景资料提供的信息,请将建设工程各方的关系用框图示之。

3. C 公司能否在幕墙工程变更设计单上以设计单位的名义签认?为什么?

4. 总监理工程师对总承包单位质量管理体系和技术管理体系的审查应侧重什么内容?

5. 专业监理工程师对分包单位进行资格审查时,分包单位还应提供什么资料?

第六章　建设工程监理文件

【内容要点】

1. 建设工程监理文件的组成、作用、编写方法、实施程序；
2. 主要监理文件的编写。

【知识链接】

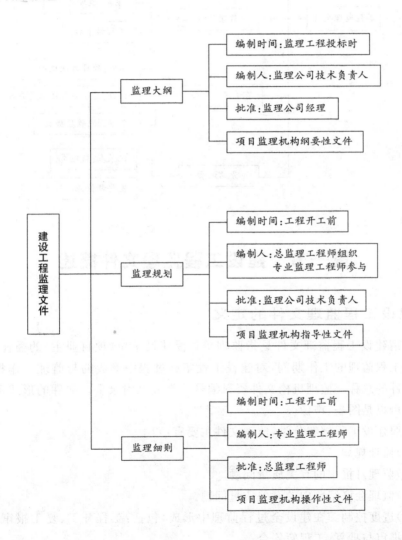

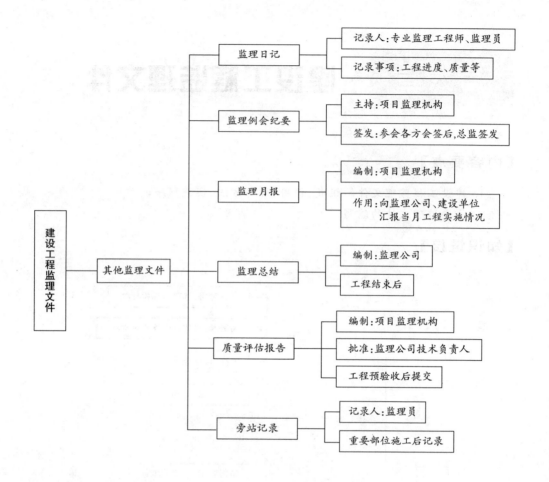

第一节 建设工程监理文件概述

一、建设工程监理文件的定义

所谓建设工程监理文件是指监理单位受建设单位（项目业主）的委托，在进行建设工程监理的工作期间，对建设工程实施过程中形成的与监理工作相关的系列文件的总称。监理机构文件资料编号分类表见附录Ⅰ。文件的形式可以是文字也可以是图表、声像。

[问一问]
建设工程监理文件包括哪些内容？

按照建设工程档案分类，监理文件主要有：
(1)监理规划。
(2)监理月报中的有关质量问题。
(3)监理会议纪要中的有关质量问题。
(4)进度控制。在建设全过程监理中形成，包括：工程开工、复工报审表，工程延期报审与批复，工程暂停令。
(5)质量控制。在建设全过程监理中形成，包括：施工组织设计（方案）报审表,工程质量报验申请表,工程材料/构配件/设备报审表,工程竣工报验单,不合格项目处置记录,质量事故报告及处理结果。

(6)造价控制。在建设全过程监理中形成,包括:工程款支付申请表,工程款支付证书,工程变更费用报审与签认。

(7)分包资质。

(8)监理通知及回复。

(9)合同及其他事项管理。

(10)监理工作总结。

二、建设工程监理文件在工程建设中的作用

建设工程监理文件可以为监理单位取得监理项目并实施开展科学、规范化的监理工作创造良好的前提和依据;是工程项目建设过程中真实而全面地反映和评价;是项目建成竣工后监理单位作为项目监理资料移交建设单位的重要组成部分;是监理单位具有重要历史价值的资料,有利于监理单位不断提高建设监理工作水平。

[想一想]
监理文件有哪些作用?

三、建设工程监理文件档案的管理

(一)概述

1. 监理文件档案资料管理的基本概念

所谓建设工程监理文件档案资料的管理,是指监理工程师受建设单位委托,在进行建设工程监理的工作期间,对建设工程实施过程中形成的与监理实施过程相关的文件和档案进行收集积累、加工整理、立卷归档和检索利用等一系列工作。建设工程监理文件档案资料管理的对象是监理文件档案资料,它们是工程建设监理信息的主要载体之一。

2. 监理文件档案资料管理的意义

(1)对监理文件档案资料进行科学管理,可以为建设工程监理工作的顺利开展创造良好的前提条件。

(2)对监理文件档案资料进行科学管理,可以极大地提高监理工作效率。

(3)对监理文件档案资料进行科学管理,可以为建设工程档案的归档提供可靠保证。

3. 工程建设监理文件和档案资料的传递流程

项目监理部的信息管理部门是专门负责建设工程项目信息管理工作的,其中包括监理文件档案资料的管理。因此在工程全过程中形成的所有资料,都应统一归口传递到信息管理部门,进行集中加工、收发和管理,信息管理部门是监理文件和档案资料传递渠道的中枢。

(二)建设工程监理文件档案资料管理

建设工程监理文件档案资料管理主要内容是:监理文件档案资料收、发文与登记;监理文件档案资料传阅;监理文件档案资料分类存放;监理文件档案资料

归档、借阅、更改与作废。

1. 监理文件和档案收文与登记

所有收文应在收文登记簿上进行登记(按监理信息分类别进行登记)。应记录文件名称、文件摘要信息、文件的发放单位(部门)、文件编号以及收文日期,必要时应注明接收文件的具体时间,最后由项目监理部负责收文人员签字。

2. 监理文件档案资料传阅与登记

监理工程师确定文件、记录是否需传阅,如需传阅应确定传阅人员名单和范围,并注明在文件传阅纸上,随同文件和记录进行传阅。

[想一想]
如何对工程监理文件档案资料进行管理?

3. 监理文件资料发文与登记

发文由总监理工程师或其授权的监理工程师签名,并加盖项目监理部图章,对盖章工作应进行专项登记。

4. 监理文件档案资料分类存放

监理文件档案经收文、发文、登记和传阅工作程序后,必须使用科学的分类方法进行存放。这样既可满足项目实施过程查阅、求证的需要,又方便项目竣工后文件和档案的归档和移交。

5. 监理文件档案资料归档

监理文件档案资料归档内容、组卷方法以及监理档案的验收、移交和管理工作。应根据现行《建设工程监理规范》及《建设工程文件归档整理规范》并参考工程项目所在地区建设工程行政主管部门、建设监理行业主管部门、地方城市建设档案管理部门的规定执行。

按照现行《建设工程文件归档整理规范》(GB/T 50328—2001),监理文件有10大类27个,要求在不同的单位归档保存,现分述如下:

(1)监理一般性文件

① 监理规划(建设单位长期保存,监理单位短期保存,送城建档案管理部门保存);

② 监理实施细则(建设单位长期保存,监理单位短期保存,送城建档案管理部门保存);

③ 监理部总控制计划等(建设单位长期保存,监理单位短期保存)。

(2)监理月报中的有关质量问题

建设单位长期保存,监理单位长期保存,送城建档案管理部门保存。

(3)监理会议纪要中的有关质量问题

建设单位长期保存,监理单位长期保存,送城建档案管理部门保存。

(4)进度控制

① 工程开工/复工审批表(建设单位长期保存,监理单位长期保存,送城建档案管理部门保存);

② 工程开工/复工暂停令(建设单位长期保存,监理单位长期保存,送城建档案管理部门保存)。

(5)质量控制

① 不合格项目通知(建设单位长期保存,监理单位长期保存,送城建档案管

理部门保存）；

② 质量事故报告及处理意见（建设单位长期保存，监理单位长期保存，送城建档案管理部门保存）。

(6) 造价控制

① 预付款报审与支付（建设单位短期保存）；

② 月付款报审与支付（建设单位短期保存）；

③ 设计变更、洽商费用报审与签认（建设单位长期保存）；

④ 工程竣工决算审核意见书（建设单位长期保存，送城建档案管理部门保存）。

(7) 分包资质

① 分包单位资质材料（建设单位长期保存）；

② 供货单位资质材料（建设单位长期保存）；

③ 试验等单位资质材料（建设单位长期保存）。

(8) 监理通知

① 有关进度控制的监理通知（建设单位、监理单位长期保存）；

② 有关质量控制的监理通知（建设单位、监理单位长期保存）；

③ 有关造价控制的监理通知（建设单位、监理单位长期保存）。

(9) 合同与其他事项管理

① 工程延期报告及审批（建设单位永久保存，监理单位长期保存，送城建档案管理部门保存）；

② 费用索赔报告及审批（建设单位、监理单位长期保存）；

③ 合同争议、违约报告及处理意见（建设单位永久保存，监理单位长期保存，送城建档案管理部门保存）；

④ 合同变更材料（建设单位、监理单位长期保存，送城建档案管理部门保存）。

(10) 监理工作总结

① 专题总结（建设单位长期保存，监理单位短期保存）；

② 月报总结（建设单位长期保存，监理单位短期保存）；

③ 工程竣工总结（建设单位、监理单位长期保存，送城建档案管理部门保存）；

④ 质量评估报告（建设单位、监理单位长期保存，送城建档案管理部门保存）。

[问一问]
工程监理文件档案资料由谁主持整理归档？

(三) 监理文件档案资料借阅、更改与作废

项目监理部存放的文件和档案原则上不得外借，如政府部门、建设单位或施工单位确有需要，应经过总监理工程师或其授权的监理工程师同意，并在信息管理部门办理借阅手续。

监理文件档案的更改应由原制定部门相应责任人执行，涉及审批程序的，由原审批责任人执行。若指定其他责任人进行更改和审批时，新责任人必须获得

所依据的背景资料。监理文件档案更改后,由信息管理部门填写监理文件档案更改通知单,并负责发放新版本文件。

发放过程中必须保证项目参建单位中所有相关部门都得到相应文件的有效版本。文件档案换发新版时,应由信息管理部门负责将原版本收回作废。考虑到日后有可能出现追溯需求,信息管理部门可以保存作废文件的样本以备查阅。

四、监理文件的组成

1. 监理文件的组成

按照时间的先后可以为:监理大纲、监理规划、监理细则、监理日记、监理例会(专题)纪要、监理月报、工程质量评估报告、监理工作总结。

按照文件的作用可分为:纲要性文件:监理大纲;指导性文件:监理规划;实施性文件:监理细则;记载性文件:旁站记录、监理日记、监理例会(专题)纪要、监理月报;结论性文件:工程质量评估报告;总结性文件:监理工作总结。

2. 监理文件之间的层次及相互关系

大致上可分为三个层面:(1)战略(纲要)层:监理大纲;(2)指导层:监理规划;(3)操作(实施层):监理细则、旁站记录、监理日记、监理例会(专题)纪要、监理月报、工程质量评估报告、监理工作总结、旁站监理方案。

监理大纲是监理单位为取得工程监理工作在工程实施前编制的,是向建设单位(项目业主)表明如何规范化开展监理工作的纲要性、前提性文件,是监理规划编制的重要依据。

监理规划是工程开始监理前编制的,是对实施监理工作作出的全面的指导性文件,是监理细则编制的依据。

监理细则是专业工程开始施工前,针对专业工程特点、控制要点而编制的监理实施性文件。

[想一想]

1. 什么叫监理文件?
2. 项目监理文件有哪些组成?
3. 监理大纲、监理规划、监理实施细则三者之间的关系如何?

表6-1 大纲、规划、细则三者之间的关系

区别	监理大纲	监理规划	监理细则
编制人(负责人)	监理单位经营部门或技术管理部门	总监理工程师主持	专业监理工程师编写
编制时间	投标时	签订合同后	项目监理组织建立后
作用	为承揽到监理业务	指导项目监理机构全面开展监理工作	指导本专业具体监理业务
编制对象	整个项目监理工作	整个项目监理工作	专业监理工作

监理大纲、监理规划、监理实施细则是相互关联的,都是建设工程监理工作文件的组成部分,它们之间存在着明显的依据性关系。在编写监理规划时,一定要严格根据监理大纲的有关内容来编写;在制定监理实施细则时,一定要在监理规划的指导下进行。

一般来说,监理单位开展监理活动应当编制以上工作文件。但这也不是一

成不变的,就像工程设计一样,对于简单的监理活动只编写监理实施细则就可以了。而有些建设工程也可以制定较详细的监理规划,而不再编写监理实施细则。

第二节　建设工程监理大纲

一、监理大纲的编制目的和作用

监理大纲又称监理方案。是监理企业在业主开始委托监理的过程中,特别是在业主进行监理招标过程中,为承揽到监理业务而编写的监理方案性文件。既为获得业主认可,同时又是实施监理前编制监理规划的前期框架性文件。

其作用主要为:
(1)是使业主认可监理大纲中的监理方案,从而承揽到监理业务。
(2)为项目监理机构今后开展监理工作提供了基本方案。

二、编写监理大纲的准备工作

1. 编制依据

依据业主所发布的监理招标文件施工图设计文件的要求而制定,并符合监理大纲的编写格式及内容要求。

2. 编制人

应当是监理企业经营部门或技术主管部门,也应当包括拟定的总监理工程师。这样有利于中标监理后,便于总监理工程师主持编制监理规划,并实施监理。

三、监理大纲的主要内容

1. 拟派往项目监理机构的监理人员情况介绍

在监理大纲中,监理单位需要介绍拟派往所承揽或投标工程的项目监理机构的主要监理人员,并对他们的资格情况进行说明。其中,应该重点介绍拟派往投标工程的项目总监理工程师的情况,这往往决定承揽监理业务的成败。

2. 拟采用的监理方案

监理单位应当根据业主所提供的工程信息,并结合自己为投标所初步掌握的工程资料,制订出拟采用的监理方案。监理方案的具体内容包括:项目监理机构的方案、建设工程三大目标的具体控制方案、工程建设各种合同的管理方案、项目监理机构在监理过程中进行组织协调的方案等。

3. 将提供给业主的监理阶段性文件

在监理大纲中,监理单位还应该明确未来工程监理工作中向业主提供的阶段性的监理文件。这将有助于满足业主掌握工程建设过程的需要,有利于监理单位顺利承揽该建设工程的监理业务。

4. 监理工作方法及措施

原则性阐述监理工作"如何做"。土建安装举例如下:

(1)各专业施工工艺过程的质量控制,每项工程质量控制要点及采取的相应的控制手段;
(2)工序的交接验收;
(3)隐蔽工程检查验收;
(4)工程变更和处理;
(5)设计变更和技术核定的处理;
(6)工程质量事故的处理;
(7)行使质量监督权;
(8)组织现场质量协调会。
其他:监理工作制度、监理设施等主要内容。

四、监理大纲样本

见附录Ⅱ各类监理文件样本之一。

第三节 建设工程监理规划

监理规划是监理单位接受建设单位委托并签订委托监理合同之后,由项目总监理工程师的主持,根据委托监理合同,在监理大纲的基础上,结合工程实际,广泛收集工程信息和资料的情况下制定。经监理单位技术负责人批准,用来指导项目监理机构全面开展监理工作的指导性文件。

一、监理规划的作用

(一)指导项目监理机构全面开展监理工作

监理规划的基本作用就是指导项目监理机构全面开展监理工作,建设工程监理的中心目的是协助业主实现建设工程的总目标。实现建设工程总目标是一个系统的过程。它需要制订计划,建立组织,配备合适的监理人员,进行有效的领导,实施工程的目标控制。只有系统地做好上述工作,才能完成建设工程监理的任务,实施目标控制。在实施建设监理的过程中。监理单位要集中精力做好目标控制工作。因此,监理规划需要对项目监理机构开展的各项监理工作做出全面、系统的组织和安排。它包括确定监理工作目标,制定监理工作程序,确定目标控制、合同管理、信息管理、组织协调等各项措施和确定各项工作的方法和手段。

(二)监理规划是建设监理主管机构对监理单位监督管理的依据

政府建设监理主管机构对建设工程监理单位要实施监督、管理和指导,对其人员素质、专业配套和建设工程监理业绩要进行核查和考评以确认其资质和资质等级,以使我国整个建设工程监理行业能够达到应有的水平。要做到这一点,除了进行一般性的资质管理工作之外,更为重要的是通过监理单位的实际监理工作来认定它的水平。而监理单位的实际水平可从监理规划和它的实施中充分

[想一想]
1. 编制监理大纲有什么目的?
2. 监理大纲的作用有哪些?
3. 监理大纲的内容包括什么?

[想一想]
监理规划有哪些作用?

地表现出来。因此,政府建设监理主管机构对监理单位进行考核时,应当十分重视对监理规划的检查,也就是说,监理规划是政府建设监理主管机构监督、管理和指导监理单位开展监理活动的重要依据。

(三)监理规划是业主确认监理单位履行合同的主要依据

监理单位如何履行监理合同,如何落实业主委托监理单位所承担的各项监理服务工作,作为监理的委托方,业主不但需要而且应当了解和确认监理单位的工作。同时,业主有权监督监理单位全面、认真执行监理合同。而监理规划正是业主了解和确认这些问题的最好资料,是业主确认监理单位是否履行监理合同的主要说明性文件。监理规划应当能够全面而详细地为业主监督监理合同的履行提供依据。实际上,监理规划的前期文件,即监理大纲。是监理规划的框架性文件。而且,经由谈判确定的监理大纲应当纳入监理合同的附件之中,成为监理合同文件的组成部分。

(四)监理规划是监理单位内部考核的依据和重要的存档资料

从监理单位内部管理制度化、规范化、科学化的要求出发,需要对各项目监理机构(包括总监理工程师和专业监理工程师)的工作进行考核,其主要依据就是经过内部主管负责人审批的监理规划。通过考核,可以对有关监理人员的监理工作水平和能力作出客观、正确的评价,从而有利于今后在其他工程上更加合理地安排监理人员,提高监理工作效率。

从建设工程监理控制的过程可知,监理规划的内容必然随着工程的进展而逐步调整、补充和完善。它在一定程度上真实地反映了一个建设工程监理工作的全貌,是最好的监理工作过程记录。因此,它是每一家工程监理单位的重要存档资料。

二、监理规划的编制

1. 监理规划的编制应针对项目的实际情况,明确项目监理机构的工作目标,确定具体的监理工作制度、程序、方法和措施,并应具有可操作性。

2. 监理规划编制的程序与依据应符合下列规定:

(1)监理规划应在签订委托监理合同及收到设计文件后开始编制,完成后必须经监理单位技术负责人审核批准,并应在召开第一次工地会议前报送建设单位。

[问一问]
监理规划的编制依据是什么?

(2)监理规划应由总监理工程师主持、专业监理工程师参加编制。

(3)编制监理规划应依据:

① 建设工程的相关法律、法规及项目审批文件;

② 与建设工程项目有关的标准、设计文件、技术资料;

③ 监理大纲、委托监理合同文件以及与建设工程项目相关的合同文件。

三、监理规划的内容

建设工程监理规划应将委托监理合同中规定的监理单位承担的责任及监理

任务具体化,并在此基础上制定实施监理的具体措施。

施工阶段建设工程监理规划通常包括以下内容:

(一)建设工程概况

建设工程的概况部分主要编写以下内容:

(1)建设工程名称;

(2)建设工程地点;

(3)建设工程组成及建筑规模;

(4)主要建筑结构类型;

(5)预计工程投资总额。预计工程投资总额可以按以下两种费用编列:

① 建设工程投资总额;

② 建设工程投资组成简表。

(6)建设工程计划工期。可以以建设工程的计划持续时间或以建设工程开、竣工的具体日历时间表示;

① 以建设工程的计划持续时间表示:建设工程计划工期为"××个月"或"×××天";

② 以建设工程的具体日历时间表示:建设工程计划工期由××××年××月××日至××××年××月××日。

(7)工程质量要求。应具体提出建设工程的质量目标要求;

(8)建设工程设计单位及施工单位名称;

(9)建设工程项目结构图与编码系统。

(二)监理工作范围

监理工作范围是指监理单位所承担的监理任务的工程范围。如果监理单位承担全部建设工程的监理任务,监理范围为全部建设工程,否则应按监理单位所承担的建设工程的建设标段或子项目划分确定建设工程监理范围。

(三)监理工作内容

1. 建设工程立项阶段建设监理工作的主要内容

(1)协助业主准备工程报建手续;

(2)可行性研究咨询/监理;

(3)技术经济论证;

(4)编制建设工程投资匡算。

2. 设计阶段建设监理工作的主要内容

(1)结合建设工程特点,收集设计所需的技术经济资料;

(2)编写设计要求文件;

(3)组织建设工程设计方案竞赛或设计招标,协助业主选择好勘察设计单位;

(4)拟定和商谈设计委托合同内容;

(5)向设计单位提供设计所需的基础资料;

[做一做]
请认真阅读附录Ⅱ之二,熟悉监理规划的主要内容。

(6)配合设计单位开展技术经济分析,搞好设计方案的比选、优化设计;
(7)配合设计进度,组织设计单位与有关部门,如消防、环保、土地、人防、防汛、园林以及供水、供电、供气、供热、电信等部门的协调工作;
(8)组织各设计单位之间的协调工作;
(9)参与主要设备、材料的选型;
(10)审核工程估算、概算、施工图预算;
(11)审核主要设备、材料清单;
(12)审核工程设计图纸;
(13)检查和控制设计进度;
(14)组织设计文件的报批。

3. 施工招标阶段建设监理工作的主要内容
(1)拟订建设工程施工招标方案并征得业主同意;
(2)准备建设工程施工招标条件;
(3)办理施工招标申请;
(4)编写施工招标文件;
(5)标底经业主认可后,报送所在地方建设主管部门审核;
(6)组织建设工程施工招标工作;
(7)组织现场勘察与答疑会,回答投标人提出的问题;
(8)组织开标、评标及定标工作;
(9)协助业主与中标单位商签施工合同。

4. 材料、设备采购供应的建设监理工作主要内容
对于由业主负责采购供应的材料、设备等物资,监理工程师应负责制订计划,监督合同的执行和供应工作。具体内容包括:
(1)制订材料、设备供应计划和相应的资金需求计划;
(2)通过质量、价格、供货期、售后服务等条件的分析和比选,确定材料、设备等物资的供应单位;
重要设备尚应访问现有使用用户,并考察生产单位的质量保证体系。
(3)拟定并商签材料、设备的订货合同;
(4)监督合同的实施,确保材料,设备的及时供应。

5. 施工准备阶段建设监理工作的主要内容
(1)审查施工单位选择的分包单位的资质;
(2)监督检查施工单位质量保证体系及安全技术措施,完善质量管理程序与制度;
(3)参加设计单位同施工单位的技术交底;
(4)审查施工单位上报的实施性施工组织设计,重点对施工方案、劳动力、材料、机械设备的组织及保证工程质量、安全、工期和控制造价等方面的措施进行监督,并向业主提出监理意见;
(5)在单位工程开工前检查施工单位的复测资料,特别是两个相邻施工单位

之间的测量资料、控制桩橛是否交接清楚,手续是否完善,质量有无问题,并对贯通测量、中线及水准桩的设置、固桩情况进行审查;

(6)对重点工程部位的中线、水平控制进行复查;

(7)监督落实各项施工条件,审批一般单项工程、单位工程的开工报告,并报业主备查。

6. 施工阶段建设监理工作的主要内容

(1)施工阶段的质量控制

① 对所有的隐蔽工程在进行隐蔽以前进行检查和办理签证,对重点工程要派监理人员驻点跟踪监理。签署重要的分项工程、分部工程和单位工程质量评定表;

② 对施工测量、放样等进行检查,对发现的质量问题应及时通知施工单位纠正,并做好监理记录;

③ 检查确认运到现场的工程材料、构件和设备质量,并应查验试验、化验报告单、出厂合格证是否齐全、合格,监理工程师有权禁止不符合质量要求的材料、设备进入工地和投入使用;

④ 监督施工单位严格按照施工规范、设计图纸要求进行施工,严格执行施工合同;

⑤ 对工程主要部位、主要环节及技术复杂工程加强检查;

⑥ 检查施工单位的工程自检工作,数据是否齐全,填写是否正确,并对施工单位质量评定自检工作作出综合评价;

⑦ 对施工单位的检验测试仪器、设备、度量衡定期检验,不定期地进行抽验,保证度量资料的准确;

⑧ 监督施工单位对各类土木和混凝土试件按规定进行检查和抽查;

⑨ 监督施工单位认真处理施工中发生的一般质量事故,并认真做好监理记录;

⑩ 对大、重大质量事故以及其他紧急情况,应及时报告业主。

(2)施工阶段的进度控制

① 监督施工单位严格按施工合同规定的工期组织施工;

② 对控制工期的重点工程,审查施工单位提出的保证进度的具体措施。如发生延误,应及时分析原因,采取对策;

③ 建立工程进度台账,核对工程形象进度,按月、季向业主报告施工计划执行情况、工程进度及存在的问题。

(3)施工阶段的投资控制

① 审查施工单位申报的月、季度计量报表,认真核对其工程数量,不超计、不漏计,严格按合同规定进行计量支付签证;

② 保证支付签证的各项工程质量合格、数量准确;

③ 建立计量支付签证台账,定期与施工单位核对清算;

④ 按业主授权和施工合同的规定审核变更设计。

7. 施工验收阶段建设监理工作的资料管理

(1)督促、检查施工单位及时整理竣工文件和验收资料,受理单位工程竣工验收报告,提出监理意见;

(2)根据施工单位的竣工报告,提出工程质量检验报告;

(3)组织工程预验收,参加业主组织的竣工验收。

8. 建设监理合同管理工作的主要内容

(1)拟定本建设工程合同体系及合同管理制度,包括合同草案的拟定、会签、协商、修改、审批、签署、保管等工作制度及流程;

(2)协助业主拟定工程的各类合同条款,并参与各类合同的商谈;

(3)合同执行情况的分析和跟踪管理;

(4)协助业主处理与工程有关的索赔事宜及合同争议事宜。

9. 委托的其他服务

监理单位及其监理工程师受业主委托,还可承担以下几方面的服务:

(1)协助业主准备工程条件,办理供水、供电、供气、电信线路等申请或签订协议;

(2)协助业主制订产品营销方案;

(3)为业主培训技术人员。

(四)监理工作目标

建设工程监理目标是指监理单位所承担的建设工程的监理控制预期达到的目标。通常以建设工程的投资、进度、质量三大目标的控制值来表示。

1. 投资控制目标

以_____年预算为基价,静态投资为__万元(或合同价为__万元)。

2. 工期控制目标

____个月或自××××年××月××日至××××年××月××日。

3. 质量控制目标

建设工程质量合格及业主的其他要求。监理工作依据:

(1)工程建设方面的法律、法规;

(2)政府批准的工程建设文件;

(3)建设工程监理合同;

(4)其他建设工程合同。

(五)项目监理机构的组织形式

项目监理机构的组织形式应根据建设工程监理要求选择。

项目监理机构可用组织结构图表示。

(六)项目监理机构的人员配备计划

项目监理机构的人员配备应根据建设工程监理的进程合理安排。

(七)项目监理机构的人员岗位职责

略。

(八)监理工作程序

监理工作程序比较简单明了的表达方式是监理工作流程图。一般可对不同的监理工作内容分别制定监理工作程序,例如:

(1)分包单位资质审查基本程序;

(2)工程延期管理基本程序;

(3)工程暂停及复工管理的基本程序。

(九)监理工作方法及措施

建设工程监理控制目标的方法与措施应重点围绕投资控制、进度控制、质量控制这三大控制任务展开。

1. 投资控制目标方法与措施

(1)投资目标分解

① 按建设工程的投资费用组成分解;

② 按年度、季度分解;

③ 按建设工程实施阶段分解;

④ 按建设工程组成分解。

(2)投资使用计划(可列表编制)

(3)投资目标实现的风险分析

(4)投资控制的工作流程与措施

① 工作流程图;

② 投资控制的具体措施。

投资控制的组织措施:建立健全项目监理机构,完善职责分工及有关制度,落实投资控制的责任;投资控制的技术措施;在设计阶段,推行限额设计和优化设计;在招标投标阶段,合理确定标底及合同价;对材料、设备采购,通过质量价格比选,合理确定生产供应单位;在施工阶段,通过审核施工组织设计和施工方案,使组织施工合理化。

投资控制的经济措施:及时进行计划费用与实际费用的分析比较。对原设计或施工方案提出合理化建议并被采用。由此产生的投资节约按合同规定予以奖励。

投资控制的合同措施:按合同条款支付工程款,防止过早、过量的支付。减少施工单位的索赔,正确处理索赔事宜等。

(5)投资控制的动态比较

① 投资目标分解值与概算值的比较;

② 概算值与施工图预算值的比较;

③ 合同价与实际投资的比较。

(6)投资控制表格

2. 进度控制目标方法与措施

(1)工程总进度计划

(2)总进度目标的分解

① 年度、季度进度目标；
② 各阶段的进度目标；
③ 各子项目进度目标。
(3) 进度目标实现的风险分析
(4) 进度控制的工作流程与措施
① 工作流程图；
② 进度控制的具体措施。

进度控制的组织措施：落实进度控制的责任，建立进度控制协调制度。

进度控制的技术措施：建立多级网络计划体系，监控承建单位的作业实施计划。

进度控制的经济措施：对工期提前者实行奖励；对应急工程实行较高的计件单价；确保资金的及时供应等。

进度控制的合同措施：按合同要求及时协调有关各方的进度，以确保建设工程的形象进度。

(5) 进度控制的动态比较
① 进度目标分解值与进度实际值的比较；
② 进度目标值的预测分析。
(6) 进度控制表格
略。

3. 质量控制目标方法与措施
(1) 质量控制目标的描述
① 设计质量控制目标；
② 材料质量控制目标；
③ 设备质量控制目标；
④ 土建施工质量控制目标；
⑤ 设备安装质量控制目标；
⑥ 其他说明。
(2) 质量目标实现的风险分析
(3) 质量控制的工作流程与措施
① 工作流程图；
② 质量控制的具体措施。

质量控制的组织措施：建立健全项目监理机构，完善职责分工，制定有关质量监督制度，落实质量控制责任。

质量控制的技术措施：协助完善质量保证体系；严格事前、事中和事后的质量检查监督。

质量控制的经济措施及合同措施：严格质检和验收，不符合合同规定质量要求的拒付工程款；达到业主特定质量目标要求的，按合同支付质量补偿金或奖金。

(4)质量目标状况的动态分析

(5)质量控制表格

4. 合同管理的方法与措施

(1)合同结构。可以以合同结构图的形式表示

(2)合同目录一览表

(3)合同管理的工作流程与措施

① 工作流程图;

② 合同管理的具体措施。

(4)合同执行状况的动态分析

(5)合同争议调解与索赔处理程序

(6)合同管理表格

5. 信息管理的方法与措施

(1)信息分类表

(2)机构内部信息流程图

(3)信息管理的工作流程与措施

① 工作流程图;

② 信息管理的具体措施。

(4)信息管理表格

6. 组织协调的方法与措施

(1)与建设工程有关的单位

① 建设工程系统内的单位:主要有业主、设计单位、施工单位、材料和设备供应单位、资金提供单位等;

② 建设工程系统外的单位:主要有政府建设行政主管机构、政府其他有关部门、工程毗邻单位、社会团体等。

(2)协调分析

① 建设工程系统内的单位协调重点分析;

② 建设工程系统外的单位协调重点分析。

(3)协调工作程序

① 投资控制协调程序;

② 进度控制协调程序;

③ 质量控制协调程序;

④ 其他方面工作协调程序。

(4)协调工作表格

略。

(十)监理工作制度

1. 施工招标阶段

(1)招标准备工作有关制度;

(2)编制招标文件有关制度;

(3)标底编制及审核制度；
(4)合同条件拟定及审核制度；
(5)组织招标实务有关制度等。

2. 施工阶段
(1)设计文件、图纸审查制度；
(2)施工图纸会审及设计交底制度；
(3)施工组织设计审核制度；
(4)工程开工申请审批制度；
(5)工程材料,半成品质量检验制度；
(6)隐蔽工程分项(部)工程质量验收制度；
(7)单位工程、单项工程总监验收制度；
(8)设计变更处理制度；
(9)工程质量事故处理制度；
(10)施工进度监督及报告制度；
(11)监理报告制度；
(12)工程竣工验收制度；
(13)监理日志和会议制度。

3. 项目监理机构内部工作制度
(1)监理组织工作会议制度；
(2)对外行文审批制度；
(3)监理工作日志制度；
(4)监理周报、月报制度；
(5)技术、经济资料及档案管理制度；
(6)监理费用预算制度。

(十一)监理设施

业主提供满足监理工作需要如下设施：
(1)办公设施；
(2)交通设施；
(3)通信设施；
(4)生活设施。

根据建设工程类别、规模、技术复杂程度、建设工程所在地的环境条件,按委托监理合同的约定,配备满足监理工作需要的常规检测设备和工具。

在监理工作实施过程中,如实际情况或条件发生重大变化而需要调整监理规划时,应由总监理工程师组织专业监理工程师研究修改,按原报审程序经过批准后报建设单位。

监理规划要随工程项目展开进行不断地补充、修改和完善。

四、监理规划参考样本

见附录Ⅱ各类监理文件样本之二。

五、建设工程监理规划的审核

建设工程监理规划在编写完成后需要进行审核并经批准,监理单位的技术主管部门是内部审核单位,其负责人应当签认。监理规划审核的内容主要包括以下几个方面:

(一)监理范围、工作内容及监理目标的审核

依据监理招标文件和委托监理合同,看其是否理解了业主对该工程的建设意图,监理范围、监理工作内容是否包括了全部委托的工作任务。监理目标是否与合同要求和建设意图相一致。

(二)项目监理机构结构的审核

1. 组织机构

在组织形式、管理模式等方面是否合理,是否结合了工程实施的具体特点;是否能够与业主的组织关系和承包方的组织关系相协调等。

2. 人员配备

人员配备方案应从以下几个方面审查:

(1)派驻监理人员的专业满足程度。应根据工程特点和委托监理任务的工作范围审查。不仅考虑专业监理工程师如土建监理工程师、机械监理工程师等能否满足开展监理工作的需要,而且还要看其专业监理人员是否覆盖了工程实施过程中的各种专业要求,以及高、中级职称和年龄结构的组成。

(2)人员数量的满足程度。主要审核从事监理工作人员在数量和结构上的合理性。按照我国已完成监理工作的工程资料统计测算,在施工阶段,大中型建设工程每年完成100万元人民币的工程量所需监理人员为0.6～1人,专业监理工程师、一般监理人员和行政文秘人员的结构比例为0.2∶0.6∶0.2。专业类别较多的工程的监理人员数量应适当增加。

(3)专业人员不足时采取的措施是否恰当。大中型建设工程由于技术复杂、涉及的专业面宽,当监理单位的技术人员不足以满足全部监理工作要求时,对拟临时聘用的监理人员的综合素质应认真审核。

(4)派驻现场人员计划表。对于大中型建设工程,不同阶段对监理人员人数和专业等方面的要求不同,应对各阶段所派驻现场监理人员的专业、数量计划是否与建设工程的进度计划相适应进行审核。还应平衡正在其他工程上执行监理业务的人员,是否能按照预定计划进入本工程参加监理工作。

(三)工作计划审核

在工程进展中各个阶段的工作实施计划是否合理、可行,审查其在每个阶段中如何控制建设工程目标以及组织协调的方法。

(四)投资、进度、质量控制方法的审核

对三大目标的控制方法和措施应重点审查,看其如何应用组织、技术、经济、合同措施保证目标的实现,方法是否科学、合理、有效。监理工作制度审核主要

[想一想]
1. 监理规划在什么时间进行编写?
2. 监理规划由谁来主持编写?
3. 监理规划的内容有哪些?

审查监理的内、外工作制度是否健全。

第四节 建设工程监理实施细则

监理实施细则又简称细则,其与监理规划的关系可以比作施工图设计与初步设计的关系。也就是说,监理实施细则是在监理规划的基础上,由项目监理机构的专业监理工程师针对建设工程中某一专业或某一方面的监理工作编写,并经总监理工程师批准实施的操作性文件。

一、监理实施细则的编制

1. 编制原则

（1）对中型及以上或专业性较强的工程项目,项目监理机构应编制监理实施细则。

（2）对采用新工艺、新材料、新技术或特殊结构的工程项目,宜编制监理实施细则。

（3）对工程项目施工中某一专业的重要的、关键性部门或重要的施工步骤,专业监理工程师应将监理人员应采取的措施编写成监理实施细则。

2. 编制程序与依据

（1）实施细则应在相应工程施工开始前编制完成,并必须经总监理工程师批准。

（2）监理实施细则应由专业监理工程师编制。

（3）编制监理实施细则的依据：

① 已批准的监理规划；

② 与专业工程相关的标准、设计文件和技术资料；

③ 施工组织设计。

二、监理实施细则的内容

监理实施细则应包括下列主要内容：

1. 专业工程的特点；
2. 监理工作的流程；
3. 监理控制要点及目标值；
4. 监理工作的方法及措施。

在监理工作实施过程中,监理实施细则也要根据实际情况的变化进行修改、补充和完善。

[想一想]

1. 为什么要编写监理细则？

2. 监理细则编制有哪些程序？

3. 监理细则主要内容有哪些？

三、监理实施细则参考样本

见附录Ⅱ各类监理文件样本之三。

第五节　其他监理文件

一、监理日记

监理日记是项目监理机构有关人员对当日工程施工中发生的有关质量、进度、材料检验等事项做出的记录。监理日记是监理资料中重要的组成部分，是工程实施过程中最真实的工作证据，是记录人素质、能力和技术水平的体现。监理日记的内容必须保证真实、全面，充分体现参建各方合同的履行程度。

监理日记由专业监理工程师和监理员书写，监理日记和施工日记一样，都是反映工程施工过程的实录，一个同样的施工行为，往往两本日记可能记载有不同的结论，事后在工程发现问题时，日记就起了重要的作用。因此，认真、及时、真实、详细、全面地做好监理日记，对发现问题，甚至仲裁、起诉都有作用。

监理日记有不同角度的记录，项目总监理工程师可以指定一名监理工程师对项目每天总的情况进行记录。通称为项目监理日志；专业监理工程师可以从专业的角度进行记录；监理员可以从负责的单位工程、分部工程、分项工程的具体部位施工情况进行记录，侧重点不同，记录的内容、范围也不同。项目监理日记主要内容有：

(1) 当日材料、构配件、设备、人员变化的情况；

(2) 当日施工的相关部位、工序的质量、进度情况；材料使用情况；抽查、复检情况；

(3) 施工程序执行情况；人员、设备安排情况；

(4) 当日监理工程师发现的问题及处理情况；

(5) 当日进度执行情况；索赔(工期、费用)情况；安全文明施工情况；

(6) 有争议的问题，各方的相同、不同意见，协调情况；

(7) 天气、温度的情况，天气、温度对某些工序质量的影响和采取措施与否；

(8) 承包单位提出的问题，监理人员的答复等。

[想一想]
1. 监理日记应由谁来记录？
2. 项目监理日记主要内容是什么？

监理日记应逐日书写，并应在当天下班前完成。总监理工程师应及时进行审阅，阅后签字。见附录Ⅱ各类监理文件样本之四。

二、监理例会(工地会议)纪要

(一)第一次工地例会

第一次工地例会是参与工程施工的建设单位、监理单位、施工单位在工程开始施工前由建设单位主持召开的第一次工地会议。主要内容有：

1. 建设单位、施工单位和监理单位分别介绍各自驻现场的组织机构、人员及其分工；

2. 建设单位根据委托监理合同宣布对总监理工程师的授权；

3. 建设单位介绍开工准备情况；
4. 施工单位介绍施工准备情况；
5. 建设单位和总监理工程师对施工准备情况提出意见和要求；
6. 总监理工程师介绍监理规划的主要内容；
7. 研究确定各方在施工过程中参加工地例会的主要人员、召开工地例会的周期、地点及主要议题；
8. 第一次工地例会纪要应由项目监理机构负责起草并与各方代表会签。

(二) 监理例会会议

监理例会是由项目监理机构主持的，在工程实施过程中针对工程质量、造价、进度、合同管理等事宜定期召开的，又由有关单位参加的会议。是履约各方沟通情况，交流信息、协调处理、研究解决合同履行中存在的各方面问题的主要协调方式。会议纪要由项目监理机构根据会议记录整理，主要内容包括：

1. 会议地点及时间。
2. 会议主持人。
3. 与会人员姓名、单位、职务。
4. 会议主要内容、决议事项及其负责落实单位、负责人和时限要求。
(1) 检查上次例会议定事项的落实情况；
(2) 检查分析工程项目进度计划完成情况；
(3) 确定下一阶段进度目标及实现目标的措施；
(4) 材料、构配件和设备供应情况及存在的质量问题；
(5) 工程质量和技术问题、分包单位的管理协调、工程变更问题；
(6) 施工安全、环保等问题及整改情况；
(7) 其他与工程项目有关事宜。
5. 其他事项。

例会上意见不一致的重大问题，应将各方的主要观点，特别是相互对立的意见记入"其他事项"中。会议纪要的内容应准确如实，简明扼要，经总监理工程师审阅，与会各方代表会签，发至合同有关各方，并应有签收手续。

(三) 专题工地会议纪要

专题工地会议是为解决工程施工中某一专门问题而组织召开的工地会议。

专题工地会议由总监理工程师根据工作需要组织召开，建设单位、施工单位提出建议，总监理工程师审定同意后也可以召开。

专题工地会议由总监理工程师或其授权的专业监理工程师主持，各有关单位的有关人员参加。

专题会议应做好会议记录，并由项目监理机构整理成专题工地会议纪要，决议事项应落实责任单位、责任人和时限要求。

[做一做]

请列出项目监理例会的形式。

专题工地会议纪要由与会各方代表会签后印发到有关各方。

监理例会会议纪要样本见附录Ⅱ各类监理文件样本之五。

三、监理月报

监理月报是项目监理机构按照一定的时间(月)将期间开展的主要监理工作、成效、建议等内容归纳总结,以文字形式形成的报告。

监理月报由项目监理机构的总监理工程师组织编写,项目监理机构全体人员分工负责编写,最后由总监理工程师审核签发。

监理月报一式两份,经总监理工程师签字并加盖公司印章后,一份由项目监理机构作为监理资料存档;另一份报建设单位,送报时间由监理单位和建设单位协商确定。

编制时间一般为上月 26 日到本月 25 日(即收到承包单位项目经理部送来的工程进度,汇总了本月已完工程量和本月计划完成工程量的工程量表、工程款支付申请表等相关资料后)。并在最短的时间内提交,大约在 5~7 天。

(一)监理月报编制依据

1.《建设工程监理规范》(GB50319—2000);
2. 工程质量验收系列规范、规程和技术标准;
3. 监理单位的有关规定。

(二)监理月报的内容

根据建设工程规模大小决定汇总内容的详细程度。施工阶段的监理月报应包括以下内容:

1. 工程概况

(1)工程基本情况

建筑工程:工程名称、工程地点、建设单位、勘察单位、设计单位、质监单位、建筑类型、建筑面积、檐口高度(或总高度)、结构类型、层数(地上、地下)、总平面示意图等。

市政、公用工程:工程名称、工程地点、建设单位、施工单位、设计单位、工程内容(道路、桥梁、各类管线、场站等)、工程规模(道路长度、面积、桥梁总长度、跨度、面积、管线管径、长度等)、工程等级、工程示意图等。

合同情况:合同约定质量、工期目标、合同价格等。

(2)施工基本情况

本期在施形象部位及施工项目。

施工中主要问题等。

2. 工程进度

(1)工程实际完成情况与总进度计划比较;
(2)本月实际完成情况与计划进度比较;
(3)本月工、料、机动态;
(4)对进度完成情况的分析(含停工、复工情况);
(5)本月采取的措施及效果;
(6)本月在施部位工程照片。

3. 工程质量

(1)分项工程和检验批质量验收情况(部位、施工单位自检、监理单位签认、一次验收合格率等);

(2)分部(子分部)工程质量验收情况;

(3)主要施工实验情况(如钢筋连接、混凝土试块强度、砌筑砂浆强度以及暖、卫、电气、通风空调施工实验等);

(4)工程质量问题;

(5)工程质量情况分析;

(6)本月采取的措施及效果。

4. 工程计量与工程款支付

(1)工程量审核情况;

(2)工程款审批情况及支付情况;

(3)工程款支付情况分析;

(4)工程款到位情况分析;

(5)本月采取的措施及效果。

5. 构配件与设备

(1)采购、供应、进场及质量情况;

(2)对供应厂家资质的考察情况。

6. 合同其他事项的处理情况

(1)工程变更(主要内容、数量等);

(2)工程延期(申请报告主要内容及审批情况);

(3)费用索赔(次数、数量、原因、审批情况)。

7. 本月监理工作小结

(1)对本月进度、质量、工程款支付等方面情况的综合评价;

(2)本月监理工作情况;

(3)有关本工程的建议和意见;

(4)下月监理工作的重点。

有些监理单位还加入了①承包单位、分包单位机构、人员、设备、材料购配件变化;②天气、温度、其他原因对施工的影响情况;③工程项目监理部机构、人员变动情况等的动态数据,使月报更能反映不同工程当月施工实际情况。

监理月报的样本见附录Ⅱ各类监理文件样本之六。

[想一想]
1. 监理月报的编写目的是什么?
2. 监理月报的作用和意义有哪些?
3. 监理月报的基本内容是什么?

四、监理工作总结

监理总结有工程竣工总结、专题总结、月报总结三类,按照《建设工程文件归档整理规范》的要求,三类总结在建设单位都属于要长期保存的归档文件,专题总结和月报总结在监理单位是短期保存的归档文件。而工程竣工总结属于要报送城建档案管理部门的监理归档文件。

工程竣工的监理总结内容如下:

[想一想]
1. 监理总结有哪几类?
2. 监理总结的内容有哪些?

(1)工程概况;
(2)监理组织机构、监理人员和投入的监理设施;
(3)监理合同履行情况;
(4)监理工作成效;
(5)施工过程中出现的问题及其处理情况和建议(该内容为总结的要点,主要内容有质量问题、质量事故、合同争议、违约、索赔等处理情况);
(6)工程照片(有必要时)。

监理工作总结样本见附录Ⅱ各类监理文件样本之七。

五、工程质量评估报告

工程质量评估报告是指:在施工单位完成分部(分项)或单位工程施工,将自己对该分部(分项)或单位工程自检自评的资料报送监理后,由项目监理机构对该工程质量进行评定后所作出的书面报告。

建筑工程质量评估报告(以下简称评估报告)是工程验收的必备资料。通过评估报告,不仅为验收小组提供一个准确的质量评价意见,也体现了监理项目部在工程建设中的作用、监理人员的水平,还能促进项目部的监理工作。

(一)评估报告编写要求

(1)单位工程竣工验收前;
(2)按有关规定进行单独验收的分部(子分部)工程的验收前,如支护土方工程、桩基工程、幕墙工程、电梯工程等;
(3)按有关规定在施工过程中要进行中间验收的分部(子分部)工程的验收前,如基础结构工程、主体结构工程等。

(二)编写评估报告的前提条件

(1)评估报告的对象按建筑工程设计和合同约定已经施工完毕;
(2)已审查施工方报送来的竣工资料,确认其齐全且符合要求;
(3)对评估对象的工程质量进行过预验收、对存在的问题已整改完毕、项目总监认为工程质量达到合格标准。

(三)评估报告的编写审查和签章

评估报告由总监理工程师或总监理工程师代表组织编写。对于中间验收的评估报告,"编写人"一栏由总监代表或监理工程师签署,"审核人"一栏由项目总监签署,加盖项目部印章;对于单位工程的竣工验收和单独验收的报告,"编写人"一栏由各专业的监理工程师签署,项目总监理工程师和公司技术负责人审核签字,加盖公司印章。

(四)质量评估报告的内容和要求

1. 前言

在前言中要明确评估的对象,要准确地界定评估的范围。例如单位工程评估报告中的前言,一般是这样的两句话:本报告对某某单位工程施工质量进行评估。它包括基础分部、主体分部、建筑装饰装修分部、建筑屋面分部、建筑电气分部、建筑给水排水分部和通风与空调分部。

2. 工程概况

指要进行质量核定的这部分工程的基本情况。在单位工程的报告中,应简要描述工程概况。

单独验收和中间验收的评估报告中,在简要描述单位工程概况后,重点要描述评估对象的工程概况。对于桩基工程和有支护土方工程还要简要叙述场地的地质情况。

3. 施工情况

主要内容为三个方面:

(1)评估对象施工的起止时间和历时天数;

(2)评估对象的基本施工方法(单位工程评估报告中一般不写);

(3)施工中出现的问题和处理情况,如果有质量事故还要写明事故及其处理情况。

4. 工程受监情况

按照《建设工程监理规范》的要求,分为事前、事中和事后控制三方面,把监理中实际做到的主要质量控制工作写入报告。

如果有较突出的强化控制的措施要重点写清楚。

5. 质量评估依据

主要是写依据什么规范,包括:国家强制性条文规定;依据设计文件及施工图的要求;监理机构检查施工质量方面的记录、检测分析报告;有资质的检测单位出具的复试、检测报告等。即:

(1)本工程的设计文件;

(2)与本工程有关的施工质量验收标准及规范;

(3)与本工程有关的施工、技术规范和标准;

(4)国家、地方有关建筑工程质量管理办法和规定;

(5)《建筑工程施工合同》和《建设工程委托监理合同》。

6. 质量评估

主要写明该工程在施工过程中,在保证工程质量方面采取的措施;对出现的质量缺陷和事故,采取了哪些整改措施;整改后是否符合规范及设计要求等。对工程质量的评价,要列出检测数据。用数据说话。必须严格依据《建筑工程施工质量验收统一标准》(GB50300—2001)及其配套专业规范规定的合格条件逐条、逐项的进行审查、验收。

(1)检验批的验收

说明验收范围内的每个检验批的主控项目和一般项目的质量经抽样检验合格,具有完整的施工操作依据和质量检查记录。为了方便查寻,应建立"检验批验收结果表"。表中列出所有检验批的名称、数量、施工操作依据、质量检查记录和验收记录表及报验单的编号。

(2) 分项工程的验收

与检验批验收类似。要说明验收范围内的每个分项所含检验批均已验收合格,且质量验收记录完整。

对某些在检验批验收时无法检验的项目,要在分项工程中进行验收,验收结果写入报告。如砌体全高垂直度,混凝土强度的评定,砂浆试块强度的评定等,都应写进分项工程的验收中。

(3) 分部(子分部)工程的验收

对于每个分部(子分部)都应说明以下几点:

① 分部(子分部)工程所含分项工程的质量均已验收合格;
② 质量控制资料完整。并应说明质量控制资料审查的情况;
③ 各分部的有关安全及功能的检验和抽样检测结果符合有关规定。并应说明检验和抽样检测的审查情况;
④ 观感质量验收应符合要求。

按验收规范规定在验收混凝土结构子分部时,要进行工程结构实体混凝土强度验收和混凝土结构实体钢筋保护层厚度的验收。报告中要写明进行了这样的验收,并列出验收的结果。

(4) 单位工程的质量评估

报告中要写明:

① 单位工程所含分部(子分部)工程质量均已验收合格;
② 质量控制资料完整;

报告中应列出单位工程质量控制资料核查结果表,来说明质量控制资料的核查情况;

③ 单位工程所含分部工程有关安全和功能的检测资料完整;

报告中要列出单位工程安全和功能检验资料核查及主要功能抽查结果表。

④ 主要功能项目的抽查结果符合相关专业质量验收规范的规定;

报告中要列出主要功能项目的抽查情况。

⑤ 观感质量验收符合要求。

(5) 评估结论

监理对工程质量的核定结论。这个部分可围绕以下几个要点来叙述:该分部(单位)工程是否已按设计图纸全部完成施工;工程质量是否符合设计图纸的要求;是否符合国家强制性标准和有关规范的要求;施工中有没有出现一般和重大质量事故;工程质量保证体系资料是否做到基本齐全等。如果是肯定的,那么监理对该单位(分部)工程的质量,就可核定为合格。因实行工程竣工备案制后,质量等级只有合格和不合格两种。如果不合格,监理机构肯定已要求施工单位整改,自然也不会出具监理评估报告。通常这样表述:综上所述,我们认为,本单位工程的施工质量符合《建筑工程施工质量验收统一标准》(GB50300—2001)规定的合格条件。工程合格,请验收小组予以确认。

(四) 质量评估报告样本

见附录Ⅱ各类监理文件样本之八。

[想一想]
1. 编写评估报告的前提是什么?
2. 质量评估依据有哪些?

六、旁站监理方案

旁站监理是指监理人员在施工现场对某些关键部位或关键工序的施工质量实施全过程现场跟班的监督活动。旁站监理是每个监理人员的重要岗位职责,旁站监理在总监理工程师的指导下,由现场监理人员负责具体实施。

旁站监理方案是项目监理机构对工程关键部位实施旁站监理工作的总体安排。

"旁站监理方案"是项目监理部在编制监理规划时同时编制的,"旁站监理方案"应明确旁站监理的范围、内容、程序和职责。

(一)"旁站监理方案"编制

项目监理部根据工程特点,首先应确定各主要分部、分项工程的关键部位和关键工序。对关键部位和关键工序从施工材料检验到施工质量验收进行全过程现场跟班旁站监理。

旁站监理的内容根据《房屋建筑工程施工旁站监理管理办法》有关内容,初步确定了各专业工程的关键部位和关键工序。各专业可根据本专业特点和实际情况,从中选择旁站监理内容。

1. 土建专业

(1)基础工程

① 土方回填;

② 混凝土灌注桩浇筑;

③ 地下连续墙、土钉墙;

④ 基础底板大体积混凝土浇筑、后浇带及其他结构混凝土;

⑤ 防水混凝土浇筑,卷材防水层细部构造处理。

(2)主体结构

① 梁柱节点钢筋绑扎和隐蔽过程;

② 混凝土浇筑;

③ 悬挑梁、阳台板、雨篷钢筋绑扎及混凝土浇筑;

④ 预应力张拉;

⑤ 装配式结构安装,钢结构安装,网架结构安装,索膜安装。

(3)建筑装饰装修

① 玻璃幕墙安装;

② 外墙干挂石材或装板施工作业;

③ 厕浴间防水。

(4)建筑屋面

① 屋面防水;

② 屋面保温层、找平层作业。

2. 暖卫和通风空调工程(可根据专业实际情况确定)

(1)管道安装

① 隐蔽工程的检验情况;

② 管道合格后回填土过程。

(2) 风管

① 风管的第一次制作；
② 隐蔽工程检验情况；
③ 风管及系统的各种测试情况。

(3) 调试及试验

① 阀门、设备试验；
② 设备单机试运转及设备调试运行；
③ 管道试压、试水、通水（通球）、冲洗（吹洗）等各种试验。

3. 电气安装工程

(1) 接地装置安装分项工程中的接地电阻测试

(2) 配管及管内穿线

① 电气配管楼层施工；
② 管内穿线楼层施工；
③ 绝缘电阻测试。

(3) 电气照明器具及配电箱盘安装

① 配电箱盘楼层安装；
② 消防联动试验；
③ 对含有电视保安监控的工程，系统开通试验；
④ 变配电室高低配电柜、变压器的试验。

4. 电梯安装工程

(1) 电梯井道样板放线；
(2) 机房曳引机承重梁埋设；
(3) 钢丝绳头制作浇筑；
(4) 厅门地坎及钢牛腿的埋设；焊接、防腐等。

(二) 旁站程序

1. 按要求编制旁站监理方案；
2. 向建设单位和施工单位送达"旁站监理方案"；
3. 施工单位在关键工序施工前 24 小时，书面通知监理单位；
4. 监理单位按计划实施施工全过程现场跟班监督；
5. 按工序做好旁站记录；
6. 发现问题，提出处理意见；
7. 旁站记录未经施工单位质检员签字或问题未处理，不得进入下道工序施工。

(三) 旁站监理人员的主要职责

1. 检查施工企业现场人员到岗、特殊工种人员持证上岗以及施工机械、建筑材料准备情况。
2. 在现场跟班监督关键部位、关键工序的施工中执行施工方案及工程建设强制性标准情况。

3. 核查进场建筑材料、建筑构配件、设备和商品混凝土的出厂质量证明、质量检验报告,督促施工企业进行现场检查和必要的复验。

4. 做好旁站记录和监理日记,并保存好旁站监理原始资料。旁站监理人员和施工质检人员应在旁站记录上签字,未经签字,不得进行下一道工序施工。

5. 旁站监理过程中,发现有违反工程建设强制性标准行为的,有权责令施工企业立即改正;发现施工活动可能危及工程质量时,应及时向总监理工程师报告,由总监理工程师采取必要的措施。

(四)对旁站记录的要求

旁站记录是监理工程师或总监理工程师依法行使有关签字权的重要依据,是对工程质量的签认资料。旁站记录必须做到:

1. 记录内容要真实、准确、及时。

2. 对旁站的关键部位或关键工序,应按照时间或工序形成完整的记录。例如:地下室防水,可按卷材检验、基层处理、铺贴过程、细部处理等工序填写检查记录表。

3. 记录表内容填写要完整,未经旁站人员和施工单位质检人员签字不得进入下道工序施工。

4. 记录表内施工过程情况是指所旁站的关键部位和关键工序施工情况。例如:人员上岗情况、材料使用情况、施工工艺和操作情况、执行施工方案和强制性标准情况等。

5. 监理情况主要记录旁站人员、时间、旁站监理内容、对施工质量检查情况、评述意见等。将发现的问题做好记录,并提出处理意见。

6. 其他栏目要填写完整。

(五)旁站人员安排和时间

1. 旁站人员可根据工程复杂程度和难度,事先确定由监理工程师或监理员进行旁站监理。

2. 旁站监理时间可根据施工进度计划事先做好安排,待关键工序施工后再做具体安排。

旁站监理记录表样本见附录Ⅱ各类监理文件样本之九。

[想一想]
旁站监理方案的编制时间及主要内容有哪些?

本章思考与实训

一、思考题

1. 请讲述建设工程监理大纲、监理规划、监理实施细则三者的关系。
2. 监理大纲的作用是什么?编制人是谁?
3. 监理规划的作用主要是什么?
4. 监理实施细则的编制程序和主要内容是什么?
5. 什么是监理月报?编制程序和编制时间有什么要求?

二、案例分析题

案例1

【背景资料】

某工程建设项目的业主将拟建工程项目的实施阶段监理任务委托给一家监理公司。监理合同签订以后,总监理工程师组织监理人员对制定监理规划进行了讨论,大家提出了自己的观点并形成如下初步意见:

1. 监理规划的作用与编制原则

(1)监理规划是开展监理工作的技术组织文件;

(2)监理规划的作用是指导施工阶段的监理工作;

(3)监理规划的编制应符合监理合同、项目特征及业主的要求;

(4)监理规划应一气呵成,不应分阶段编写;

(5)监理规划应符合监理大纲的有关内容;

(6)监理规划应为监理细则的编制提出的明确的目标要求。

2. 监理规划的基本内容

(1)工程概况;

(2)监理单位的权利和义务;

(3)监理单位的经营目标;

(4)监理范围内的工程项目总目标;

(5)项目建立组织机构;

(6)质量、投资、进度控制;

(7)合同管理;

(8)信息管理;

(9)组织协调。

3. 监理规划文件分阶段制定

各个阶段的监理规划交给业主的时间安排如下:

(1)设计阶段:监理应在设计单位开始设计前的规定时间内提交给业主;

(2)施工招标阶段:监理规划应在招标书发出后提交给业主;

(3)施工阶段:监理规划应在正式施工后提交给业主。

4. 施工监理规划的内容

(1)施工阶段的质量控制

施工阶段的质量控制的主要内容包括:

①掌握和熟悉质量控制的技术依据。

②(略)。

③审查施工单位的资质,包括:审查总包单位的资质;审查分包单位的资质。

④(略)。

⑤(略)。

⑥形式建立监督权,下达停工指令。为了保证工程的质量,出现下列情况之一者,监理工程师报请总监理工程师批准,有权责令施工单位立即停工整改:工

序完成后未经检验即进行下道工序者;工程质量下降,经指出后未采取有效措施整改,或采取措施不力、效果不好,继续作业者;擅自使用未经监理工程师认可或批准的工程材料;擅自变更设计图样;擅自将工程分包;擅自让未经同意的分包单位进场作业;没有可靠的质量保证措施而贸然施工,已出现质量下降征兆;其他对质量有重大影响的情况。

(2)施工阶段的投资控制

施工阶段的投资控制,拟采用如下4项措施:

① 建立、健全组织,完善职责分工及有关制度,落实投资控制的责任。

② 审核施工组织设计和施工方案,合理审核并签证施工措施费,按合理工期组织施工。

③ 及时进行计划费用与实际支出费用的分析比较。

④ 准确测量实际完工的工程量,并按实际完工的工程量签订工程付款凭证。

【问题】

1. 在初步意见中提出了6条监理规划的作用与编制原则,请问有哪些语言不尽妥当?

2. 在监理规划的基本内容中,哪几条不应列入其中?为什么?

3. 对于提供监理规划文件的时间安排,请你分析:哪些是合适的?哪些不合适或不明确?如何提出才合适?

4. 监理工程师在施工阶段应掌握和熟悉哪些质量控制的技术依据?

5. 监理规划中规定了对施工单位的资质进行审查。请问对总包单位和分包单位的资质应分别安排在什么时候进行审查?

6. 如果在施工过程中发现总包单位未经监理单位同意,擅自将工程分包,请问监理工程师应如何进行处置?

7. 在这个监理规划中,对施工阶段的投资控制提出了4项措施。有人指出其中有一条不够严谨,请你找出来并分析之。

案例2

【背景资料】

某工程项目在设计文件完成后,项目业主委托了一家监理公司协助业主进行施工招标和承担施工阶段监理。监理合同签订后,总监理工程师分析了项目规模和特点,拟按照组织结构设计、确定管理层次、确定监理工作内容、确定监理目标和制定监理工作流程等步骤来设置了本项目的监理组织结构。

施工招标前,监理单位编制了招标文件,其主要内容包括:

(1)工程综合说明;

(2)设计图样和技术资料;

(3)工程量清单;

(4)施工方案;

(5)主要材料与设备供应方式;

(6)保证工程质量、进度、施工安全的主要技术组织措施；

(7)特殊工程的施工要求；

(8)施工项目管理机构；

(9)合同条件。

为了使监理工作规范化进行,总监理工程师拟以工程项目建设条件、监理合同、施工合同、施工组织设计和各专业监理工程师编制的监理实施细则为依据,编制施工阶段监理规划。

监理规划中规定各监理人员的主要职责如下：

1. 总监理工程师职责

(1)审核并确认分包单位资质；

(2)审核签署对外报告；

(3)负责工程计量、签署原始凭证和支付证书；

(4)及时检查、了解和发现总承包单位的组织、技术、经济和合同方面的问题；

(5)签发开工令。

2. 监理工程师职责

(1)主持建立监理信息系统,全面负责信息沟通工作；

(2)对所负责控制的目标进行规划,建立实施控制的分系统；

(3)检查确认工序质量,进行检验；

(4)签发停工令；

(5)实时跟踪检查,及时发现问题及时报告。

3. 监理员职责

(1)负责检查及检测材料、设备、成品和半成品的质量；

(2)检查施工单位人力、材料、设备、施工机械投入和运行情况,并做好记录；

(3)记好监理日志。

【问题】

1. 本项目监理组织机构设置步骤有何不妥？应如何改正？

2. 本项目施工招标文件列举了9项内容。其中哪几条不正确,为什么？

3. 监理规划编制依据有何不恰当？为什么？

4. 这个监理规划中,对于各监理人员的主要职责划分不很准确,请你给予调整。

第七章 工程建设监理综合案例分析

监理行业不同于其他的行业,除了要求监理工程师具有广博的知识外,其实践经验和解决实际问题的能力更为重要。工程建设监理案例分析是综合运用监理的基本原理、基本程序和基本方法,以及国家的有关法律、行政法规、地方规章等去解决建设工程监理的实际问题。

通过本章的 8 个综合案例的分析,可以整合所学专业知识,显著提高分析、判断、推理的能力,并培养解决实际问题的方法与策略。

案 例 一

【背景】

某监理单位承担了国内某工程的施工监理任务,该工程由甲施工单位总包,经建设单位同意,甲施工单位选择了乙施工单位作为分包单位。

事件1:监理工程师在审图时发现,基础工程的设计有部分内容不符合国家的质量标准。因此,总监理工程师立即致函设计单位要求改正,设计单位研究后,口头同意了总监理工程师的改正要求,总监理工程师即将更改的内容写成监理指令通知甲施工单位执行。

事件2:在施工到工程主体时,甲施工单位认为,变更部分主体设计可以使施工更方便、质量更容易得到保证,因而向监理工程师提出了设计变更的要求。

事件3:施工过程中,监理工程师发现乙施工单位分包的某部位存在质量隐患,因此,总监理工程师同时向甲、乙施工单位发出了整改通知。甲施工单位回函称:乙施工单位分包的工程是经建设单位同意进行分包的,所以甲单位不承担该部分的质量责任。

事件4:监理单位在检查时发现,甲施工单位在施工中,所使用的材料和报验合格的材料有差异,若继续施工,该部位将被隐蔽。因此,总监理工程师立即向甲施工单位下达暂停施工的指令(因甲施工单位的工作对乙施工单位有影响,乙施工单位也被迫停工),同时,对该材料进行了有监理工程师见证的抽检,抽检报告出来后,证实材料合格,可以使用,总监理工程师随即指令施工单位恢复了正常施工。

【问题】

1. 针对事件1,指出上述总监理工程师行为的不妥之处并说明理由。
2. 按现行的《建设工程监理规范》,事件 2 中监理工程师应按什么程序处理施工单位提出的设计变更要求?

3. 事件 3 中甲施工单位的答复有何不妥?为什么?总监理工程师的整改通知应如何签发?为什么?

4. 事件 4 中总监理工程师签发本次暂停令是否妥当?程序上有无不妥之处?请说明理由。

【参考答案】

1. 总监不应直接致函设计单位,因监理单位并未承担设计监理任务。发现的问题应向建设单位报告,由建设单位向设计单位提出更改要求。总监理工程师不应在取得设计变更文件之前签发变更指令,总监理工程师也无权代替设计单位进行设计变更。

2. 总监理工程师应组织专业监理工程师对变更要求进行审查,通过后报建设单位转交设计单位,当变更涉及安全、环保等内容时,应经有关部门审定,取得设计变更文件后,总监理工程师应结合实际情况对变更费用和工期进行评估。总监理工程师就评估情况和建设单位、施工单位协调后签发变更指令。

3. 甲施工单位答复的不妥之处:工程分包不能解除施工单位的任何责任与义务;分包单位的任何违约行为导致工程损害或给建设单位造成的损失,施工单位承担连带责任。

总监理工程师的整改通知应发给甲施工单位,不应直接发给乙施工单位。因乙施工单位和建设单位没有合同关系。

4. 总监理工程师有权签发本次暂停令,因合同有相应的授权。程序有不妥之处,监理工程师应在签发暂停令后 24 小时内向建设单位报告。

案 例 二

【背景】

某工程项目建设委托了一家监理单位进行监理,在委托监理任务之前,建设单位与施工单位已经签订了施工合同。监理单位在执行合同中陆续遇到一些问题需要进行处理,若你作为监理工程师,对遇到下列问题,请提出处理意见。

【问题】

1. ① 在施工招标文件中,按工期定额计算,工期为 550 天。但在施工合同中,开工日期为 1997 年 12 月 15 日,竣工日期为 1999 年 7 月 20 日,日历天数为 581 天,请问监理的工期目标应为多少天?为什么?

② 施工合同中规定,建设单位给施工单位供应图纸 7 套,施工单位在施工中要求建设单位再提供 3 套图纸,施工图纸的费用应由谁来支付。

2. ① 在基槽开挖土方完成后,施工单位未按施工组织设计对基槽四周进行围栏防护,建设单位代表进入施工现场不慎掉入基坑摔伤,由此发生的医疗费用应由谁来支付,为什么?

② 在主体结构施工中,施工单位需要在夜间浇注混凝土,经建设单位同意并

办理了有关手续。接地方政府有关规定,在晚上11点以后一般不得施工,若有特殊情况需施工,应给受影响居民补贴,此项费用应由谁承担?

3. 在结构工程中,由于建设单位供电线路事故原因,造成施工现场连续停电3天。停电后施工单位为了减少损失,经过调剂,工人尽量安排其他生产工作。但现场一台塔吊,两台混凝土搅拌机停止工作,施工单位按规定时间就停工情况和经济损失向监理工程师提出赔偿报告,要求索赔工期和费用,监理工程师应该如何批复?

【参考答案】

1. ① 按照合同文件的解释顺序,协议条款与招标文件在内容上有矛盾时,应以协议条款为准。故监理的工期目标应为581天。

② 合同规定建设单位供应图纸7套,施工单位再要3套图纸,超出合同规定,故增加的图纸费用应由施工单位支付。

2. ① 在基槽开挖土方后,在四周设置围栏,按合同文件规定是施工单位的责任。未设置围栏而发生人员摔伤事故,所发生的医疗费用应由施工单位支付。

② 夜间施工已经建设单位同意,并办理了有关手续,应由建设单位承担有关费用。

3. 由于施工单位以外的原因造成停电,在一周内超过8小时。施工单位又按规定提出索赔。监理工程师应批复工期顺延。由于工人已安排其他生产工作,监理工程师应批复因改换工作引起的生产效率降低的费用。造成施工机械停止工作,监理工程师应按合同约定批复机械设备租赁费或折旧费的补偿。

案 例 三

【背景】

某项工程为钢筋混凝土结构,地下2层,地上18层,基础为整体底板,混凝土工程量为840m³,整体底板的底标高为-6.000m,钢门窗框,木门,采用集中空调设备。施工组织设计确定:土方采用大开挖放坡施工方案,开挖土方工期20天,浇筑底板混凝土24小时连续施工,需4天。

1. 施工单位在合同协议条款约定的开工日期前6天提交了一份请求报告,报告请求延期10天开工,其理由为:

① 电力部门通知,施工用电变压器在开工4天后才能安装完毕。

② 由铁路部门运输的5台属于施工单位自有的施工主要机械在开工后8天才能运到施工现场。

③ 为工程开工所必需的辅助施工设施在开工后10天才能投入使用。

2. 基坑开挖进行18天时,发现-6.000m深处地基仍为软土地基,与地质报告不符。监理工程师及时进行了以下工作:

① 通知施工单位配合勘察单位利用两天时间查明地基情况。

② 通知业主与设计单位洽商修改基础设计,设计时间为5天交图。确定局

部基础深度加深到－7.500m,混凝土工程量增加70m³。

③ 通知施工单位修改土方施工方案,加深开挖,增大放坡,开挖土方需要4天。

3. 工程所需的200个钢门窗框是由业主负责供货,钢门窗框运达施工单位工地仓库,并经入库验收。施工过程中监理工程师进行质量检验时,发现有10个钢窗框有较大变形,即下令施工单位拆除,经检查原因属于钢窗框使用材料不符合要求。

4. 业主供货,由施工单位选择的分包商将集中空调安装完毕,进行联动无负荷试车时需电力部门和施工单位及有关外部单位进行某些配合工作。试车检验结果表明,该集中空调设备的某些主要部件存在严重质量问题,需要更换。

【问题】

1. 监理工程师接到施工单位的请求报告后应如何处理?为什么?

2. 对于－6.000m处地基仍为软土地基,与地质报告不符合问题所做的工作:

① 监理工程师应该核准哪些项目的工程顺延?应同意延期几天?

② 对哪些项目(列出项目名称内容)应核准经济补偿?

3. 对10个钢窗框有较大变形这一质量事故,监理工程师应如何处理?

4. 对集中空调安装:

① 按照合同规定的责任,试车应由谁组织?

② 集中空调设备的某些部件存在质量问题,监理工程师应如何处理?

【分析】

1. 监理工程师应同意延期4天开工。因为:

① 第1条理由应予认可,因外网电力供应由业主负责。

② 第2条理由不予认可,因属施工单位自有机械延误,应由施工单位负责。

③ 第3条理由不予认可,因准备辅助施工机械属施工单位施工准备工作的一部分,应由施工单位负责。

2. 监理工程师核准应延长工期的项目如下:

① 地质勘探时间2天。

② 修改设计时间5天。

③ 增加浇筑混凝土工作量时间1天(8小时)。

④ 加深土方开挖的时间4天。

监理工程师应核准经济补偿项目如下:

① 增加土方工程量费用。

② 增加混凝土工程量费用。

③ 监理工程师核实的人工窝工和机械停工费用。

3. 及时报告业主,同时督促施工单位重新安装合格的钢窗框,并检查验收。造成的工期延长给予顺延,造成的经济损失给予补偿。

4. 试车应由业主组织;对于集中空调设备的某些主要部件的质量问题,监理工程师应督促业主尽快供应合格部件,并监督施工单位及时更换。经检验认可后报告业主重新组织试车。造成的工期延长给予顺延,造成的经济损失给予补偿。

案 例 四

【背景】

某商业中心工程建设项目,业主(A)与某一级施工企业(B)和某甲级监理单位(C)分别签订了工程施工合同和施工阶段监理合同。工程开工后发生了下列事件:

1. 在修建国际商品展销中心工程的基础施工中,由于施工班组的违章作业,使经过监理人员检验合格的基础钢筋出现位移质量事故。在混凝土浇筑后不久,被监理方发现及时口头指示后并书面通知承包方立即停工处理和整改。承包方按监理方指令执行,提出质量事故报告及处理方案,经监理工程师审查批准后实施。整改完成后,经监理方重新检验确认合格后,指令复工继续基础混凝土施工。由此造成的经济损失由承包方承担,工期拖延不予延长,监理方还将此事故及处理情况向业主作了报告,而业主代表书面提出:出现质量事故,监理公司也应负一定责任,要求扣除1%的监理费用作为罚金。

2. 在地下管道施工中,管道铺设完毕后,承包方曾书面通知监理方要求检查管道铺设质量。但监理方收到质量验收通知单后,在合同约定的时间内并未前去检验,也未提出延期检查的书面要求。因此,承包方即将管沟予以回填。为此,监理方书面指令承包方将管沟重新挖开,以便检验管道质量,承包方按监理方要求对管沟进行剥露,经监理方检查后,确认管道铺设质量未达到设计图样要求和合同要求,也不符合标准和规范要求,管道接合部严重漏水。因此,监理方要求承包方返工。承包方按要求进行了管道的返工处理,经监理方检验质量合格予以确认后,将管沟重新回填。为此,承包方提出:除管道返工费用由于承包方原因造成的质量不合格应自己承担外,要求发包方补偿再度剥露费用(包括重新开挖、回填以及更新由于重挖造成的部分管道损坏的费用)7600元和工期延长8天。

3. 在修建该商业中心的东方广场和商业大厦工程中,开挖基础时,在地下发现大量化石和古人类文明遗迹。经有关部门及专家鉴定为远古人类猿活动遗址,有重大考古价值。经国家有关部门与业主协商决定在该处进行发掘工作,并与承包方协商后决定由承包方抽调部分力量参与文物发掘工作。经40天发掘工作基本完成。为此,承包方向发包方提出要求补偿参与考古发掘工作的直接费用48万元,由于工程暂停和延期所造成的劳动力和机械设备闲置等损失32万元,以及20%管理费和10%利润,并且工期延长40天。

【问题】

1. 作为监理方是否接受业主代表要求扣除1%的监理费作为罚金?为什么?

2. 承包方在管道未经监理检查并认可其质量的情况下,能否回填和覆盖?管沟合法回填的前提条件是什么?

3. 承包方提出的发包补偿管沟再度剥露的费用和工期延长的要求是否合理?为什么?监理方应如何处理?

4. 在施工中发现地下化石及文物后,监理单位应按照什么程序处理?

5. 对参与考古发掘工作,承包方提出的费用补偿及延长工期的要求是否合理?为什么?

【分析】

1. 监理方不能接受业主代表要求扣除1‰的监理费作为罚金。因为是承包方违章作业造成的质量事故,不是由于监理的错误指令造成的,故不属于监理方责任。

2. 在未经监理方的检查和认可管道铺设质量合格的情况下,承包方可以回填和覆盖,但必须具备如下的前提条件:

① 承包方自检合格后,在验收前48小时已书面通知监理方检查验收。

② 监理人员没有在合同约定的时间内到场检验,而且在不能按时到场检验的情况下,又未能提前24小时向承包方提出书面的延期检查的要求。

一般情况下,承包方合法回填管沟的前提条件是:

① 自检质量合格。

② 经过监理方检查并书面确认工程质量合格,符合国家或行业规范、标准以及设计文件和施工合同的要求。

③ 或在按合同约定的要求时间内,承包方已书面通知监理方检查,监理方未能按约定时间到场检查,也未能提前提出延期检查的要求。

3. 承包方向发包方提出补偿管沟剥露的费用和延长工期的要求不合理。因为隐蔽工程通常不论是否已经经过验收,当监理工程师提出剥露或开孔重新检验隐蔽工程的情况下,承包方都应当按监理工程师的要求进行剥露,至于因剥露而发生的费用及时间的补偿,则要看检查的结果如何来决定。若检验合格,则发包方应承担由此发生的全部费用,赔偿承包方损失,并相应顺延工期;若检验不合格,则承包方应承担发生的全部费用,但工期不予顺延。故监理工程师对本问题的处理应当是:费用不给予补偿,工期不予顺延。

4. 施工中发现文物、化石及其他有考古研究等有价值的物品时,承包方应立即保护好现场,并于4小时内书面通知监理工程师。监理工程师应于收到书面通知24小时内报告当地文物管理部门,并按有关管理部门的要求采取妥善的保护措施,必要时,可下达书面的暂停施工的指令,此外,监理方还应与承包方互相配合,一方面要做好保护工作;另一方面要采取措施设法尽量减少由于暂停施工给工程和承包方带来的损失。

5. 承包方向发包方提出补偿因发现文物、化石等而发生的费用损失,以及延长工期的要求是合理的。因为,一般在发生上述情况下,发包方应承担由此发生的费用,并相应顺延延误的工期。

案 例 五

【背景】

某监理单位与业主签订了某钢筋混凝土结构工程施工阶段的监理合同,监理部设总监理工程师1人和专业监理工程师若干人,专业监理工程师例行在现场检查、旁站监理等工作。在监理过程中,发现以下一些问题:

1. 某层钢筋混凝土墙体,由于绑扎钢筋困难,无法施工,施工单位未通报监理工程师就把墙体钢筋门洞移动了位置。

2. 某层某钢筋混凝土柱,钢筋绑扎已检查、签证。模板经过预检验收,浇筑混凝土过程中及时发现模板胀模。

3. 某层钢筋混凝土墙体,钢筋绑扎后未经检查验收,即擅自合模封闭,正准备浇注混凝土。

4. 某层楼板钢筋经监理工程师检查签证后,即进行浇筑楼板混凝土,混凝土浇筑完成后,发现楼板中设计的预埋电线暗管未通知电气专业监理工程师检查签证。

5. 施工单位把地下室内防水工程委托给某一专业分包单位承包施工,该分包单位未经资质验证认可,即进场施工,并已进行了 $200m^2$ 的防水工程。

6. 某层钢筋骨架焊接正在进行中,监理工程师检查发现有2人未经技术资质审查认可。

7. 某楼层某一房间钢门框经检查符合设计要求,日后检查发现门销已经焊接,门扇已经安装,门扇反向,经检查施工符合设计图样要求。

【问题】

以上各项问题监理工程师应如何分别处理?

【分析】

对于上述情况,监理工程师应做如下处理:

1. 指令停工,组织设计和施工单位共同研究处理方案。如需变更设计,指令施工单位按变更后的设计图施工,否则审核施工单位新的施工方案,指令施工单位按原图施工。

2. 指令停工,检查胀模原因,指示施工单位加固处理,经检查认可,通知继续施工。

3. 指令停工,下令拆除封闭模板,使满足检查要求,经检查认可,通复工。

4. 指令停工,进行隐蔽工程检查,若隐蔽工程检查合格,签证复工;若隐检不合格,下令返工。

5. 指令停工,检查分包单位资质,若审查合格,允许分包单位继续施工;若审查不合格,指令施工单位令分包单位立即退场,无论分包单位资质是否合格,均应对其已施工完的 $200m^2$ 防水工程进行质量检查。

6. 通知该电焊工立即停止操作,检查其技术资质证明。若审查认可,可继续进行操作;若无技术资质证明,不得再进行电焊操作,对其完成的焊接部分进行质量检查。

7. 报告业主,与设计单位联系;要求更正设计,指示施工单位按更正后的图样返工,所造成的损失,应给予施工单位补偿,并向设计单位索赔。

案例六

【背景】

某单位工程为单层钢筋混凝土排架结构,共有 60 根柱子,32m 空腹屋架。监理工程师批准的网络计划图如图 7-1 所示(图中工作持续时间以月为单位)。

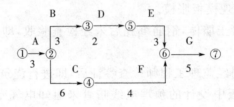

图 7-1

该工程施工合同工期为 18 个月,质量要求为优良。施工合同中规定,土方工程单价为 16 元/m^3,土方估算工程量为 22000m^3;混凝土工程单价为 320 元/m^3,混凝土估算工程量为 1800m^3。当土方工程和混凝土工程的工程量任何一项增加超出该原项估算工程量的 15%时,该项超出部分结算单价可进行调整,调整系数为 0.9。

在施工过程中监理工程师发现刚拆模的钢筋混凝土柱子中共有 10 根存在工程质量问题。其中,6 根柱子蜂窝、露筋较严重;4 根柱子蜂窝、麻面轻微,且截面尺寸小于设计要求。截面尺寸小于设计要求的 4 根柱子经过设计单位验算,可以满足结构安全和使用功能要求,可不加固补强。在监理工程师组织的质量事故分析处理会议上,承包方提出了如下几个处理方案:

方案一:6 根柱子加固补强,补强后不改变外形尺寸,不造成永久性缺陷;另外 4 根柱子不加固补强;

方案二:10 根柱子全部砸掉重做;

方案三:6 根柱子砸掉重做,另外 4 根柱子不加固补强。

在工程按计划进度进行到第 4 个月时,业主、监理工程师与承包方协商同意增加一项工作 K,其持续时间 2 个月,该工程安排在 C 工作结束以后开始(K 是 C 的紧后工作),E 工作开始前结束(K 是 E 的紧前工作)。由于 K 工作的增加,增加了土方工程量 3500m^3,增加了混凝土工程量 200m^3。

工程竣工后,承包方组织了该单位工程的预验收,在组织正式竣工验收前,业主已提前使用该工程。业主使用中发现房屋面漏水,要求承包方修理。

【问题】

1. 承包方要保证主体结构分部工程质量达到优良标准,以上对柱子工程质量问题的三种处理方案中,哪种处理方案满足要求?为什么?

2. 由于增加了 K 工作,承包方提出了顺延工期 2 个月的要求,该要求是否合理?监理工程师应该签证批准的顺延工期是多少?

3. 由于增加了 K 工作,相应的工程量有所增加,承包方提出对工程量的结算费用为:①土方工程:3500×16 元=56000 元;②混凝土工程 200×320 元=64000 元。合计 120000 元。你认为该费用是否合理?监理工程师对这笔费用应签证多少?

4. 在工程未正式验收前,业主提前使用是否可认为该单位工程已验收?对出现的质量问题,承包方是否承担保修责任?

【分析】

1. 方案二可满足要求,应选择方案二。因为合同要求质量目标为优良,主体分部工程必须优良。采用方案二,所在分部工程可评为优良,此方案可行。

方案一所在主体工程不能评为优良,不能实现合同目标。

方案三所在主体分部工程不能评为优良,不能实现合同目标。

2. 承包方提出顺延工期 2 个月不合理。因为虽然增加了 K 工作(持续时间为 2 个月)。但整个工期只增加 1 个月,所以监理工程师应签证顺延工期 1 个月。

3. 增加结算费用 120000 元不合理。因为增加了 K 工作,使土方工程量增加了 3500m^3,已超过了原估计工程量 22000m^3 的 15%,故应进行价格调整,新增土方工程款为 3300×16 元+200×16×0.9=55680 元。

混凝土工程量增加了 200m^3,没有超过原估计工程量 1800m^3 的 15%,故仍按原单价计算,新增混凝土工程款为 200×320 元=64000 元。

监理工程师应签证的费用为 55680 元+64000 元=119680 元。

4. 工程未经验收,业主提前使用,可认为该单位工程已验收,由此发生的质量问题及其他问题,由业主承担责任。

案 例 七

【背景】

某干道工程建设项目,其工程开竣工时间分别为当年的 4 月 1 日和 9 月 30 日。业主根据该工程的特点及项目构成情况,将工程分为三个标段。其中,第三标段造价为 4150 万元,第三标段中的预制构件由甲方提供(直接委托构件厂生产)。

1. A 监理公司承担了第三标段的监理任务,委托合同中约定监理期限为 190 天,监理酬金为 60 万元,但实际上,由于非监理方原因导致监理时间延长了 25 天。经协商,业主同意支付由于时间延长而发生的附加工作报酬。

2. 为了做好该项目的投资控制工作,监理工程师明确了以下投资控制措施:
① 编制资金使用计划,确定投资控制目标。
② 进行工程计量。
③ 审核工程付款申请,签发付款证书。

④ 审核施工单位编制的施工组织设计,对主要施工方案进行技术经济分析。
⑤ 对施工单位报送的工程质量评定资料进行审核和现场检查,并予以签证。
⑥ 审核施工单位现场项目管理机构的技术管理体系和质量保证体系。

3. 第三标段施工单位为 C 公司,业主与 C 公司在施工合同中约定:

① 开工前,业主应向 C 公司支付合同价 25％的预付款,预付款从第 3 个月开始等额扣还,4 个月扣完。

② 业主根据 C 公司完成的工程量(经监理工程师签证后)按月支付工程款。保留金额为合同总额的 5％。保留金按每月产值的 10％扣除,直到扣完为止。

③ 监理工程师签发的月付款凭证最低金额为 300 万元。第三标段各月完成产值如表 7-1 所示。

表 7-1　各单位各月完成产值情况

单位＼月份	4	5	6	7	8	9
C 公司	480	685	560	430	620	580
构件厂			275	340	180	

【问题】

1. 由于非监理方原因导致监理时间延长 25 天而发生的附加工作报酬是多少?

2. 监理工程师明确的投资控制措施中,哪些不属于投资控制措施?

3. 业主支付给 C 公司的工程预付款是多少?监理工程师在 4、5、6、7、8 月底分别给 C 公司实际签发的付款凭证金额是多少?

【分析】

1. 因委托合同中约定监理期限为 190 天,监理酬金为 60 万元,则监理时间延长(非监理方原因)25 天而发生的附加工作报酬为(60 万元/190 天)×25 天＝7.89 万元。

2. 在所明确的投资控制措施中,第⑤项和第⑥项不属于投资控制的措施,属于质量控制措施。

3. 对第三个问题分析如下:

① C 公司所承担工程的合同价为 4150 万元－(275＋340＋180)万元＝3355.00 万元。

② 业主支付给 C 公司的工程预付款为 C 公司所承担工程合同价的 25％,即 3355.00 万元×25％＝838.75 万元。

③ 工程保留金额为 3355.00 万元×5％＝167.75 万元。

④ 监理工程师在 4、5、6、7、8 月底给 C 公司签发的付款凭证金额为每月支付的工程款扣除每月的保留金(每月产值的 10％),从第 3 个月开始还要扣除每月

应扣的预付款(等额扣还,4个月扣完)。具体计算如下:4月底监理工程师给C公司实际签发的付款凭证金额为(480.00－480.00×10％)万元＝432.00万元;大于每月付款最低金额300.00万元,故4月底实际签发付款凭证金额为432.00万元;5月底监理工程师给C公司实际签发的付款凭证金额为(685.00－685.00×10％)万元＝616.50万元,大于每月付款最低金额300.00万元,故4月底实际签发付款凭证金额为616.50万元;6月底监理工程师给C公司实际签发的付款凭证金额为 560.00 万元 －(167.75－480.00×10％－685×10％)万元－838.75/4 万元＝299.06 万元,小于每月付款最低金额300.00万元,故6月底不支付;在6月底保留金已经全部扣完,且6月底未支付工程款,则7月底监理工程师给C公司实际签发的付款凭证金额为:(430.00－838.75/4＋299.06)万元＝519.37万元;在8月底监理工程师给C公司实际签发的付款凭证金额为(620.00－838.75/4)万元＝410.31万元,大于每月付款最低金额300.00万元,故8月底实际签发付款凭证金额为410.31万元。

案 例 八

【背景】

某工程建设项目,业主与施工单位签订了施工合同。其中规定,在施工过程中,如因业主原因造成窝工,则人工窝工费和机械的停工费可按日工费和台班费的60％结算支付,业主还与监理单位签订了施工阶段的监理合同,合同中规定监理工程师可直接签证、批准5天以内的工程延期和1万元以内的单项费用索赔,工程按图7-2网络计划进行。其关键线路为A－E－H－I－J。在计划执行过程中,出现下列一些情况,影响一些工作暂时停工(同一工作由不同原因引起的停工时间,都不在同一时间)。

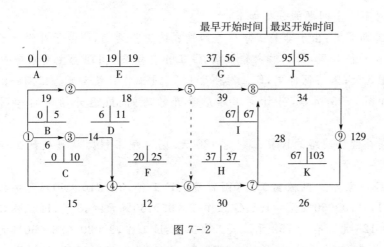

图7-2

1. 因业主不能及时供应材料,使E延误3天,G延误2天,H延误3天。
2. 因机械发生故障检修,使E延误2天,G延误2天。

3. 因业主要求设计变更,使F延误3天。
4. 因公网停电,使F延误1天,I延误1天。

施工单位及时向监理工程师提交了一份索赔申请报告,并附有关资料、证据和下列要求:

(1)工期顺延

E停工5天;F停工4天;G停工4天;H停工3天;I停工1天。总计要求工期顺延17天。

(2)经济损失索赔

① 机械设备窝工费:E工序起重机,(3+2)台班×240元/台班=1200元;F工序搅拌机,(3+1)台班×70元/台班=280元;G工序机械,(2+2)台班×55元/台班=220元,H工序搅拌机,3台班×70元/台班=210元。合计1910元。

② 人工窝工费:E工序,5天×30人×28元/工日=4200元;F工序,4天×35×28元/工日=3920元;G工序,4天×15人×28元/工日=1680元;H工序,3天×35人×28元/工日=2940元;I工序×20人×28元/工日=560元。合计:13300元。

③ 间接费增加:(1910+13300)×16%=2433.6元。

④ 利润损失:(1910+13300+2433.6)×5%元=882.18元。

总计经济索赔额为:(1910+13300+2433.6+882.18)元=18525.78元。

【问题】

1. 审查施工单位所提供索赔要求中哪些内容可以成立?索赔申请书提出的工序顺延时间、停工人数、机械台班和单价的数据等,经审查后均真实。监理工程师对所附各项工期顺延、经济索赔要求,如何确定认可?为什么?

2. 监理工程师对认可的工期顺延和经济索赔金如何处理?为什么?

【分析】

1. 对第一个问题的分析如下:

① 工期顺延:由于非施工单位原因造成的工程延期,应给予补偿。因业主原因,E工作补偿3天,H工作补偿3天,G工作补偿2天;因业主要求变更设计,F工作补偿3天;因公网停电,F工作补偿1天。I工作补偿1天。工期补偿后的网络计划如图7-3所示,并计算工作最早开始时间、最迟开始时间和网络计算工期。

工期补偿后网络的计算工期为136天,则监理工程师认可顺延工期为(136-129)天=7天。

② 经济索赔。机械窝工费(闲置费):E工作,3×240×60%元=432;F工作,(3+1)×70×60%元=168;G工作,2×55×60%元=66;H工作,3×70×60%元=126元。合计792元。人工窝工费:E工作,3×30×28×60%元=1512元;F工作,4×35×28×60%元=2352元;G工作,2×15×28×60%元=504元;H工作,3×35×28×60%元=1764元;I工作,1×20×28×60%元=336元。合计6468元。因属暂时停工,间接费损失不予补偿。因属暂时停工,利润损失不

予补偿。经济补偿合计为(792+6468)元=7260元。

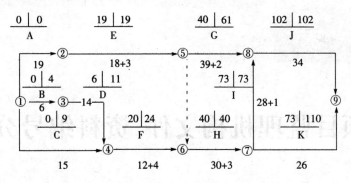

图 7-3 工期补偿后的网络计划图

2. 监理工程师可直接签证该项经济索赔,因经济补偿金额未超过 10000 元的批准权限;监理工程师审核签证工期顺延证书应报业主审查批准,因工期顺延天数超过了监理工程师 5 天的批准权限。

附 录

Ⅰ. 项目监理机构文件、资料编号分类

项目监理机构文件、资料编号分类表

大类号 BB	大类名称	分类号 C	监理过程积累资料内容	专业及专项号 D	专业及专项名称	保管期限
01	合同	1	监理合同(副本)	1	正式合同	
				2	补充协议	
		2	施工承包合同			
		3	专业分包合同			
		4	合作监理合同			
02	监理工作文件	1	监理大纲			
		2	监理规划			
		3	监理实施细则			
03	业主文件	1	业主来文			
		2	地质勘察资料			
		3	规划定点图及有关批文			
		4	设计文件			
		5	其他			
04	设计文件	1	设计交底记录及图纸会审记录			
		2	设计变更通知			
		3	设计单位来文			
05	施工技术文件	1	施工单位来文			
		2	施工备忘录			
		3	工程变更单			
		4	工程联系单			
		5	施工记录			
		6	建筑沉降观测记录			
		7	其他			

(续表)

大类号BB	大类名称	分类号C	监理过程积累资料内容	专业及专项号D	专业及专项名称	保管期限
06	施工单位报审资料	1	施工组织设计(方案)报审表			
		2	工程开工/复工报审表			
		3	分包单位资格报审表			
		4	工程材料/构配件/设备报审表			
		5	工程质量问题(事故)报告单			
		6	工程质量事故处理方案报审表			
		7	检验批质量验收记录表			
		8	分项工程质量验收记录			
		9	分部(子分部)工程质量验收记录			
		10	其他			
07	工程报验资料	1	……报验申请表			
		1.1	测量放线报验申请表			
		1.2	土建分部分项工程报验申请表(含土建隐蔽工程验收单)			
		1.3	安装分部分项工程报验申请表(含安装隐蔽工程验收单)			
		1.4	装饰过程报验申请表(含装饰隐蔽工程验收单)			
		1.5	其他报验申请表			
		2	工程竣工报验单			
08	项目监理机构文件	1	工程暂停令(附:工程开工/复工报审表)			
		2	监理工作联系单			
		3	监理工程师通知单(附:监理工程师通知回复单)			
		4	专题报告			
		5	实测项目检测记录表			
		6	外观项目评分表			
		7	质量保证资料检查记录表			
		8	巡视、旁站检查记录表			
		9	其他			

(续表)

大类号 BB	大类名称	分类号 C	监理过程积累资料内容	专业及专项号 D	专业及专项名称	保管期限
09	会议纪要、记录	1	监理会议记录			
		2	工程例会纪要			
		3	专题会议纪要			
		4	其他会议记录			
10	监理报表	1	监理日记			
		2	监理月报			
11	质量评估	1	工程质量评估报告			
12	进度控制	1	施工进度计划报审表			
		2	工程临时延期审批表			
		3	工程最终延期审批表			
13	投资控制	1	设计概算书			
		2	施工预算书及监理审核报表			
		3	工程款支付表			
14	工程竣工后资料	1	项目监理工作总结			
		2	监理业务手册			
		3	竣工档案交付记录			
		4	工程音像及图片资料			
		5	工程建设监理回访记录表			
15	有效文件	1	外来文件			
		2	公司发文			
		3	文件、资料借阅申请表			
		4	质量手册、程序文件和管理文件汇编			
16	项目监理机构台站	1	监理机构人员需用审批表			
		2	项目监理机构开工前检验表			
		3	项目监理机构人员名单(附:监理组织机构及监理人员资质证书复印件)			
		4	胸卡发放清单			
		5	安全帽发放清单			
		6	项目监理机构检测设备台站			
		7	检验设备封存/报废申请表			
		8	其他			

(续表)

大类号 BB	大类名称	分类号 C	监理过程积累资料内容	专业及专项号 D	专业及专项名称	保管期限
17	监理工作质量（贯标）记录	1	监理项目检查情况记录表			
		2	不合格服务评审报告及纠正措施完成情况记录表			
		3	重大不合格服务处置记录表			
		4	纠正措施方案及实施记录表			
		5	改进/预防措施记录表			
		6	不符合项目报告（内审）			

Ⅱ．各类监理文件样本

一、监理大纲样本

_____工程

监 理 大 纲

编制：_____
审查：_____
公司技术负责人：_____
日期：_____

_____监理公司

[封面格式]

监理大纲目录

第一章　编制依据
第二章　工程概况
第三章　监理服务范围
第四章　工程项目监理目标
第五章　工程项目监理措施
　　第一节　质量控制工作内容及措施和工作流程图
　　　　一、质量控制工作内容
　　　　二、质量控制措施
　　　　三、质量控制工作流程图
　　第二节　进度控制工作内容及措施和工作流程图
　　　　一、进度控制工作内容
　　　　二、进度控制措施
　　　　三、进度控制工作流程
　　第三节　投资控制工作内容及措施和工作流程图
　　　　一、投资控制工作内容
　　　　二、投资控制措施
　　　　三、投资控制工作流程
　　第四节　安全文明管理工作内容和措施及工作流程图
　　　　一、安全文明管理工作内容
　　　　二、安全文明管理措施
　　　　三、安全文明管理工作流程图
　　第五节　合同信息管理工作内容和措施及工作流程图
　　　　一、合同管理工作内容
　　　　二、信息管理的主要监理工作内容
　　　　三、信息管理措施
　　　　四、信息管理工作流程图
　　第六节　组织协调工作内容和措施及工作流程图
　　　　一、组织协调工作内容
　　　　二、组织协调措施
　　　　三、组织协调工作流程图
　　第七节　监理人员岗位职责

第八节 监理人员工作守则

第六章 监理控制要点

第一节 ××××监理技术要点

第二节 安全监理控制要点

一、目的、范围及依据

二、安全监理内容

三、安全监理质量控制点设置

第七章 监理组织机构及人员配备

1. 岗位设置
2. 组织机构设置
3. 拟任本工程总监理工程师简介

监 理 大 纲

正文略。

二、监理规划样本

_____工程

监 理 规 划

监理单位(章)：

总监理工程师：

公司技术负责人：

日期：

[封面格式]

目 录

一、工程概况

二、监理工作范围、目标和依据

三、监理工作内容

四、监理工作程序

五、监理工作方法及措施

六、项目监理机构及工作制度

七、项目监理机构的人员岗位职责

一、工程概况

(一) 工程简介

序号	项 目	内 容
1.	工程名称	××住宅楼工程
2.	工程地点	
3.	建设单位	
4.	设计单位	
5.	勘察单位	
6.	施工单位	
7.	工程规模	地下一层、地上十二层 总建筑面积：
8.	工程质量等级	
9.	预计总投资	（万元）
10.	工程总工期	天

(二)工程特点概述

本工程总建筑面积 $6202m^2$;层数:地下一层,地上十二层带跃层,建筑总高度为 35.90m。

1. 工程结构类型及抗震设防

本工程为高层住宅楼,结构采用剪力墙结构,基础为人工挖孔桩。抗震等级三级(短肢剪力墙为二级),抗震设防烈度 7 度,结构安全等级为二级,耐火等级为地上二级,地下为一级,合理使用年限 50 年。

2. 使用功能及层高

(1)地下一层为人防地下室,其抗力等级为 6 级。平时为自行车和小车库、设备间,战时人员隐蔽所。地下室建筑面积为 $980m^2$,掩蔽面积为 $640m^2$,地下层高为 3.3m。

(2)地上第一层为活动场所和住宅用房,建筑面积约为 $435m^2$。

(3)地上第二层~第十一层为住宅用房,各层层高均为 2.8m,每层建筑面积均约 $435m^2$。

(4)第十二层为住宅用房,层高为 2.8m。33.60m 以上为电梯机房,建筑物顶标高为 37.60m。

(三)各分部工程概述

1. 桩基础工程

(1)本工程采用人工挖孔桩桩筏基础,基础持力层为第四层圆砾层,桩必须进入持力层不小于 1m。

(2)本工程场地:上层 3m 为回填土,中部 18~19m 为流塑状黑色淤泥——为高敏感度软弱土层,施工中应采取相应的技术措施避免桩基的缩颈和断桩。

(3)本工程的桩基:共布人工挖孔桩 90 根,桩身混凝土强度等级为 C25,桩基工程施工中,应控制好孔深、扩孔、混凝土等级等相关参数,并做好施工记录。

(4)桩上为 C30 混凝土承台,桩顶伸入承台 100mm,承台梁高度为 1.0m,承台梁顶标高为 -4.95m。

(5)本工程基础及地下室工程施工时,应重点控制好模板工程、混凝土工程、钢筋工程以及水电设备的预埋、预留等分项工程。

(6)地下室与外部土壤、空气接触的墙体、地下室顶板及底板均为防护结构,非人防使用的管道,均不得穿越防护结构。当必须穿越时,应符合规范的规定,并做好防护处理。

防护密闭门、密闭门门框及设备专业的防密套管等预埋件均必须在主体混凝土浇筑时一次埋入,并在混凝土浇筑前做好检查和校正。

(7)地下部分混凝土强度等级:除基础桩为 C25,桩护壁为 C20 外,其余均为 C30,其中地下室防护结构采用 C30 防水混凝土,抗渗等级为 S6。

2. 主体工程

(1)本工程主体结构为短肢剪力墙结构,各层墙、梁及楼板均为钢筋混凝土现浇,混凝土墙、梁、柱、楼板、屋面板及楼梯的混凝土强度等级均为 C30,其他构件为 C20。

(2)主体结构中的填充墙砌体：±0.000 以下墙体为 M7.5 水泥砂浆砌筑 MU10 烧结黏土实心砖，±0.000 以上墙体为 M5 混合砂浆砌筑 MU7.5 烧结黏土空心砖。

3. 屋面工程

本工程屋面为二级防水屋面，上人平屋面采用结构找坡。

4. 门窗工程

(1)本工程进户门为乙级防盗防火门，阳台采用铝合金推拉门，其余内门为夹板门。

(2)外窗采用白色铝合金，湖蓝色玻璃，阳台扶手采用 10 毫米厚钢化玻璃。

5. 装饰工程

本工程外墙立面采用咖啡色仿石砖，局部以杏黄色、灰色和乳白色丙烯酸外墙涂料进行装饰。内墙除厨、卫为 1:3 水泥砂浆刮糙两遍外，其余为混合砂浆涂料二度。

6. 给排水工程

(1)本工程水源取自市政自来水管网，五层以下为市政给水管网供水，六层及以上由地下室泵房的自动增压给水设备增压供水。给水支管均采用 PP－R 管热熔连接，太阳能热水器进出水管，采用铝塑复合管丝接。主楼给水管沿楼梯间管道井内敷设，屋顶水箱间及所有给水管横管及管井内的给水立管应采取保温措施。

(2)室内排水采用螺旋消音 UPVC 排水管承插粘接，排水横管及雨水管采用硬聚乙烯排水管，应作通水试验。排水管穿越屋面时应预埋防水套管。

(3)消火栓给水系统。本工程地下室平时设有消防用水，未设平时生产、生活用水。战时防护单元内设有水箱、手摇泵及气压供水设备。消火栓系统接小区消火栓系统，设计用水量为 10L/S。

同时，地下室设有自动喷水灭火系统，喷淋管均采用丝接镀锌钢管，直径为 DN100 的管道采用法兰或沟槽联结。另外地下室内配置了适量的磷酸铵盐干粉灭火器。地下室废水由集水井及污水池，经潜污泵排出，在穿越地下室防护结构的所有管道，应预埋防密套管。

住宅每层楼梯间设一只 SN65 型消火栓（五层以下采用减压消火栓），同时每层楼梯间设三只磷酸铵盐干粉灭火器。消防采用镀锌钢管丝接，大于 DN80 的管道采用无缝钢管，法兰或沟槽联结。屋面设有 6T 消防水箱供消防初期 10 分钟的消防用水，十分钟后由地下室泵房消防供水设备供水，室外设 SQ100 型地上消防水泵结合器。同时，小区内设一座 150m³ 的消防储水池。

7. 电气安装工程

(1)本工程用电负荷除电梯、消防电源、应急照明为二级负荷外，其余均为三级负荷。电缆除图示标注外，均为绝缘线穿电线管暗敷设。

地下室内部设有高低压配电房引接多路 380/220V 电源，给电气设备供电，其中消防设备采用双电源供电,且在末端切换。战时在工事内蓄电室设置碱型镉镍电池作为战时应急电源。战时电气设备控制箱战时安装,平时只预留线管,并预留接地端子箱。

工程的强电线缆敷设均采用 BV－450/750V 型绝缘线穿电线管暗敷,弱电采用穿钢管敷设,除竖井内明敷(采用防火措施)外,其余暗敷。

(2)避雷工程。本工程属三级防雷工程,接地方式采用 TN—S 系统。保护接地、防雷接地、弱电系统采用联合接地,即利用基础的全部钢筋(桩基础),四周柱中主筋与其连接钢筋均应焊接,接地电阻不大于 1Ω。

引下线利用剪力墙四根以上主筋,上下分别与屋面避雷带和接地体焊接连接,将建筑物外围柱和圈梁中的主筋焊接成整体,四周的金属门窗、栏杆及其他金属设施均应与梁柱中的主筋焊接,竖井中的金属物的顶端均应可靠接地。同时,设有防雷电波的措施。

等电位联结:强、弱电分别设有等电位端子箱,配电箱、配电钢管、交接箱、弱电设备等一切用电设备的不带电外露可导电部分均应可靠接地,接地电阻不大于 1Ω。

(3)弱电工程。本工程火灾自动报警采用区域报警系统,设两个报警区,采用二总线集中报警系统。在消防控制室内设一台消防报警及联动主机,并设一路外线火灾报警电话。每套住宅的室内综合布线只设一个信息插座和两个电话插座,线路均穿管暗敷。

二、监理工作范围、目标和依据

1. 监理范围
施工阶段监理

2. 监理工作目标
(1)投资控制目标:_____元;
(2)进度控制目标:_____天;
(3)质量控制目标:合格。

3. 监理工作依据
(1)国家现行的法律、行政法规和省、市地方法规及规章。
(2)依法签订的工程施工承包合同和建设监理合同。
(3)经批准的项目建设计划、施工图设计文件及其他有关文件。
(4)本工程所涉及的国家、行业有关设计规范、施工规范及技术标准。
(5)《建设工程监理规范》(GB50319—2000)。
(6)《人民防空工程施工及验收规范》(GB50134—2004)
(7)《建筑工程施工质量验收统一标准》(GB50300—2001)及其系列验收规范。

三、监理工作内容

（一）质量控制

1. 施工准备阶段

(1)审查施工单位报送的本工程的《施工组织设计》

重点审查重要分部工程的施工方案、质量预控的方法和针对性技术保证措施，并提出调整意见；在审查施工单位报送的重要分部(分项)工程及关键工序的施工方案时，重点审查其质量预控的方案和针对性技术措施。

同时，在审查《施工组织设计》时，应审查施工单位的安全技术措施或专项施工方案，审查其是否符合工程建设强制性标准的要求。施工单位应在《施工组织设计》中编制安全技术措施和施工现场的临时用电方案，并对以下分部分项工程编制专项施工技术措施，并附具安全验算结果，经施工单位技术负责人签字后，由施工单位专职安全生产管理人员进行现场监督实施。

(2)审查施工单位现场管理机构的质量管理体系、技术管理体系和质量保证体系

① 核查质量管理体系、技术管理体系和质量保证体系的组织机构、人员配备及职责分工的落实情况；

② 检查施工单位现场质量、技术等管理制度的建立、健全情况，重点检查技术、安全交底制度、材料（设备）进场检验制度和工序、工种的质量交接检验制度；

③ 检查各级及专职管理人员和特种作业人员的资格证、上岗证的持证情况；

④ 查验试验、检验单位的资质，以及本工程的实验项目及其要求。

以上内容施工单位应以文件形式报监理方核查

(3)审查、确认合同约定及施工单位提出的分包工程项目和所选择的分包单位，重点审查分包单位的营业执照、资质、业绩、技术能力及分包工程的内容和范围

(4)检查施工单位的测量放线成果及保护措施，现场复核控制桩的校核成果、保护措施及平面控制网、高程控制网和临时水准点的测量成果；

(5)检查施工单位的进场主要设备，其规格、型号、数量应符合合同要约及《施工组织设计》的要求；

(6)审查施工单位报送的工程开工申请及其相关资料（施工许可证及上述审查资料），具备以上开工条件，由总监理工程师签发工程开工申请。

2. 施工阶段

(1)监理人员应对施工单位报送的、工程所需的拟进场材料、构配件及设备的《工程材料/构配件/设备报审表》及质量证明文件进行审核，并对进场实物按照规范的要求进行平行检验或抽样检验；审查混凝土、砂浆的配合比；对未经监理人员验收或验收不合格的工程材料、构配件及设备，监理人员应拒绝签认，并签发《监理工程师通知单》，指令施工单位将不合格的工程材料、构配件及设备撤出现场。

(2)监理人员应对工程的施工过程进行巡视和检查，对关键工序、重点部位

进行旁站监理;对工序的交接和隐蔽工程进行检查验收,坚持上道工序不经检查验收不准进行下道工序的原则。

(3) 监理人员检查、监督试件及试块的取样和制作,施工单位对试件及试块的取样、制作,应由监理人员进行见证认可。

(4) 对检查中发现问题的处理方式:

对检查中发现的一般问题,口头通知施工单位,施工单位应立即改正;不改正或再次发生,将由监理工程师签发《监理工程师通知单》,责令其改正;监理人员记录出现的质量缺陷和整改结果,作为质评的依据之一。对发现的质量缺陷,由监理工程师签发《监理工程师通知单》通知其整改。

凡签发《监理工程师通知单》的质量问题,施工单位均应将处理结果书面回复,由监理人员进行复查;若施工单位对签发《监理工程师通知单》持有不同意见,应于接到通知后的 24 小时内用书面文件陈述理由,由总监理工程师决定。

监理人员发现工程施工存在重大的质量隐患,可能造成质量事故或已经造成质量事故时,应通过总监理工程师及时下达工程暂停令,要求施工单位停工整改。整改完毕并经监理人员复查,符合规定要求后,总监理工程师应及时签署工程复工报审表。

(5) 隐蔽工程验收:

① 施工单位应按有关规定对隐蔽工程进行先行自检,自检合格后,将《检验批质量验收记录》及《隐蔽工程验收记录》等相关资料报送监理单位复核;

② 监理人员对照《检验批质量验收记录》及《隐蔽工程验收记录》的内容,检查质量文件并到现场检测、核实;

③ 对隐蔽工程检查不合格的工程,监理人员签发《监理工程师通知单》,由施工单位进行整改,由监理人员进行复查;

④ 对隐蔽工程检查合格的工程,由监理人员签发《隐蔽工程验收记录》,并准予进行下道工序的施工;

(6) 旁站监理:

① 在本工程的关键部位、关键工序施工时应进行旁站监理。在基础工程方面包括:混凝土灌注桩、地下室混凝土浇捣、土方回填施工;在主体工程方面包括:梁、板、柱、剪力墙的混凝土浇捣施工。

② 在需要实施旁站监理的关键部位、关键工序进行施工前 24 小时,施工单位应书面通知监理单位。项目监理机构应安排监理人员进行旁站监理,在施工现场跟班监督。

③ 旁站监理人员的主要职责:检查施工企业现场质检人员到岗、特殊工种人员的持证上岗及施工机械、建筑材料准备情况;在施工现场跟班监督关键部位、关键工序的施工执行施工方案及工程建设强制性标准的情况;核查进场建筑材料、建筑构配件、设备和混凝土的质量检验报告等,并可在现场监督施工企业进行检验或委托具有资格的第三方进行复验;作好旁站监理记录,保存旁站监理工作的原始资料;

④ 旁站监理人员应认真履行职责,及时发现和处理旁站监理过程中出现的质量问题,如实正确的作好旁站监理记录。凡旁站监理人员和施工单位现场质检人员未在旁站监理记录上签字的不得进行下一道工序的施工。

⑤ 旁站监理人员在实施旁站监理时,发现施工单位有违反工程建设强制性标准的,有权责令施工单位立即整改。发现其施工活动已经或者可能危及工程质量的,应当及时向监理工程师或总监理工程师报告,由总监理工程师下达局部暂停施工指令或采取其他应急措施。

(7)妥善处理好工程变更事宜。工程变更不论由何方提出均应按第四章第六条的"设计变更管理程序"执行。凡变更涉及费用增加及工期的延长,均需报建设单位批准后,由总监理工程师签署执行。

(8)实行工程例会制度,定期召开工程例会,及时协调、解决工程中的有关问题。

(9)报经业主同意后,由总监理工程师签发开工令、停工令和复工令。

3. 单位工程的竣工验收

(1)施工单位在工程项目自检合格达到竣工验收条件时,填写《工程竣工报验单》,并将全部竣工资料(包括分包单位的竣工资料)报监理单位,申请竣工验收。

(2)当工程达到交验条件时,监理单位组织各专业监理人员对各专业工程的质量情况、使用功能进行全面的检查,对影响竣工验收的问题签发《监理工程师通知单》,督促施工单位进行整改。

(3)对需要进行功能性实验的项目,在监理人员的参与下,施工单位及时进行实验,专业监理工程师对实验报告单进行认真审阅,对重要项目应亲临现场监督;必要时请建设单位及设计单位代表参加。

(4)总监理工程师组织各专业监理人员对竣工资料按照及时性、真实性、完整性、有效性的要求进行审核,并督促施工单位整改完善。

(5)项目总监理工程师组织各专业监理人员进行工程竣工预验收,对预验收中检查出的影响竣工验收的问题,由施工单位限期整改。

(6)总监理工程师协助建设单位组织设计单位、勘察单位、施工单位,并邀请质检站参与,共同对工程进行检查验收;验收结果需要对局部进行修改的,在修改符合要求后再验,直至符合验收标准;验收结果符合要求后,由各方在《单位工程质量竣工验收记录》上签字,并对工程的总体质量水平作出评价。

4. 对施工现场安全的管理

工程监理单位在实施监理过程中,发现工程存在安全事故隐患的,应当要求施工单位进行整改;情况严重的,应当要求施工单位暂停施工,并及时报告建设单位。施工单位拒不整改或不停止施工的,工程监理单位应当及时向有关主管部门报告。

(二)投资控制

1. 投资控制的原则

(1)熟悉图纸、招标文件、施工环境,分析合同价构成因素,找出工程费用最易突破的环节,明确投资控制的重点,采取(或建议建设单位采取)节约费用和控制投资的方法。

(2)督促建设单位按合同约定履行义务,尽力避免因建设单位违约而造成经济纠纷。同时监督施工单位全面履行合同,减少提出索赔的条件和机会,并公正的处理索赔;

(3)监理人员运用自身的知识,积极向建设单位提出节约投资的合理化建议。

(4)严格执行双方签订的工程建设施工合同中所明确的合同价格、单价和约定的工程款支付方法。

(5)坚持在报验资料不全,与合同约定不符的,未经质量签任合格或有违约的不予计量;工程量与工作量的计算应符合有关计算规则的要求。

(6)处理由于设计变更、合同变更和违约索赔引起的费用增加,坚持公正、合理的原则。

(7)对有争议的工作量计量和工程款,应采取协商的方法确定,在协商无效情况下,由总监理工程师做出决定。

2. 计量

(1)本工程按合同约定为分阶段支付工程款。

(2)施工单位在完成约定的工程部位后,根据工程实际进度及监理签认的分项工程记录,填写《工程款支付申请书》,报监理单位审核。

(3)监理单位对施工单位的申报进行核实,所计量的工程量经总监理工程师同意,由监理工程师签认。

(4)对某些特定的分项、分部工程的计量方法由监理、建设单位、施工单位协商约定。

(5)对一些不可预见的工程量或合同中规定应现场实签的工程量,监理人员会同施工单位和建设单位,如实进行计量;施工单位在下道工序施工前必须提前一天通知监理人员,以便及时对签证内容进行检测。

3. 计量原则

计价按合同条款及补充协议约定执行,若涉及合同约定外的计价,施工单位应在实施前提出报告。由建设单位、监理单位、施工单位三方协商,形成书面协议意见。

(三)进度控制

(1)施工单位编制实施性工程总进度计划

在投标文件的施工组织设计中,施工单位虽已编制了总进度计划,但在中标后施工单位仍应根据施工合同的工期目标和工程的实际情况重新编制(或在原总进度计划的基础上进行调整)实施性总进度计划;总进度计划应采用时标网络图表示,并应符合时标网络的绘制规则;总进度计划的编制应具有科学性、合理性,符合合同所规定的工期目标的要求;监理人员根据批准的总进度计划,检查施工单位在工程实施过程中的人力、物质、施工机械的准备和阶段性施工进度计划的编制。

进度计划由总监理工程师签署意见批准实施,并报送建设单位,有重要的修改意见应由施工单位调整后重新申报。

(2)督促建设单位按合同的规定按期完成"三通一平"、施工许可证等开工准备工作,及时向施工单位提交施工设计文件。

(3)审核施工单位提交的施工组织设计及施工进度计划。监理人员在审查施工单位所提交的施工组织设计和施工进度计划时着重审查其保证工期和充分利用时间的措施,以及施工组织设计与进度计划的一致性。

(4)建立反映进度情况的监理台站。在施工过程中,监理人员对施工单位是实际进度进行跟踪、监督,对每个工作日的实施情况做出监理日记及相关记录。

(5)对工程进度进行动态管理。当发现工程实际进度严重偏离计划时,监理方应及时组织会议,分析各方面原因,责成施工单位提出调整计划,并采取措施。

(6)按合同要求,及时进行工程计量验收,为工程进度款的支付,正确的签署认证意见。

(四)信息管理

(1)建立本工程项目的信息资料体系,如监理日记、监理月报及各项工程资料、报表等等。

(2)督促施工单位及时提交各项工程技术、经济资料。

(3)每月5日定期向业主报送一份本工程的监理月报。

(五)合同管理

(1)督促合同各方严格履行合同,并进行合同的跟踪管理。

(2)及时纠正违约行为。

(3)协助业主处理与本工程有关的索赔事宜及合同纠纷。

四、监理工作程序

(一)施工阶段监理工作总程序

签订监理合同→组建项目监理部→在第一次工地会议上进行施工监理交底→审批《工程开工报审表》,签署同意开工→进行施工过程监理→组织竣工预验收→参加竣工验收,签署《竣工验收报告》→工程保修阶段监理。

（二）质量控制工作流程
1. 单位工程质量控制程序

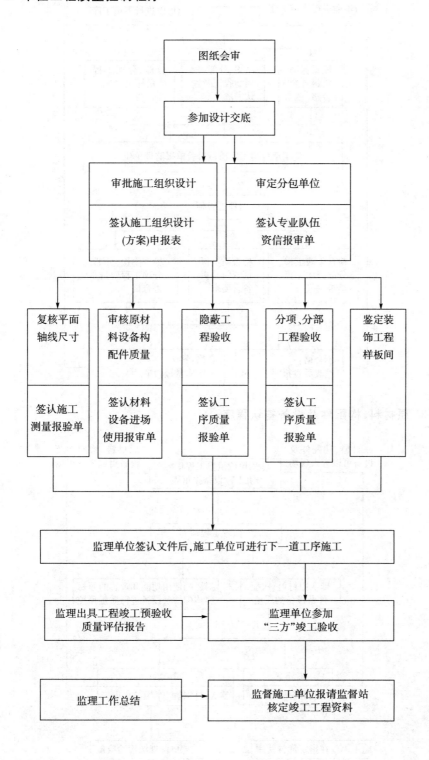

2. 隐蔽工程、分部分项工程签认程序

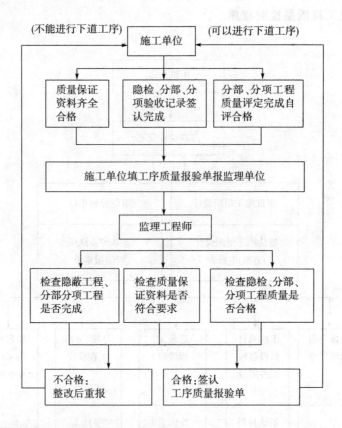

3. 原材料、构配件及设备签认程序

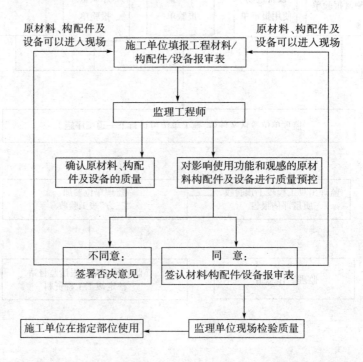

4. 质量事故处理程序

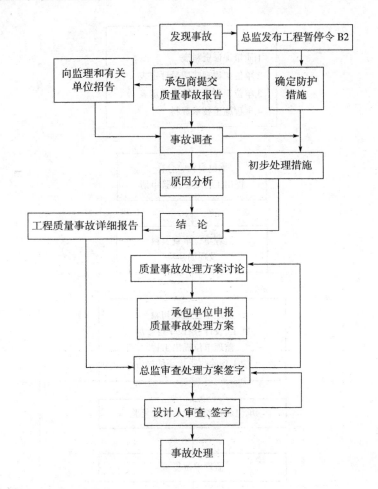

5. 工程停工、复工程序

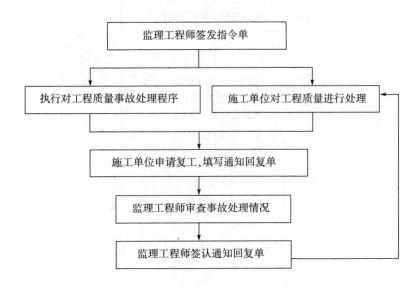

6. 竣工验收程序

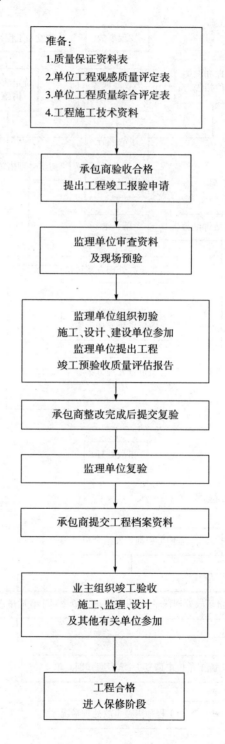

(三)进度控制工作流程

1. 单位工程进度控制程序

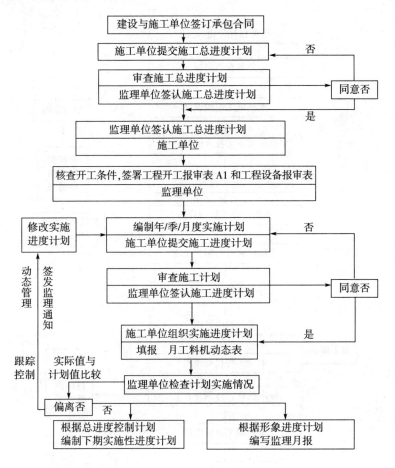

2. 工期延期控制程序

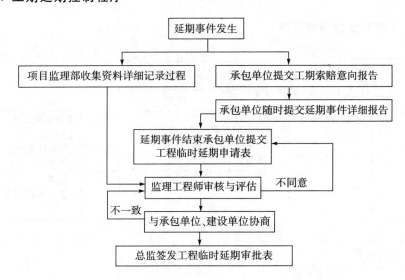

（四）投资控制工作流程

1. 工作流程

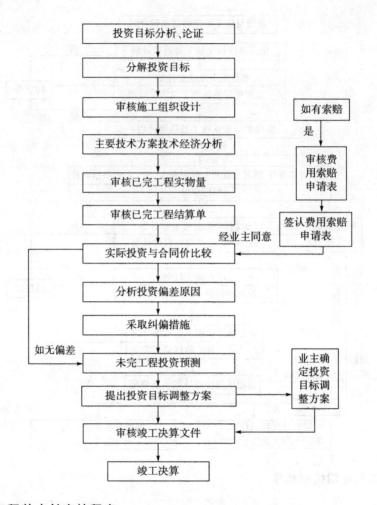

2. 工程款支付审核程序

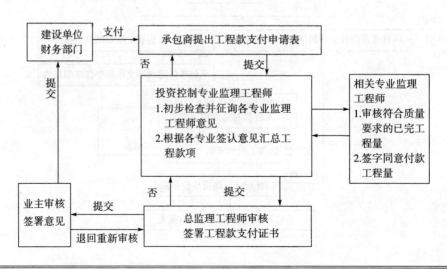

3. 工程计量程序

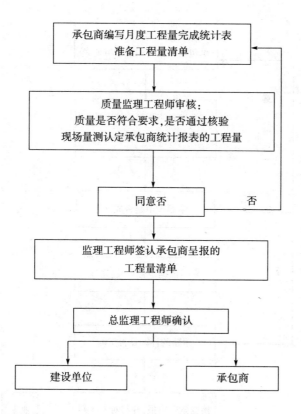

4. 工程变更程序

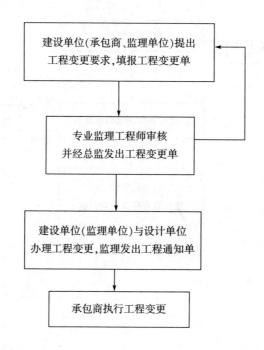

5. 索赔处理程序

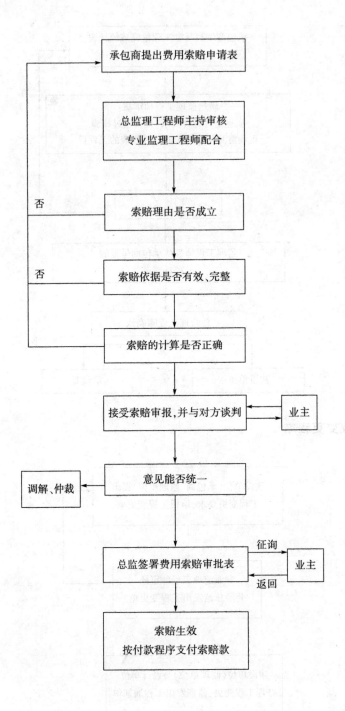

(五)安全文明管理工作流程图

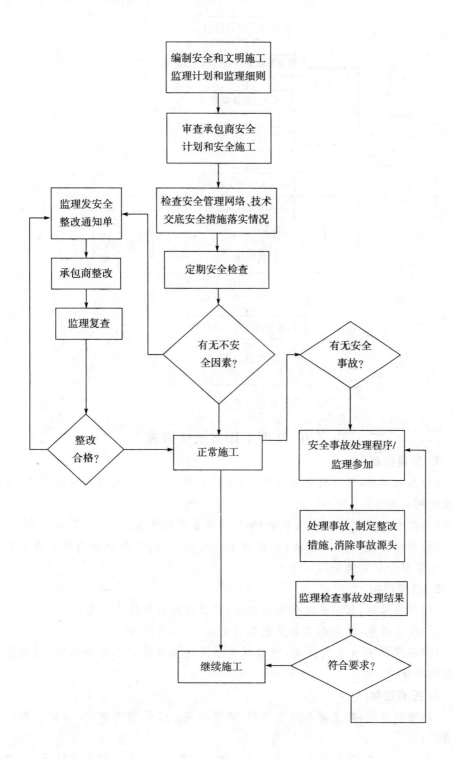

(六)信息管理工作流程图

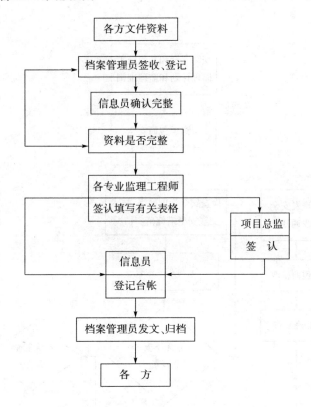

五、监理工作方法及措施

1. 质量控制

(1)组织措施:建立健全监理组织,完善职责分工及有关质量监督制度,落实质量控制的责任;

(2)技术措施:严格事前、事中、事后的质量控制措施;

(3)经济措施及合同措施:严格质量检验和验收,不符合合同规定质量要求的严令整改直至暂停施工。

2. 进度控制

(1)组织措施:落实进度控制的责任,建立进度控制协调制度;

(2)技术措施:建立施工作业进度计划体系,动态的控制工程进度;

(3)经济措施及合同措施:按合同要求及时协调有关各方的进度,以确保工程的进度要求。

3. 投资控制

(1)组织措施:建立健全监理组织,完善职责分工及有关制度,落实投资控制的责任;

(2)技术措施:审核施工组织设计和施工方案,按合理工期组织施工,以避免不必要的赶工费;

(3)经济措施:及时进行计划费用与实际开支费用的比较分析;

(4)合同措施:监督施工单位全面履约,减少对方提出索赔的条件和机会,公正地处理索赔。

六、项目监理机构及工作制度

1. 任命书

本着满足工程监理工作的需要和精干、高效的原则,由_____等同志组成_____工程项目监理机构,对工程进行监理。

_____工程项目监理机构的具体组成如下:由_____同志出任本监理部总监理工程师,_____同志出任现场专业监理工程师,_____同志出任水电专业监理工程师。

2. 监理组织机构框图

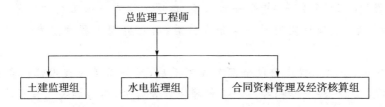

3. 监理工作制度

(1)设计文件图纸审查制度(图纸会审、技术交底):监理工程师在收到施工图设计文件、图纸,在工程开工前,会同施工及设计单位复查设计图纸,广泛听取意见,避免因图纸差错、遗漏,对工程造成不利的影响。并配合、协助设计单位将设计意图、施工要求、技术要求及措施向施工单位做好技术交底工作。

(2)开工报告审批制度:单位工程主要施工准备工作已完成时,施工单位应提交《工程开工申请表》,经检查确认具备开工条件,批准开工。

(3)材料、构件、经验及复验制度:凡投入工程的主要材料和构件,要审查出厂合格证、材质证明,并在现场监理人员监督下取样,送实验室复检,经复检合格后,方可投入使用。

(4)隐蔽工程检查制度:工程隐蔽以前,施工单位应根据《建筑工程施工质量验收统一标准》(GB50300—2001)及其系列验收规范的要求进行自检,并将自检评定资料报专业监理工程师,施工单位应在需检查的隐蔽工程实施前二日,将验收计划提出报监理工程师,监理工程师应排出计划并通知施工单位进行隐蔽工程检查。重点部位或重要项目应会同施工、设计单位共同检查签认。

(5)工程质量监理制度:监理工程师对施工单位的施工质量有监督管理责任,监理工程师在检查工作中发现的工程质量缺陷,应及时记入监理日记内,指明质量部位问题及整改意见,限期整改并复检。对较严重的质量问题,应由监理工程师正式填写《监理工程师通知单》通知施工单位,同时抄报总监理工程师。施工单位应按要求及时做出整改,克服缺陷后通知监理工程师复检签认,如发现工程质量问题已构成工程事故时应按规定程序办理。

① 如检查结果不合格,或检查证所填内容与实际不符,监理工程师有权不予签证。并将意见记入监理日记内,待复检合格后才能予以签证,而后施工单位方可继续下道工序施工。

② 特殊设计的或者与原设计图变更较大的隐蔽工程,在通知施工单位的同时,还应通知设计单位代表参加与监理工程师共同检查签认。

③ 隐蔽工程检查合格后,经长期停工,在复工前应重新组织检查签证以防意外。

(6)工程质量检验制度:监理工程师对施工质量有监督管理的权力责任,包括:

① 监理工程师在检查中发现一般质量问题,应随时通知施工单位及时改正,并做好记录。检验不合格时可发出《监理工程师通知单》限期改正。

② 如施工单位不及时改正,情节严重的,监理工程师可在报请总监理工程师批准后,发出《工程暂停令》指令分部工程、单项工程或全部工程暂停施工。待施工单位改正后,报项目监理机构检验合格后,由总监理工程师签发《工程复工申报表》。

③ 分部、分项工程或分段全部工程完工后,经施工单位技术部门自检合格,可填写相关工程报验资料;经监理工程师现场查验后,签署相关工程报验资料。

④ 施工单位按步骤填写"工程质量检验评定统计表"。

⑤ 监理工程师需要施工单位执行事项,除口头通知外,应及时用《监理工程师通知单》督促施工单位执行。

(7)工程质量事故处理制度,内容如下:

① 工程质量事故发生后,施工单位必须及时用电话或书面形式通报上级,对重大的质量事故,项目监理机构应及时上报建设单位。

② 凡对工程质量事故隐瞒不报,或拖延处理,或处理不当,或处理未经项目监理机构同意的,对事故部分及事故影响的部分工程应视为不合格,不予验工计量;待处理、验收合格后,再补办相关手续。

(8)施工进度监督及报告制度,内容如下:

① 监督施工单位严格按照合同规定的计划进行组织实施,项目监理机构每月以《监理月报》形式向建设单位报告各项工程实施进度与计划进度的对比和形象进度情况。

② 审查施工单位编制的实施性施工组织设计要突出重点,并使各工种、各工序进度密切衔接。

(9)投资监督控制,内容如下:

① 项目监理机构进驻现场后,应及时督促施工单位报送与承包合同相适应的预算台账资料,并随时补充变更设计资料。经常掌握投资变动情况,按期统计分析。

② 对重大变更设计或采用新材料、新技术、新工艺,增减较大投资的工程,项目监理机构应及时掌握并报建设单位,以便投资控制。

(10)监理报告制度,内容如下:

监理组应逐月编写《监理月报》,并对于跨年度的工程,项目监理机构在年末提出本项目的年度报告报建设单位。年度报告或《监理月报》的内容应以具体数字说明施工进度、施工质量、资金使用以及重大安全、质量事故、有价值的经验及建议等。

(11)工程竣工验收制度,内容如下:

① 竣工验收的依据是批准的设计文件(包括变更设计)、工程设计、施工规范和建筑工程施工质量验收规范以及合同协议文件等。

② 施工单位按规定编写和提出验收交验资料,是申请竣工验收的必要条件。竣工资料不齐全、不明确、不清晰者,不能进行验收。

③ 施工单位应在验收前将编好的全部竣工资料及绘制的竣工图纸提供项目监理机构一份,审查确认完整后,报建设单位及相关部门。

(12)监理日记和会议制度,内容如下:

① 监理工程师、现场监理人员应逐日将所从事的监理工作写入监理日志,特别是涉及设计、施工单位和需要返工、整改事项,应详细做出记录。

② 项目监理机构会同建设单位、施工单位每两周召开一次工程例会,检查两周工作;沟通情况,商讨难点问题,布置下两周工作计划,总结经验,不断提高工程管理水平。

七、项目监理机构人员的岗位职责

1. 总监理工程师职责

(1)确定项目监理机构人员的分工和岗位职责;

(2)主持编写项目监理规划、审批项目实施细则,并负责管理项目监理机构的日常工作;

(3)审查分包单位资质,并提出审查意见;

(4)检查和监督监理人员的工作,根据工程项目的进展情况可进行人员调配,对不称职的人员应调换工作;

(5)主持监理工作会议,签发项目监理机构的文件和指令;

(6)审定承包单位提交的开工报告、施工组织设计、技术方案、进度计划;

(7)审核签署承包单位的申请、支付证书和竣工结算;

(8)审核和处理工程变更;

(9)主持或参与工程质量事故的调查;

(10)调解建设单位和承包单位的合同争议、处理索赔、审批工程延期;

(11)组织编写并签发监理月报、监理工作阶段报告、专题报告和项目监理工作总结;

(12)审核签认分部工程和单位工程的质量检验评定资料,审查承包单位的竣工申请,组织监理人员对待验收的工程项目进行质量检查,参与工程项目的竣工验收;

(13)主持整理工程项目的监理资料。

2. 监理工程师职责

(1)负责编制本工程的监理实施细则;

(2)负责本工程监理工作的具体实施;

(3)组织、指导、检查和监督监理员的工作,当人员需要调整时,向总监理工程师提出建议;

(4)审查承包单位提交的计划、方案、申请、变更,并向总监理工程师提出报告;

(5)负责分项工程及隐蔽工程验收;

(6)定期向总监理工程师提交工程监理工作实施情况报告,对重大问题及时向总监理工程师汇报和请示;

(7)根据工程监理工作实施情况做好监理日记;

(8)负责工程监理资料的收集、汇总及整理,参与编写监理月报;

(9)核查进场材料、设备、构配件的原始凭证、检测报告等质量证明文件及其质量情况。根据实际情况在认为确有必要时对进场材料、设备、构配件进行平行检验,合格时予以签认;

(10)负责工程计量工作,审核过程计量的数据和原始凭证。

3. 监理员职责

(1)在监理工程师指导下开展现场监理工作;

(2)检查承包单位投入工程项目的人力、材料、主要设备及其使用、运行状况,并做好检查记录;

(3)复核或从工程现场直接获取工程计量的有关数据并签署原始凭证;

(4)按设计图纸及有关标准,对承包单位的工艺过程或施工工序进行检查和记录,对加工制作及工序施工质量检查结果进行记录;

(5)担任旁站工作,发现问题及时指出并向监理工程师报告;

(6)做好监理日记和有关监理记录。

三、监理实施细则参考样本

_____工程

监理实施细则

项目监理机构(章)：_____

专业监理工程师：_____

总监理工程师：_____

日期：_____

[封面格式]

监 理 细 则

(××办公楼强电安装工程)

[内容提要]　监理目标
　　　　　　关键控制点
　　　　　　监理措施
　　　　　　其他

目　　录

一、工程概况
二、监理范围、目标
三、主要项目监理内容
四、工程质量验收

正文略。

四、监理日记样本

| 日期：____年__月__日　　　　天气：_____ |
| 星期：_____　　　　　　　　　气温：_____ |
| 工程名称：_____ |

监理工作情况			
施工情况	承包单位	施工内容及进度	
其他事项			
本日现场监理人员			
记录人：		总监理工程师：	

××省建设厅监制

[格式]

五、监理例会会议纪要样本

_____会议纪要

工程名称：

各与会单位：

　　现将_____会议要印发给你们，请查收。

附会议纪要正文共_____页

项目监理机构（章）：_____
总监理工程师：_____ 日期：_____

会议地点		会议时间	
组织单位		主持人	
会议议题			
各与会单位及人员签到栏	与会单位		与会人员

××省建设厅监制

[封面格式]

六、监理月报样本

_____工程

监 理 月 报

年度：

月份：

总监理工程师：

_____监理公司

_____项目监理部

年　　月　　日

[封面格式]

目 录

1. 工程概况
2. 承包单位项目组织系统
   (1) 承包单位组织框图及主要负责人
   (2) 主要分包单位承担分包工程的情况
3. 工程进度
   (1) 工程实际完成情况与总进度计划比较
   (2) 本月实际完成情况与总进度计划比较
   (3) 本月工、料、机动态
   (4) 对进度完成情况的分析
   (5) 本月采取的措施及效果
   (6) 本月在施工部位工程照片
4. 工程质量
   (1) 检验批工程验收情况
   (2) 分项工程验收情况
   (3) 分部(子分部)工程验收情况
   (4) 主要施工试验情况
   (5) 工程质量问题
   (6) 工程质量情况分析
   (7) 本月采取的措施及效果
5. 工程计量与工程款支付
   (1) 工程量审批情况
   (2) 工程款审批及支付情况
   (3) 工程款支付情况分析
   (4) 本月采取的措施及效果
6. 构配件与设备
   (1) 采购、供应、进场及质量情况
   (2) 对供应厂家资质的考察情况
7. 合同其他事项的处理情况
   (1) 工程变更
   (2) 工程延期
   (3) 费用索赔
8. 天气对施工影响的情况
9. 项目监理部组成与工作统计
   (1) 项目监理部组织框图
   (2) 监理工作统计
10. 本月监理工作小结

1. 工程概况

工程基本情况见表1：

表 1　工程基本情况表

工程名称							
工程地点							
工程性质							
建设单位							
勘察单位							
设计单位							
承包单位							
质监单位							
开工日期			竣工日期			工期天数	
质量目标			合同价款			承包方式	
工程项目一览表							
单位工程名称	建筑面积/m²	结构类型	地上/地下层数	檐高/m	基础及埋深	设备安装	工程造价/元
工程施工基本情况							

2. 承包单位项目组织系统

(1)承包单位组织框图及主要负责人

说明:

用框图表示承包单位项目经理部主要组成人员的组织系统及人员姓名、职务。并简要介绍承包单位的资质等级,过去的工程业绩、项目经理部各主要负责人的资格证书、职称等主要情况。

(2)主要分包单位承担分包工程的情况

见表2:

表2 主要分包单位情况表

人数(持证人数) / 工种 / 队别					分包工程名称、范围	备注

说明:

1. 队别一栏应注明某所属单位名称到施工队一级,如:"江苏金坛张文队"、"河北涿州李虎队"等。凡规定必须持证上岗的工种(如电工、电焊工、架子工、防水工、试验工等)应注明经过监理人员核实的持证人数。

2. 以分包合同形式将某项专业工程(如高档次的装饰工程、玻璃幕墙、电梯安装、网架制作等)分包给专业工程队或公司。分包单位的施工人员应按照上述要求单独列出。

3. 工程进度

(1)工程实际完成情况与总进度计划比较

见表3：

表3 工程实际完成情况与总进度计划比较表

序号	年月 分部工程名称	年												年											
		1	2	3	4	5	6	7	8	9	10	11	12	1	2	3	4	5	6	7	8	9	10	11	12

＝计划进度　▬实际进度

说明：

本工程的实际完成进度与承包单位编制的工程进度计划的比较。如因工程延误或工程量增加等原因而修改总进度计划时，也应予以说明，并说明第几次修改及修改日期。如工程项目为群体工程包括多个单位(子单位)工程时，应按单位(子单位)工程予以说明。

(2)本月实际完成情况与总进度计划比较

见表4：

表4 本月实际完成情况与总进度计划比较表

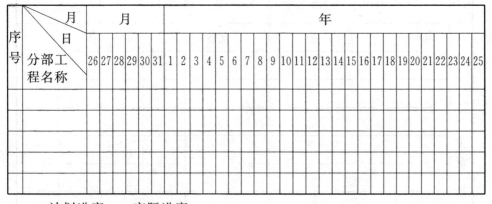

＝计划进度　▬实际进度

说明：

本表"分项工程名称"一栏应按《建筑工程施工质量验收统一标准》(GB50300—2001)附录B采用(分项工程应按主要工种、材料、施工工艺、设备类别等进行划分)。标示进度(计划进度及实际进度)的横道，应粗细适度，字迹清晰。如工程项目为群体工程时，填表时可按栋号连续填写，但应分别注明单位工程名称。

(3)本月工、料、机动态

见表5：

表5 工、料、机动态

人工	工种					其他	总人数
	人数						
	持证人数						
主要材料	名称	单位	上月库存量	本月进厂量	本月库存量	本月消耗量	
主要机械	名称	生产厂家		规格型号		数量	

(4)对进度完成情况的分析

> 说明:
> 按个施工单位(子单位)工程说明本月工程形象本位完成情况,完成或未完成计划进度的原因,如果未完成时应采取相应的措施。

(5)本月采取的措施及效果

> 说明:
> 当实际进度滞后于计划进度时,通过原因分析和进度目标风险分析,制定相应措施:下达监理指令,工地例会,各种层次的专题协调会以及组织措施、技术措施、经济措施和合同措施等。

(6)本月在施工部位工程相片

> 说明:
> 工程照片及反映本月施工部位的全貌。需要的分项和检验施工场景;关键部位的施工质量情况;特别是隐藏工程在隐蔽前的质量情况;以及监理人员在现场检查,验收的实景;另外要有本工程本月所发生的重大事件的记录等等。

4. 工程质量

(1)检验批工程验收情况

见表6:

表6 检验批工程验收情况统计表

序号	单位	验收批次	验收情况	
			承包单位评价	监理单位验收
本月合格率:　　%				

(2)分项工程验收情况

见表7:

表7 分项工程验收情况

序号	分项工程名称	分项工程施工报验表号/工程质量验收记录表号	验收情况	
			承包单位自评	监理单位验收

(3)分部(子分部)工程验收情况

见表8:

表8 分部(子分部)工程验收情况统计表

序号	分部(子公司)工程名称	分部(子分部)工程施工报验表号/分部(子分部)工程质量验收表号	验收情况	
			承包单位自评	监理单位验收

(4)主要工程施工试验情况

见表9：

表9　主要施工试验情况表

序号	试验编号	试验内容	施工部位	试验结论	监理结论

(5)工程质量问题

(6)工程质量情况分析

说明：

本月工程质量情况分析应记述工程测量核验、工程材料、构配件、设备进场核验、涉及结构安全的试块、试件以及有关材料见证取样检验、涉及结构安全和使用功能的重要分部工程的抽样检验，隐蔽工程验收情况；以及经监理核验本月完成的各项和分部工程的具体情况。

(7)本月采取的措施及效果

说明：

本月采取的工程质量措施及效果应记述本月对工程质量检查情况，国家强制性标准条文的执行情况，巡视旁站监理工作的开展情况，按监理规范要求开展施工阶段质量控制工作情况，工程质量问题的处理情况。应突出采取的措施和效果，并举具体示例。

5. 工程计量与工程款支付

(1) 工程量审批情况

> 说明：
> 监理工程师对承包单位本月报送的《工程款支付申请表》进行审核，核定有差异的项目。工程量审批情况应记述工程量审核洽商情况、资料收集情况等内容。

(2) 工程款审批及支付情况

见表10：

表10　工程款审批及支付汇总表

工程名称			合同价			
序号	项目申请	至上月累计		本月		至本月累计	
		申报数	核定数	申报数	核定数	申报数	核定数
1	工程进度款						
2	工程变更费用						
3	费用索赔						
合计							
实际支付数							

(3) 工程款支付情况分析

> 说明：
> (1) 本期对工程计量与工程款审批签认方面的情况；
> (2) 总监理工程师按施工合同约定，签发的工程预付款情况；
> (3) 监理工程师按施工合同约定，本期内抵扣工程预付款的情况；
> (4) 对下月投资额的预计和要求；
> (5) 下一步如何搞好工程造价控制的建议；
> (6) 如本期内建设单位、承包单位提出费用索赔要求，或因工程变更导致的工程款增减的情况，均在本段中予以说明。

(4) 本月采取的措施及效果

> 说明：
> 本月采用的措施及效果应举出具体的示例加以说明。

6. 构配件与设备

(1)采购、供应、进场及质量情况

见表11：

表11　材料、构配件与设备到场情况表

序号	材料、构配件设备名称	规格、型号、产地	数量	日期	合格证及检验报告	检查结果

(2)对供应厂家资质的考察情况

说明：

　　对生产厂家考察情况说明包括对该企业的资质等级证书、营业执照、企业国际标准认证情况（如 GB\T19001—ISO9001:2000）、专业管理人员资格证书、职称、企业生产能力及生产情况、企业业绩等情况。

7. 合同其他事项的处理情况

(1)工程变更

见表12：

表12　工程变更情况表

序号	提出单位	编号	日期	内容摘要	备注

(2)工程延期

说明：

　　工程延期的责任可能在建设单位，也可能在承包单位，应详细说明延期发生的原因、经过、造成的后果及处理经过、存在问题等。

(3)费用索赔

> 说明:
> 费用索赔是双向的,承包单位可向建设单位索赔、建设单位也可以向承包单位索赔。应详细说明索赔发生原因、经过、责任方及处理经过等。

8. 天气对施工影响的情况

见表 13:

表 13 天气对施工影响情况

_____月

日期	天气	最高温度(℃)	最低温度(℃)	风力指数	施工情况	日期	天气	最高温度(℃)	最低温度(℃)	风力指数	施工情况
1						17					
2						18					
3						19					
4						20					
5						21					
6						22					
7						23					
8						24					
9						25					
10						26					
11						27					
12						28					
13						29					
14						30					
15						31					
16											

9. 项目监理部组成与工作统计

(1) 项目监理部组织框图

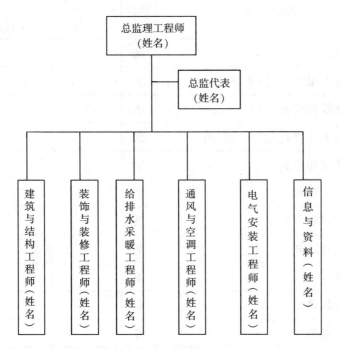

图 1　项目监理部组织框图

(2) 监理工作统计

见表 14、表 15：

表 14　监理抽检一览表

序号	试验所取的工程部位/材料检验的材料名称及所取试件的材料进场日期批号	试件名称	试件规格	试验项目	日期	组数	检验结果

表 15　监理工作统计表

序号	项目名称	单位	本年度		开工以来总计
			本月	累计	
1	监理会议	次			
2	审批施工组织设计（方案）	次			
	提出建议和意见	条			
3	审批施工进度计划（年、季、月）	次			
	提出建议和意见	条			
4	审核施工图纸	次			
	提出建议和意见	条			
5	发出监理通知	次			
	内容含：	条			
6	审批分包单位	家			
7	原材料审批	件			
8	构配件审批	件			
9	设备审批	件			
10	分项（检验批）工程质量验收	项			
11	分项（子分部）工程质量验收	项			
12	不合格工程质量验收	项			
13	监理抽查复试	项			
14	监理见证取样	项			
15	考察承包单位实验室	次			
16	考察生产厂家	次			
17	发出暂停指令	项			
18	清退不合格建筑材料、构配件、设备	批			

说明：(1)按本表的内容逐项填报，并做好本年度累计开工以来总计两项统计数字。(2)凡需要补充的统计项目可顺序自行添加。(3)填报的数据要求真实、准确、全面。

10. 本月监理工作小结

说明：

本月监理工作小结主要记述以下内容：

(1)本月进度、质量、工程款支付等方面情况的综合评价。

(2)本月监理工作情况应记述本月监理人员上岗情况，依据《建设工程监理规范》开展各项审核工作情况，各类监理文件的签发情况，依据各项《监理细则》开展见证取样、巡视旁站、实测实量等工作情况。

(3)有关工程的意见和建议。

(4)下月监理工作的重点应针对本月工程施工中存在的问题和尚未解决的问题；提出下月将采取的针对监理项目部本身工作和工程建设监理工作和工程建设监理工作的有关措施和工作重点。

七、监理工作总结样本

_____工程

监理工作总结

项目总监理工程师：_____
总 工 办 主 任：_____
公 司 经 理：_____
监 理 单 位：_____（盖章）

_____监理有限公司
　　　年　　　月　　　日

[封面格式]

_____工程监理工作总结

本工程于_____年_____月_____日开工,至_____年_____月_____日竣工,我公司于_____年_____月_____日对工程进行初验,工程质量评定为合格。现将该工程项目监理工作情况总结如下:

1. 工程概况
  1.1 项目名称:_____
  1.2 建设单位:_____
  1.3 设计单位:_____
  1.4 承包单位:_____
  1.5 建设地点:_____
  1.6 建筑面积:_____
  1.7 建筑层数:共_____层,其中地下_____层、地上_____层;总高度_____m。
  1.8 建筑物功能:_____
  1.9 基础类型:_____
  1.10 结构类型:_____
  1.11 装修特色:_____
  1.12 防水设防:_____
  1.13 暖、卫与煤气工程:_____
  1.14 电气工程:_____
  1.15 通风与空调工程:_____
  1.16 电梯安装工程:_____

2. 项目监理机构织机构、监理人员和投入的监理设施
  2.1 为履行施工阶段的委托监理合同,完成监理工作任务,我公司在施工现场建立了××工程项目监理机构,实行总监理工程师负责制。
  2.2 项目监理机构由总监理工程师(姓名),土建监理工程师(姓名)、土建监理员(姓名)、安装监理工程师(姓名)、安装监理员(姓名)共_____名人员组成(因工作关系人员有变动的要予以说明),全面履行监理合同约定的监理业务工作。
  2.3 根据工程情况,我们配备了满足监理工作需要的建筑工程多功能检测器、多功能垂直校正器、游标卡尺、钢卷尺、水平尺、万用差、接地电阻测试仪、漏电检测器、焊接检验尺等常规检测设备和工具。

3. 委托监理合同履行情况
  3.1 经过_____天的现场监理工作,在建设单位、设计单位、质监站、承包单位及有关部门的大力支持和密切配合下,圆满地完成了委托监理合同及其专用条件中约定的施工阶段范围的监理业务。保修阶段的监理业务我们将继续认真地去完成。

3.2 三大监理工作目标控制情况。根据工程施工合同要求工程质量、进度、投资三大目标,我们采取了事前控制有预见、事中控制不放松、事后控制严格查的有效措施,使三大目标得到了有效控制。

3.2.1 质量监理目标:实现了工程质量合格/优良。

3.2.2 进度监理目标:实现了施工合同工期_____天竣工(若工期提前或拖后,应简要说明其原因)。

3.2.3 投资监理目标:施工合同中签约总投资额约为_____万元,实际完成投资额并经建设单位认可为_____万元。

3.2.4 委托监理合同纠纷处理情况(在执行委托监理合同过程中,如出现纠纷问题,应叙述主要纠纷事实,并说明通过友好协商得到合理解决的情况)。

3.2.5 建设单位向我项目监理机构免费提供的办公用房,监理人员工地住房、通讯设施及办公桌椅、柜等,已如数归还。(具实写明内容,并说明与建设单位某人办理了归还手续)

4. 监理工作成效

依据《委托监理合同》、同家《建设工程监理规范》和省、市有关建设工程监理法规要求,针对工程项目的实际情况制定了《监理规划》,明确了项目监理机构的工作目标,确定了具体的监理工作制度、程序、方法和措施;根据《监理规划》的要求,针对各专业工程的特点,制定了各专业《监理实施细则》。同时,还建立了图纸会审、工程洽商、分包单位资质审核、施工组织设计审核、工程报验、工程质量评估等_____项管理制度。据此,规范有序地开展施工全过程的各项监理工作。现着重将工程质量、进度、投资三大目标控制完成情况等。总结如下:

4.1 质量控制方面

4.1.1 督促承包单位建立、健全与实施施工管理制度和质量安全文明施工保证体系。建立健全了_____、_____等项制度。

4.1.2 严格把好工程材料、成品、半成品和设备质量关,对进场的主要原材料、成品、半成品和设备,按规定均报验核查,不符合要求的严禁用于工程、并限期撤出现场。审核各类《建筑材料报审表》、《主要工程设备选型报审表》、《主要工程设备进场报验单》共_____份,从而保证了使用在工程中的原材料、成品、半成品和设备均符合要求。

4.1.3 施工过程中采取巡视、见证、旁站、平行检查等控制手段,对施工的部位或工序进行监督,对关键部位或关键工序则实施旁站监督,对每道工序认真检查,本道工序不合格决不允许进入下一道工序。对工序、分项分部工程严格实行工程质量报审和抽查制度。审核各类《工程报验单》共_____份;独立地对工序、分项工程质量复核平行检查记录_____份,占报审工程项目的100%,保证了工程质量。

4.1.4 依据国家《建筑安装工程质量检验评定统一标准》,对工程项目质量进行了评定:该工程共有地基与基础、主体等_____分部。合格率100%,优良率_____%;质量保证资料共核查_____项。符合要求的_____项,基本符合要求的_____项；单位工程观感质量共评定_____项，应得_____分，实行_____分，得分率为_____%，该单位工程质量评为合格/优良。

4.2 进度控制方面

4.2.1 根据建设单位与承包单位正式签订的工程施工总承包合同所确定的工程工期，作为进度控制的总目标。

4.2.2 审查施工组织设计的进度计划是否符合要求，并提出修改意见。

4.2.3 按经审核批准的年、季、月、旬计划实施控制。

4.2.4 审查建设单位、承包单位提出的材料、设备的规格、数量、质量和进场时间是否满足工程进度要求，发现问题及时提出意见。

4.2.5 加强并细化进度计划的监督管理，在施工全过程中，随时检查工程进度，并进行计划值与完成值比较，发现偏离及时提出意见，协助承包单位修改计划，调整资源配置，促使计划的完成。

4.2.6 施工总承包合同工期_____天，实际工期_____天，按计划/或提前_____天完成。（如延期完成计划，应说明延期原因，并经建设单位认可等情况）

4.3 投资控制方面

4.3.1 根据建设单位与承包单位正式签订的工程施工总承包合同所确定的工程总价款，作为投资控制总目标。

4.3.2 认真审查施工组织设计和施工方案，并提出合理化建议，尽可能减少施工费、技术费。

4.3.3 材料、设备订货阶段，协助建设单位进行价格、性能、质量比较，正确选择供应商。

4.3.4 根据建设单位资金调拨情况，在施工工期允许范围内合理调整工程项目和工作顺序，并协助建设单位避免资金被承包单位挪作他用。

4.3.5 严格从造价、项目的功能要求、质量和工期等方面审查工程变更，并在工程变更实施前与建设单位、承包单位协商确定变更的价款，控制工作量的增加。

4.3.6 严格核实工程量和费用支付签证，并公正地按既定程序处理承包单位提出的索赔。

4.3.7 施工总承包合同投资额（原预算）_____万元，实际决算为_____万元。造成投资增加的主要原因有：_____。

4.4 合理建议产生的实际效果情况（应分别说明合理化建议内容、效果、节约资金额等情况）

5. 施工过程中出现的问题及处理情况和建议

主要围绕提高和指导今后监理工作服务的内容，提出出现的主要问题及其处理情况和建议等。

6. 工程照片

有必要时附贴其后。

八、质量评估报告样本

_____工程

工程质量评估报告

建设单位：_____
设计单位：_____
承包单位：_____
监理单位（章）：_____
总监理工程师：_____
公司技术负责人：_____
日期：_____

××省建设厅监制

[封面格式]

目　录

一、工程基本情况
二、质量评估依据
三、工程监理施工质量控制情况
四、监理指令文件
五、质量评估情况及结论

一、工程基本情况

(一)工程概况

工程基本表			
工程名称	××××一期工程		
建设单位	××置业有限公司	质量目标	合格
工程地段	××路以北××路以东	开工日期	××年×月×日
设计单位	××省工业设计研究院	资质及备注	甲级
地下室人防区域设计单位	×××工程设计研究院	资质及备注	国家乙级(人防)
地下室基坑围护设计单位	××省建筑设计研究院	资质及备注	甲级
勘察单位	××省工程勘察院	资质及备注	综合类甲级
监理单位	××工程建设监理公司	资质及备注	甲级,[建]工监企第××号2-2
总包单位	××××建工集团	资质及备注	房屋建筑工程总承包特级
桩基分包单位	××建设有限公司	资质及备注	地基与基础工程专业承包三级
地下室防水施工分包单位	××省建筑防水工程有限公司	资质及备注	建筑防水工程专业承包二级

本工程岩土工程勘察等级为乙级,根据省工程勘察院提供的《岩土工程地质勘察报告》(编号:××××),采用预应力管桩地基,桩承台箱型基础。工程场地地貌属××江冲海积平原,浅部16～17m左右为一套冲海积粉(砂)性土,中部存在巨厚的高压缩性淤泥质粉质黏土和软塑状粉质黏土,下部为性质较好的砂土、砾砂,深部基岩属白垩系上统朝川组泥质粉砂岩。在勘察深度内地基土划分为7个工程地质层,细分为13个工程地质亚层。场地现况大部分为农田、菜地,局部为老宅基人工填土。干湿条件对地下水进行判别:对混凝土无腐蚀性,对混凝土结构中钢筋具有弱腐蚀性;长期浸水条件对地下水进行判别:对混凝土无腐蚀性,对混凝土结构中钢筋无腐蚀性。建筑的场地类别为Ⅲ类;环境类别:±0以下为二a类。±0标高相当于黄海高程6.550m。地下室高度3.8m,局部5.6m,夹层高度2.6m。

各楼均为二类高层住宅楼，建筑物设计使用年限 50 年，地上部分建筑防水等级均为二级，建筑耐火等级二级。建筑结构安全等级二级，抗震设防类别为丙类，抗震设防烈度为六度；地下室抗震等级为三级。桩基础安全等级为二级，地基基础设计等级为甲级。

建筑四周消防车可环通，建筑与周围其他建筑间距高层部分均在 13m 以上，多层部分均在 6m 以上。本工程地上建筑均按二类高层住宅进行单体消防设计。

本工程选用先张法预应力高强混凝土管桩，兼做抗压和抗拔（部分桩），以 5a 层（含砂粉质黏土）、5b 层（砾砂）联合作为桩端持力层。静压沉桩，桩型按标准图《2002 浙 G22》选用其中的 PHC—AB500(100)、PHC—AB600(100)，桩与承台连接选用标准图集中相应详图。人防区域，桩基由××市地下工程设计研究院设计，桩型为 PHC—A500(100)、PHC—A600(110)。

基础底板、剪力墙外墙板、夹层梁板、楼内顶板结构混凝土强度为 C35；室内柱墙、楼梯及−1.8m 地下室顶板混凝土强度等级 C40，基础底板、顶板、剪力墙外墙板抗渗等级 S6。

××楼主体部分，框架抗震等级为四级，剪力墙抗震等级为三级。四层楼面（含四层楼面）以下结构构件混凝土等级采用 C40；九层楼面（含）以下采用 C35；十四层楼面（含）以下采用 C30，十四层以上采用 C25。

±0 以下墙体采用 MU10 烧结多孔砖，M7.5 水泥砂浆砌筑，人防部分墙体用 M10 水泥砂浆砌筑。

±0 以上外墙墙体采用 MU10 烧结多孔砖，M5.0 混合砂浆砌筑。内墙采用蒸压砂加气砌块，A3.5，B06 级，专用砂加气黏结剂砌筑（复试报告待出）。

砌体施工质量控制等级 B 级。

(二) 工程施工情况

1. 承包单位基本情况：根据对总包单位、分包单位及主要工程材料等资源供应单位的考察确定，参建单位有能力完成本工程的施工项目。

2. 工程于××××年×月××日开工，×月×日完成桩基施工，××月×日完成地下室顶板施工。

3. 主要采取的施工方法：

(1) 混凝土由××商品混凝土公司供应，采用泵输送。

(2) 地下室墙体模板采用木胶版模板。

(3) 钢筋接头：电渣压力焊、气压焊、闪光对焊均有采用。

(4) 内墙采用蒸压砂加气砌块墙体。

(5) 其他各工序为常规做法施工。

4. 施工中发生过的质量事故、问题、原因分析和处理结果

在施工全过程中没有发生质量事故，作为一般性的质量问题（包括常见质量通病）在施工过程中有发生，这些问题通过施工单位的自查、自检和监理单位的全过程监督进行整改处理，达到合格后进行下道工序施工。

二、质量评估依据

1. 工程建设委托监理合同；
2. 工程建设施工合同；
3. 施工图纸及施工过程中的工程变更联系单；
4. 施工监理规划及实施细则；
5. 《建筑地基基础工程施工质量验收规范》(GB50202—2002)；
6. 《建筑工程施工质量验收统一标准》(GB50300—2001)；
7. 《砌体工程施工质量验收规范》(GB50203—2002)；
8. 《混凝土结构工程施工质量验收规范》(GB50204—2002)；
9. 《地下防水工程质量验收规范》(GB50208—2002)；
10. 国家或地方建筑工程质量验收有关规程、规定；
11. 原材料复试报告及随机见证取样试件报告。

三、工程监理施工质量控制情况

1. 工程规划控制红线及定位轴线由××建设局规划办提供，高程基准点由××市测绘局提供，并由建设方组织交验，施工单位据此进行放线。经监理单位复核，基础轴线、标高，控制红线规划点的偏差，在规范允许范围内，符合设计及验收规范要求。

2. 桩基单位提交施工组织设计及企业和人员资质经审查满足施工要求同意进场。

3. 桩机具备施工机械报验和产品合格证同意进场施工。

4. 进场的预应力管桩经外观检查和书面资料审查符合验收要求，同意用于本工程。

5. 试桩施工时现场监理人员全程旁站并会同建设、施工、勘察、设计单位共同确认桩端进入持力层后贯入度的控制标准以利于指导工程桩的施工。

6. 工程桩施工时督促施工单位严格遵照经审批的施工组织设计进行压桩。

7. 工程桩施工完毕按照设计和规范要求进行静载和高、低应变的检测，报告显示桩身完整承载力达到设计要求。

8. 部分工程桩偏位经处理符合设计和验收规范要求。

9. 地槽开挖后经建设、勘察、设计、施工、监理五方共同验收，其深度及土质均符合验收要求。

10. 进场的原材料经见证取样复试合格，因此用于工程的材料，符合验收规范要求。

11. 用于基础的钢筋品种、规格、数量、位置、锚固长度、搭接长度，保护层厚度等符合设计及验收规范要求，经建设、监理、施工三方共同验收合格后签认隐蔽验收记录。

12. 钢筋焊接为闪光电焊、气压焊及电渣压力焊，经取样复试，符合验收规范要求。

13. 审查商品混凝土公司的单位资质,现场监理人员对商品混凝土坍落度进行复查,并见证取样制作试块,经试验后达到设计强度设计要求。

14. 严格控制混凝土的坍落度控制,施工过程中随机进行抽测和观察,及时进行调整。

15. 基础混凝土浇捣时,实施旁站监理,未出现严重违规操作行为。

16. 现浇混凝土结构经拆模后检查,总体观感质量好,局部蜂窝、麻面现象,按照技术处理方案进行修补,经复验,符合验收规范要求。

17. 填充墙砌体工程:总体基本符合合格要求。

18. 地基回填土采用基坑开挖原土回填,质量基本符合要求。

19. 根据数理统计方法及非统计方法评定混凝土验收批的立方体抗压强度,评定为合格。

四、监理指令文件

施工过程中共签发监理工程师通知 19 份,监理工作联系单 4 份,备忘录 1 份,整改通知 8 份。

五、质量评估结论

(一)分部分项统计及评定

1. 地基与基础分部

   检验批:246 个　　结论:合格

   分项:　6 个　　结论:合格

2. 主体结构

   检验批:342 个　　结论:合格

   分项:　3 个　　结论:合格

(二)工程技术资料收集、签证情况

1. 桩基

本工程桩基础采用预应力混凝土管桩,由××××建设有限公司施工,并由××××土木工程测试中心作抗压静载及低应变动测试验,结果均符合要求,签证手续齐全。

2. 钢筋质保书及试验报告

本工程基础、主体使用的钢筋规格有$\Phi 28$、$\Phi 25$、$\Phi 22$、$\Phi 20$、$\Phi 18$、$\Phi 16$、$\Phi 25$、$\Phi 22$、$\Phi 20$、$\Phi 18$、$\Phi 16$、$\Phi 14$、$\Phi 12$、$\Phi 10$、$\phi 10$、$\phi 8$、$\phi 6.5$ 共 17 种钢材,钢筋分批进场均有相应的质保书,对进场的钢筋进行抽样复试,并由监理见证,结果均为合格,共试验 229 组。

3. 焊条、焊剂合格证及焊接试验报告

本工程分别选用××强力焊材有限公司生产的 J422 电焊条及××焊接材料有限公司生产的 J502 电焊条,共有出厂合格证各 1 份。

电渣压力焊剂采用××××焊材有限公司生产的焊剂,共有出厂合格证

1份。

本工程竖向结构采用电渣压力焊,地下室有Φ25、Φ22、Φ20、Φ18、Φ25、Φ22、Φ20、Φ18、Φ16共9种规格,共试验65组;10#楼主体有Φ18、Φ16、Φ14共3种规格,共试验51组;6#楼有Φ20、Φ18、Φ16、Φ14共4种规格,共试验166组。

地下室采用气压焊的有Φ28、Φ25、Φ22、Φ20、Φ18、Φ18、Φ16共7种规格钢筋,共试验100组;10#楼有Φ18、Φ16共2种规格钢筋,共试验34组;6#楼有20共1种规格钢筋,共试验51组。

地下室采用对焊的有Φ25、Φ22、Φ20、Φ18、Φ16共5种规格钢筋,共试验35组。

钢筋焊接均按规定进行抽样试验,并经监理见证,结果合格。

4. 水泥出厂合格证、试验报告

本工程基础垫层及砖砌体所用的水泥均采用××××水泥有限公司生产的PO32.5水泥,每批水泥进场后,均按要求进行抽样试验,共试验11组,结果均合格。

5. 砖出厂合格证、试验报告

本工程地下室砌体采用烧结黏土普通砖,M7.5水泥砂浆;主体砌体采用烧结黏土多孔砖,M5.0混合砂浆;内墙采用蒸压加气混凝土砌块,专用加气砌块黏结剂砌筑,各类砖进场均有合格证,并经抽样复试,共试验33组,结果均合格。

6. 防水材料

本工程地下室底板及外墙侧板采用自防水砼C35S6,顶板采用C40S6,共留置抗渗试块58组,试验结果均为合格;后浇带基础垫层及外墙板防水采用××防水材料有限公司生产的JS防水涂料,防水涂料经复试合格,共计检测报告1份。

7. 砼试块

本工程基础、主体现浇砼采用××××生产的商品砼,并按《混凝土结构工程施工质量验收规范》GB50204—2002要求对各部位留置砼抗压试块:地下室共留置245组;10#楼共留置35组,6#楼共留置81组,试验结果均为合格。(部分试验报告待出)

8. 砂浆试块

本工程地下室砖砌体砂浆采用M7.5水泥砂浆,共留置砂浆试块12组,主体砖砌体砂浆采用M5.0混合砂浆,10#楼共留置18组,6#楼共留置17组,试验报告均为合格。(部分试验报告待出)

9. 地基验槽

本工程基础挖土后对基底土质、基坑尺寸,地下水位及基底土壤扰动情况会同设计、勘察、建设、监理单位及有关人员进行验收并作好签证,共有记录10份。

10. 砼施工日记

本工程砼施工日记按要求对天气、砼浇捣部位、施工活动情况及坍落度等情况进行详细记录,地下室共有记录100份;10#楼共有记录18份,6#楼共记录

49份。

11. 隐蔽工程验收记录

本工程对各分项工程进行隐检验收,地下室共记录97份,×楼共记录54份,×楼共记录112份,签证手续齐全。

12. 技术复核记录

本工程对各道工序的轴线、截面尺寸、标高进行复核,并认真填好复核记录,均由质量员签证。

13. 沉降观测记录

本工程6#楼共设置20个沉降观测点,最近观察时间为2007年11月30日,最大沉降为17mm,最小沉降为6mm,沉降差为11mm(不在同一区块);10#楼共设置7个沉降观测点,最近观察时间为2007年11月19日,最大沉降为17mm,最小沉降为6mm,沉降差为11mm;沉降均符合要求,详见沉降观测记录。

14. 安装工程检验情况

电施安装完成了基础接地、避雷引下线的焊接、强弱电支管的预埋配管工作,接地焊接材料规格、位置、焊接质量等符合设计及规范要求,支管配管型号符合设计要求,管路切口平整,连接牢固,接地可靠。地下室防雷接地、引上线检验批8份,强弱电预埋配管检验批12份,接地电阻测试检验记录2份;10#楼强弱电预埋配管检验批19份,等电位联结检验批17份。技术资料齐全,施工质量符合规范要求;6#楼强弱电预埋配管检验批54份,等电位连接检验批51份,技术资料齐全,接地电阻测试检验批记录3份。施工质量符合规范要求;水施安装工程完成了地下室各类防水套管的预埋工作,防水套管的规格、型号经核查符合设计要求,安装位置准确,有隐检记录7份,施工资料齐全,施工质量符合规范要求;材料进场均有合格证,有资料7份。经监理检查,以上内容基本符合要求。

(三)结构实体检验情况

1. 同条件养护试块

根据《混凝土结构工程施工质量验收规范》(GB50204—2002)对各部位留置同条件养护试块。地下室共留置66组;10#楼共留置18组;6#楼共留置51组;试验结果均为合格。(部分报告待出)

2. 钢筋保护层

本工程委托××××检测科技有限公司试验室进行钢筋保护层、层高及楼板厚度检测,结果均为合格。(详见检测报告)

(四)暂缺资料情况

目前,主要未完成的资料有:×楼混凝土强度评定及砌体资料、×楼砌体施工资料。

(五)综合评定

1. 地基与基础工程施工质量符合设计和验收规范要求。
2. 质量控制资料基本完整。

3. 安全检查和功能检验（检测）报告符合要求。
4. 观感质量验收符合要求。
5. 评估结论：
   ××××× 地基与基础分部暂定为合格；
   ×× 主体结构分部暂定为合格。

           ×× 工程建设监理公司
           ×××× 项目监理部
           ×××× 年 ×× 月 ×× 日

九、旁站监理记录表样本

旁站监理记录表

工程名称：	
日期及气候：	工程地点：
旁站监理的部位或工序：	
旁站监理开始时间：	旁站监理结束时间：
施工情况：	
监理情况：	
发现问题：	
处理意见：	
备注：	
承包单位：_____ 项目经理部：_____ 质检员（签字）：_____ 年　月　日	监理单位：_____ 项目监理机构：_____ 旁站监理人员（签字）：_____ 年　月　日

××省建设厅监制

［格式］

Ⅲ. 案例分析题参考答案

第 一 章

[案例 1 分析解答]

监理合同(草案)中有如下几点不妥,简述如下:

1. 建设工程监理性质是服务性,监理单位和监理工程师"将不是,也不是成为任何承包商工程的承包人或保证人"。若将设计、施工出现的问题与监理单位直接挂钩,这与工作的性质不符。

2. 监理单位与建设单位和承包商是相互独立、平等的三方。为了保证其独立性与公正性,《建设工程监理规定》第二十条规定:势必将监理单位的经济利益与承包商的利益联系起来,不利于监理工作的公正性。

3. 第三条中对于施工期间施工单位发生施工人员伤亡,按《建筑法》第四十六条规定,监理人员在责任期内,如果因监理人员过失而造成了委托人的经济损失,应当向委托人赔偿。累计赔偿总额不应超过监理报酬总额(除去税金)[或赔偿金直接经济损失×报酬比率(扣除税金)]。

[案例 2 分析解答]

按照工程监理实施原则中"权责一致的原则",监理工程师承担的职责应与业主授予的权限一致。监理单位在与业主进行合同委托内容磋商时,应向业主讲明有些内容关系到投资方的切身利益,即对工程项目有重大影响的,必须由业主决策确定,监理工程师可以提出参考意见,但不能代替业主决策。

第 5 条"决定工程设计方案"不妥。

因为工程项目的方案关系到项目的功能、投资和最终效益,故设计方案的最终确定权应有业主决定;监理工程师可以通过组织专家进行综合评审,提出推荐意见,说明优缺点,由业主决策。

第 9 条"签订工程设计合同"不妥。

工程设计合同应由业主与设计单位签订。监理工程师可以通过设计招标,协助业主择优选择设计单位,提出推荐意见,协助业主起草设计委托合同,但不能代替业主签订合同。设计合同的甲方——业主作为当事人一方承担合同中甲方的责、权、利,监理工程师代替不了。

第 二 章

[案例 1 分析解答]

(1) 不妥；正确做法：涉及工程项目的重大问题由业主决策。
(2) 不妥；正确做法：调整后的施工组织设计应经项目监理机构(或总监理工程师)审核、签认。
(3) 不妥；正确做法：由总监理工程师主持修订监理规划。
(4) 不妥；正确做法：由总监理工程师负责处理合同争议。
(5) 不妥；正确做法：由总监理工程师主持整理工程监理资料。

[案例 2 分析解答]

1. 对第 1 个问题的分析
(1) 不妥之处：总监理工程师组织召开第一次工地会议。正确做法：由建设单位组织召开。
(2) 不妥之处：要求施工单位办理施工许可证。正确做法：由建设单位办理。
(3) 不妥之处：要求施工单位及时确定水准点与坐标控制点。正确做法：由建设单位(监理单位)确定。

2. 对第 2 个问题的分析
(1) 不妥之处：设计单位组织召开交底会。正确做法：由建设单位组织。
(2) 不妥之处：总监理工程师直接向设计单位提交《设计修改建议书》。正确做法：应提交给建设单位，由建设单位交给设计单位。

3. 对第 3 个问题的分析
(1) 检查施工单位专职测量人员的岗位证书及测量设备检验证书；
(2) 复核(平面和高程)控制网和临时水准点的测量成果。

第 三 章

[案例 1 分析解答]

1. 该工程咨询公司不具备工程监理企业的资质。工程监理企业的资质应通过向相应的建设行政主管部门申请，经过批准后才能具备承揽工程的资格，而不是自己对照文件，认为符合规定的要求后，就自然取得资格。

2. 工程咨询公司适合申请市政公用工程这个工程类别。因为该工程咨询公司主要从事市政公用工程的咨询工作，在该领域具有自身的优势。

3. 工程咨询公司的行为有如下不妥之处：(1) 未取得工程监理资质而承揽监理业务；(2) 在非法承揽监理业务过程中，采取了恶性降价压价的手段。这两点违背了工程监理企业的守法经营准则。在监理过程中,给承包商提供方便,接受承包商好处,违背了工程监理企业的公正经营准则。

4. 按照《建设工程质量管理条例》,该工程咨询公司是属于未取得资质证书承揽工程,应予以取缔,并处以监理酬金1倍以上2倍以下的罚款即20万以上40万以下的罚款,并没收违法所得。

[案例2分析解答]

1. 该住宅小区属于一等房屋建筑工程项目,应由具有甲级资质等级的监理单位进行监理。

2. 监理单位的不妥行为和处罚如下:

(1)监理单位A超越本企业资质等级承揽监理业务,责令停止违法行为,处合同约定的监理酬金1倍以上2倍以下的罚款;可以责令停业整顿,降低资质等级;情节严重的,吊销资质证书;有违法所得的予以没收。

(2)监理单位B允许其他单位以本企业的名义承揽监理业务的,责令改正,没收违法所得,处合同约定的监理酬金1倍以上2倍以下的罚款;可以责令停业整顿,降低资质等级;情节严重的,吊销资质证书。

(3)监理单位无权指定材料供应商,更不能与材料供应商有利害关系,监理单位与设备供应单位有隶属关系或其他利害关系,责令改正,处5万元以上10万元以下罚款,降低资质等级或者吊销资质证书;有违法所得的,予以没收。

(4)监理单位将不合格的材料按照合格签字的,责令改正,处5万元以上10万元以下的罚款,降低资质等级或吊销资质证书,有违法所得的,予以没收。造成损失的,承担连带赔偿责任。

[案例3分析解答]

1. 监理单位违反了"守法,诚信,公正,科学"的准则。(1)作为监理单位,要依法经营,在核定的业务范围内开展经营活动;(2)该监理单位具有公路工程的监理资质而不具有房屋建筑工程的监理资质,超越经营范围,违反了"守法"的准则;(3)该监理单位借用了其他监理单位的资质证书,违反了"诚信"准则。

2. 工程分包应履行的程序包括:(1)总承包商在投标文件中说明要分包的事项;(2)由总承包商选择分包商,工程师审查批准;(3)总承包商与分包商签订分包合同。

第 四 章

[案例1分析解答]

1. 目标控制流程框图:

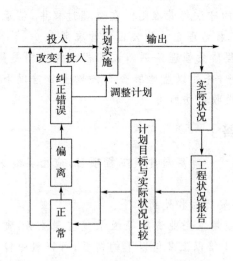

2. 主动控制与被动控制是控制实现项目目标必须采用的控制方式,两者应紧密结合起来。在重点做好主动控制前的同时,必须在实施过程中进行定期连续的被动控制。

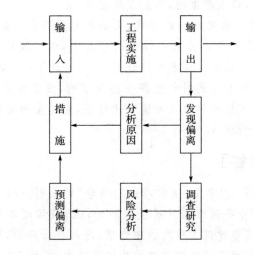

3. 目标控制的综合措施包括:

(1)组织措施。包括落实目标控制的组织机构和人员,明确监理人员任务和职能分工,权力、责任,建立考核、考评体系。采取激励措施发挥、调动人员积极性、创造和工作潜力。

(2)技术措施。包括对技术方案论证、分析、采用,科学试验与检验,技术开发创新与技术总结等。

(3)经济措施。技术、经济的可行性分析,论证、优化,以及工程概预算审核资金使用计划,付款等的审查,未完工程投资预测等。

(4)合同措施。协助建设单位进行工程组织管理模式和合同结构选择与分析,合同签订、变更履行等的管理,依据合同条款建立相互约束机制。

[案例 2 分析解答]

1. 原框图中主动控制和被动控制的工作流程关系不妥。因为原框图把主动控制与被动控制的工作流程关系颠倒，所以应改为：

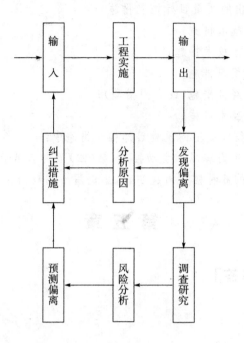

2. 目标控制（被动）流程框图如下：

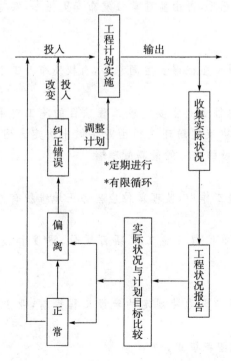

[案例 3 分析解答]

1. 监理工程师在进行目标控制时应采取组织方面措施、技术方面措施、经济方面措施、合同方面措施。
2. 总监理师提出的质量目标控制措施中：
(1)第一条属于技术措施；
(2)第二条亦属于技术措施；
(3)第三条属于组织措施；
(4)第四条属于经济措施(或合同措施)；
(5)第五条属于技术措施。
3. 在总监理工程师提出的质量目标控制措施中：
第一、二、三、五项内容属于主动控制；第(四)项内容属于被动控制。
4. 在列举出来的 6 种控制措施中，本案例用不到政治措施和法律措施。

第 五 章

[案例 1 分析解答]

1. 分析如下：
(1)第一条不妥。
正确的是：设计变更的审批权在业主。任何设计变更须经监理单位审查后，报业主审查、批准，同意后，再由监理单位发布变更指令，实施变更。
(2)第二条正确。
(3)第三条不妥。
正确的是：监理单位在征得业主同意后，有权发布开工令、停工令、复工令。
(4)第四条不妥。
正确的是：监理单位受业主委托就工程项目的施工对承包人进行全面的监督、管理，对某些重大决策问题还必须由业主做出决定。因此，监理单位不是也不可能是工程项目建设的唯一的最高管理者。
(5)第五条不妥。
正确的是：在监理工作中，监理单位应当公正地维护有关方面的合法权益。
(6)第六条不妥。
正确的是：监理单位有实施工程项目质量、进度和投资三方面的监督控制权。
(7)第七条不妥。
正确的是：监理单位努力使规定的建设工程提前，业主应按约定予以奖励，但不是利润分成。
2. 宜采用直线式组织模式。

直线式的组织结构模式适用于监理项目能划分为若干个相对独立子项的大、中型建设项目。因为该公路建设项目由两个承包人分别承包,所以可以采用这种模式。其组织结构图如下:

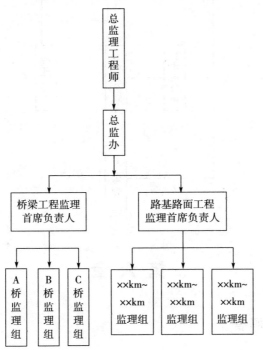

[案例2分析解答]

1. 直线职能制监理组织机构示意图如下:

2. 各方关系如图所示:

3. 不能签认。因C公司为设计分包单位,所以设计变更应通过设计总承包单位A办理。

4. 应侧重审查的内容包括:质量管理、技术管理的组织机构;质量管理、技术管理的制度;专职管理人员和特种作业人员的资格证、上岗证。

5. 还应提供的资料包括:拟分包工程内容和范围;专职人员和特种作业人员的资格证、上岗证。

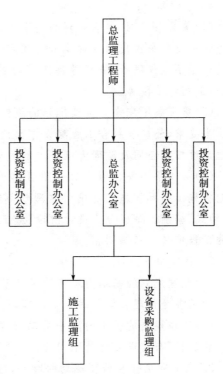

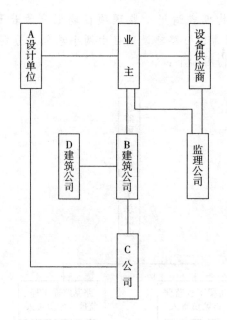

第 六 章

[案例 1 分析解答]

1. 分析如下:

(1) 第 2 条提到"监理规划的基本作用是指导施工阶段的监理工作"不恰当。因为背景材料中提出的条件是业主委托监理单位进行"实施阶段的监理",所以监理规划不应仅限于"是指导施工阶段的监理工作"这一作用,还应包括设计阶段、施工招标阶段等。

(2) 第 3 条不完全。监理规划的编制不但应符合监理合同、项目特征和业主的正当要求,还应当符合工程建设方面的法律、法规,政府批准的工程建设文件,其他建设工程合同及监理大纲等方面的要求。

(3) 第 4 条不妥。因为工程项目建设中,往往工期较长,所以在设计阶段不可能将施工招标和施工阶段的监理规划"一气呵成"地编制完成,应分阶段进行"滚动式"编制。一般分为设计阶段、施工招标阶段和施工阶段,并根据各阶段输出的工程信息分别编制。

2. 分析如下:

(1) 监理规划的基本内容中的第 2 条不宜编入监理规划中,因为监理单位的权利和义务是监理合同中的重要内容,是监理规划编写的依据之一。

(2) 监理规划的基本内容中的第 3 条不宜编入监理规划中,因为"监理单位的经营目标"与监理目标是不同的。

3. 在向业主提及监理规划的时间,应做如下安排:

(1)设计阶段:其监理规划提交的时间是合适的,但施工招标阶段和施工阶段的监理规划提交的时间不妥。

(2)施工招标阶段:应在招标开始前一定的时间内向业主提交施工招标阶段的监理规划。

(3)施工阶段:其监理规划应在施工开始前一定时间内提交给业主。

4. 监理工程师在施工阶段应掌握和熟悉下列质量控制技术依据:

(1)设计图样及设计说明书;

(2)工程质量评定标准及施工验收规范;

(3)监理合同及其他工程建设合同;

(4)工程施工规范及有关技术规程;

(5)业主对工程有特殊要求时,应熟悉有关控制标准及技术指标。

5. 审查时间安排

(1)对总包单位的资质审查应安排在施工招标阶段投标单位的资格预审时,并在评标时也要对其综合能力进行一定的评审。

(2)对分包单位的资质审查应安排再分包合同签订前,由总包单位将分包工程和拟选择的分包单位资质材料提交总监理工程师,经总监理工程师审核确认后,总承包单位与之签订工程分包合同。

6. 如果监理工程师发现施工单位未经总监理工程师批准而擅自将工程分包,根据监理规划中质量控制的措施,监理工程师应报告总监理工程师。经总监理工程师批准或经总监理工程师授权可责令施工单位停工,而不能由监理工程师随意责令施工单位停工。

7. 在这4项措施中,第4条不够严谨。分析如下:

(1)施工单位"实际完工的工程量"不一定是施工图样或合同内规定的内容或监理工程师制定的工程量。即监理工程是只对图样或合同或监理工程师制定的工程量才给予计量。

(2)"按实际完工的工程量签证工程款付款凭证"应改为"按实际完工的、经监理工程师检查合格认可的工程量签证工程款付款凭证",即只有合格的工程才能办理签证。

[案例2分析解答]

1. 在监理组织机构设置步骤中,一是不应包括"确定管理层次";二是其顺序不对,正确的步骤应是"确定监理目标→确定监理工作内容→组织结构设计→确定监理工作流程"。

2. 招标文件内容中的第4条、第6条、第8条不正确,因为这几条应是招标文件中的内容。

3. 不恰当之处是监理规划编制依据中不应包括施工组织设计和监理实施细则。因为施工组织设计是由施工单位(或承包单位)编制的指导施工文件,是监理工程师重点审查的文件之一;监理实施细则是根据监理规划编制的,即在总监理工程师的主持下编制完成监理规划后分专业编制监理实施细则。

4. 各监理人员职责划分中的问题分析如下：

(1)总监理工程师职责：第3条、第4条不妥。第3条中的"工程计量、签署原始凭证"应是监理员职责；第4条应为监理工程师职责。

(2)监理工程师职责：第1条、第3条、第4条、第5条不妥。第3条、第5条应是监理员的职责；第1条、第4条应是总监理工程师的职责。

(3)监理员职责：应将总监理工程师职责的第3条和监理工程师职责的第3条、第5条移过来。

Ⅳ. 考证训练题

1. 建设工程监理行为的主体是（   ）。
   A. 工程监理企业　　　　　　　　B. 建设单位
   C. 承建单位　　　　　　　　　　D. 建设行政主管单位
2. 建设工程监理具有（   ）的性质。
   A. 服务性　　　B. 科学性　　　C. 独立性　　　D. 强制性
   E. 公正性
3. 在委托监理的建设工程中监理单位与承建单位不得有隶属关系和其他利益关系，这个要求反映了建设工程监理的（   ）。
   A. 服务性　　　B. 科学性　　　C. 独立性　　　D. 公正性
4. 监理单位，建设单位和承建单位都是（   ）关系。
   A. 建筑市场主体　B. 合同　　C. 监理与被监理　D. 委托服务
5. 工程建设监理实施的对象是（   ）。
   A. 工程建设项目　　　　　　　　B. 工程设计项目
   C. 工程施工项目　　　　　　　　D. 工程勘察项目
6. 工程建设监理的中心任务是（   ）。
   A. 控制工程项目目标　　　　　　B. 控制工程项目建设
   C. 控制监理单位的职权　　　　　D. 控制工程进度
7. 监理单位是工程建设活动的"第三方"意味着工程建设监理具有（   ）。
   A. 服务性　　　B. 独立性　　　C. 公正性　　　D. 科学性
8. 工程建设监理必须由（   ）。
   A. 项目法人委托和授权　　　　　B. 监理单位投标
   C. 政府主管部门批准　　　　　　D. 承包商接受
9. 下列哪些人员没有签字权（   ）。
   A. 总监理工程师　　　　　　　　B. 总监理工程师代表
   C. 专业监理工程师　　　　　　　D. 监理员
10. 总监理工程师的职责包括（   ）。
    A. 审查分包单位的资质，并提出审查意见
    B. 主持监理工作会议，签发项目监理机构的文件和指令
    C. 审核签署施工承包单位的申请、支付证书和竣工结算
    D. 不参与工程质量事故的调查。
11. 下列不属于总监理工程师代表的职责（   ）。
    A. 负责总监理工程师指定或交办的监理工作

B. 按总监理工程师的授权,行使总监理工程师的部分职责

C. 按总监理工程师的授权,行使总监理工程师的部分权力

D. 主持编写项目监理规划、审批项目监理实施细则

12. 下列哪些不属于专业监理工程师的职责(　　)。

　　A. 负责编制本专业的监理实施细则

　　B. 根据本专业监理工作实施情况做好监理日记

　　C. 负责本专业分项工程验收及隐蔽工程验收

　　D. 做好监理日记和有关的监理记录

13. 下列哪些不属于监理员的职责(　　)。

　　A. 担任旁站工作,发现问题及时指出并向专业监理工程师报告

　　B. 复核或从施工现场直接获取工程计量的有关数据并签署原始凭证

　　C. 在专业监理工程师的指导下开展现场监理工作

　　D. 负责本专业的工程计量工作,审核工程计量的数据和原始凭证

14. 监理工程师的素质包括(　　)。

　　A. 具有较高的工程专业学历和复合型的知识结构

　　B. 具有丰富的工程建设实践经验

　　C. 具有良好的品德

　　D. 具有健康的体魄和充沛的精力

15. 下列不属于监理工程师承担的监理责任(　　)。

　　A. 未对施工组织设计中的安全技术措施或者专项施工方案进行审查

　　B. 发现安全事故隐患未及时要求施工单位整改或者暂时停止施工

　　C. 施工单位拒不整改或者不停止施工,及时向有关主管部门报告

　　D. 未依照法律、法规和工程建设强制性标准实施监理

16. 下列哪个不是监理工程师执业资格考试遵循的原则(　　)。

　　A. 公开　　　　B. 公平　　　　C. 严肃　　　　D. 公正

17. 监理工程师执业资格注册包括(　　)。

　　A. 初始注册　　B. 续期注册　　C. 变更注册　　D. 最终注册

18. 对于监理工程师在执业中,因过错造成质量事故的,(　　)年以内不予注册,情节特别恶劣的,终身不予注册。

　　A. 3年　　　　B. 4年　　　　C. 5年　　　　D. 6年

19. 下列单位中,有条件提出申请兼承监理业务的是(　　)。

　　A. 工程承包单位　　　　　　B. 房地产开发公司

　　C. 工程设计单位　　　　　　D. 政府有关部门

20. 决定监理单位与项目业主和被监理单位关系的是(　　)合同。

　　A. 工程建设监理合同

　　B.(被监理单位与业主签订的)其他工程建设合同

　　C. 工程咨询合同

　　D. A+B

21. 当业主与第三方发生争议时,监理机构( )。
    A. 应根据业主授权,代表业主与第三方进行协商
    B. 不宜介入争议,宜提供作证材料,供仲裁机关调解
    C. 不宜介入争议,宜提供作证材料,供政府建设行政主管部门调解
    D. 应以独立的身份判断,公正的进行调解,调解不成,再由仲裁机关仲裁

22. 项目法人授予监理单位对工程施工进度有( )。
    A. 审核,签认权   B. 复核,确认权
    C. 检查,监督权   D. 批准权

23. 在施工阶段实施工程监理时,监理单位对选择分包单位有( )。
    A. 建议权
    B. 确认权与否决权
    C. 经总包单位确认后,才能确认或否决
    D. 经业主同意后,再能确认或否决

24. 对工程监理企业业务范围规定,下列说法正确的是( )。
    A. 甲级资质监理企业的经营范围不受国内地域限制,乙、丙级资质监理企业的经营范围受国内地域限制
    B. 甲、乙、丙级资质监理企业的经营范围均不受国内地域限制
    C. 甲级工程监理企业只可能监理经核定的工程类别中一、二、三等工程
    D. 丙级工程监理企业只可能监理本省内经核定的工程类别中三等工程
    E. 乙级工程监理企业可能监理经核定的工程类别中二、三等工程

25. 监理企业按照其拥有的( )等资质条件申请资质。
    A. 监理人员的数量   B. 专业技术人员的数量
    C. 注册资本   D. 监理业绩
    E. 成立年限

26. 新设监理企业,应在( )后方可到建设行政主管部门办理资质申请手续。
    A. 其主管部门同意   B. 取得企业法人营业执照
    C. 达到规定的监理业绩   D. 达到规定的年限

27. 在实施监理的工程项目中,监理单位应当成为( )。
    A. 委托方的全权代表
    B. 业主与承建商合同纠纷的仲裁人
    C. 公正地维护业主合法权益的一方
    D. 公正地维护社会公众利益的一方

28. 工程监理企业从事工程监理活动,应当遵循"守法、诚信、公正、科学"的准则,其中"守法"的具体要求为( )。
    A. 在核定的范围内开展经营活动
    B. 不伪造、涂改、出借、出租、转让、出卖《资质等级证书》

C. 按照合同的约定认真履行其义务

D. 离开原住所地承接监理业务,要主动向监理工程所在地省、自治区、直辖市建设行政主管部门备案登记,接受其指导和监督

E. 建立健全内部管理制度

29. 在控制的基本环节中,控制的前提工作是(   ),它与控制是不可分割的,它们之间构成一个交替出现的循环链。

    A. 计划　　　　B. 组织　　　　C. 指挥　　　　D. 协调

30. 在下列各项工作中,属于监理工程师对"投入"的控制工作是(   )。

    A. 必要时下达停工令

    B. 对施工工艺工程进行控制

    C. 审查施工单位提交的施工方案

    D. 做好工程预验收工作

31. 在下列各项工作中,属于监理工程师目标控制的被动控制工作的是(   )。

    A. 从工程实施工程中发现问题

    B. 制定备用方案

    C. 目标控制风险分析

    D. 采取预防措施

32. 若在施工过程中进行严格的质量控制,发现质量问题及时返工,可能会影响工程局部进度,但却能起到保证进度的作用,这表明在质量目标和进度目标之间存在(   )关系。

    A. 对立

    B. 统一

    C. 既对立又统一

    D. 既不对立又不统一

33. 在控制过程的基本环节中,处于投入与反馈之间的环节是(   )。

    A. 实施　　　　B. 转换　　　　C. 对比　　　　D. 纠正

34. 下列不属于建设工程目标分解原则的是按(   )的原则。

    A. 工程部位分解

    B. 自上而下逐层分解,自下而上逐层综合

    C. 区别对待,有粗有细

    D. 工种分解

35. 建设工程目标分解最基本的方式是按(   )分解。

    A. 总投资构成内容　　　　B. 工程内容

    C. 资金使用时间　　　　　D. 工程进度

36. 下列工作中,属于施工阶段进度控制任务的是(   )。

    A. 做好对人力、材料、机械、设备等的投入控制工作

    B. 审查确认施工分包单位

    C. 审查施工组织设计

    D. 做好工程计量工作

37. 由于工程项目系统本身的状态和外部环境是不断变化的,相应地就要求控制工作也随之变化,目标控制的能力和水平也要不断提高,这表明目标控制是一种(　　)过程。
    A. 循环控制　　B. 动态控制　　C. 主动控制　　D. 反馈控制
38. 在建设工程目标管理中,控制流程的每一循环都始于(　　)。
    A. 计划　　　B. 转换　　　　C. 投入　　　　D. 输出
39. 建设工程投资控制追求的最高目标是(　　)。
    A. 结算等于合同价
    B. 预算价不超过投资估算价
    C. 实际投资不超过计划投资
    D. 在投资目标分解的各个层次上,实际投资均不超过计划投资
40. 对于建设工程目标控制来说,纠偏一般是针对(　　)而言采取纠偏措施的。
    A. 计划值　　B. 实际值　　C. 负偏差　　D. 正偏差
41. 为了有效地控制项目目标,必须将主动控制与被动控制紧密结合起来,并且按照(　　)的原则处理好两者之间的关系。
    A. 主动控制为主,被动控制为辅
    B. 被动控制为主,主动控制为辅
    C. 主动控制与被动控制并重
    D. 力求加大主动控制在控制过程中的比例,同时进行定期、连续的被动控制
42. 对由于业主原因所导致的目标偏差,可能成为首选措施的是(　　)。
    A. 组织措施　　B. 技术措施　　C. 经济措施　　D. 合同措施
43. 建设工程投资目标分解方法有(　　)。
    A. 按建设工程的投资费用组成分解
    B. 按年度、季度分解
    C. 按建设目标分解
    D. 按建设工程实施阶段分解
    E. 按建设工程组成分解
44. 与设计阶段相比,(　　)应列为施工阶段监理目标控制的重点工作。
    A. 制定建设工程目标规划　　　B. 新增工程费用控制
    C. 提高建设工程的适应性　　　D. 严格控制工程变更
    E. 工程实体质量控制
45. 下列关于建设工程进度控制的表述中,正确的是(　　)。
    A. 局部工期延误的严重程度与其对进度目标的影响程度之间不存在某种等值关系
    B. 在工程建设早期由于资料详细程度不够而无法编制进度计划
    C. 合理确定具体的搭接工作内容和搭接时间,是进度计划优化的重要

内容
D. 进度控制的重点对象是关键线路上的各项工作
E. 组织协调对进度控制的作用最为突出且最为直接

46. 下列内容中,属于施工阶段质量控制任务的是(   )。
   A. 审查施工组织设计   B. 做好工程计量工作
   C. 做好工程变更方案比选   D. 协助业主做好现场准备工作
   E. 组织质量协调会

47. 一种既有利于加强子项目监理工作,又有利于监理职能部门开展工作,适合于大中型工程项目监理,并且命令源较少的项目监理组织形式是(   )。
   A. 按子项分解的直线制监理组织   B. 职能制监理组织
   C. 矩阵制监理组织   D. 按建设阶段分解的监理组织

48. "调解建设单位与承包单位的合同争议、处理索赔"是(   )的基本职能。
   A. 总监理工程师   B. 专业监理工程师
   C. 总监理工程师代表   D. 监理员

49. 项目监理机构的(   )就是在"人员、人员界面"、"系统、系统界面"、"系统、环境界面"之间,对所有的活动及力量进行联系、联合、调和的工作。
   A. 协调管理   B. 组织分工   C. 内部协作   D. 对外联系

50. (   )是建设工程监理中最常用的一种协调方法。
   A. 会议协调法 B. 交谈协调法 C. 书面协调法 D. 访问协调法

51. 整体效应不等于其局部效应的简单相加,各局部效应之和与整体效应不一定相等,这就是(   )的原理。
   A. 要素有用性 B. 动态相关性 C. 主观能动性 D. 规律效益型

52. 总监理工程师应当根据(   )原理,使项目监理组织(机构)做到一体化运行。
   A. 要素有用性 B. 主观能动性 C. 动态相关性 D. 规律效应性

53. 平行承发包模式下的监理模式有(   )种。
   A. 1   B. 2   C. 3   D. 4

54. 下列建设工程监理程序中,(   )项工作是错误的。
   A. 编制建设工程监理规划,然后分专业编制建设监理细则
   B. 按照建设监理细则,进行建设监理
   C. 组织工程竣工验收
   D. 建设监理任务完成后,向项目法人提交监理档案资料

55. 项目监理组织与项目业主、设计单位、施工单位,以及政府有关部门、社会团体、施工毗邻单位间的协调属于(   )。
   A. 系统内部协调   B. "近外层"协调
   C. "远外层"协调   D. 系统与外部环境间协调

56. 命令源唯一的组织结构模式称为（　　）组织结构。
    A. 直线制　　　B. 职能制　　　C. 直线职能制　　　D. 矩阵制
57. 建立有效的项目监理组织，首当其冲的工作是（　　）。
    A. 选择确定总监理工程师
    B. 明确监理总目标
    C. 确定监理工作内容
    D. 选定适合本项目的监理组织模式
58. 项目监理组织在开展活动时离不开协调工作。下面的工作中，（　　）应与项目业主进行协调并由业主作出决定。
    A. 审核承包商提出的索赔报告
    B. 同意接受承包商索赔要求
    C. 认定承包商索赔理由成立
    D. 确认承包商索赔计算正确与否
59. （　　）是指单位时间内投入的建设工程资金数量。
    A. 效率　　　　　　　　　　B. 建设工程强度
    C. 建设工程速度　　　　　　D. 建设工程进度
60. （　　）模式发包的工程也称"交钥匙工程"。
    A. 设计或施工总分包　　　　B. 工程项目总承包
    C. 平行承发包　　　　　　　D. 设计和（或）施工联合体承包
61. （　　）监理组织适用于监理项目能划分为若干相对独立子项的大、中型建设项目。
    A. 直线制　　　B. 职能制　　　C. 直线职能制　　　D. 矩阵制
62. 根据建设工程监理指导思想，总监理工程师应当调动项目监理组织中所有监理人员的积极性，协助业主达到（　　）的最终目的。
    A. 建立有效的约束协调机制
    B. 控制工程项目的投资、工期、质量
    C. 实现"三控、二管、一协调"
    D. 在预定的投资、进度和质量目标内建成工程项目
63. 组织设计的"才职相称"原则，体现了组织活动的（　　）原理
    A. 要素有用性　　　　　　　B. 主观能动性
    C. 动态相关性　　　　　　　D. 规律效应性
64. 一个组织内的管理跨度与管理层次之间是（　　）
    A. 没有关系　　　　　　　　B. 正比关系
    C. 反比关系　　　　　　　　D. 不确定关系
65. 监理工作的规范化体现在，工程的时序性、职责分工的严密性及（　　）
    A. 目标的规划和计划性　　　B. 工作目标的确定性
    C. 完成任务的时间性　　　　D. 监理工作效果的确定性
66. 根据建设工程监理程序，项目总监理工程师开展监理工作第一步

是（ ）

  A. 完善项目监理组织 B. 组织制订监理大纲

  C. 组织制订监理规划 D. 主持制订监理细则

67. 对于工程项目总承包管理模式，监理工程师对（ ）工作就成了十分关键的问题

  A. 审查总承包资质 B. 确认分包单位

  C. 资质协调 D. 合同管理

68. 由总监理工程师组建项目监理机构的理由中，（ ）条是不正确的

  A. 可以选择关系较好的人在一起工作

  B. 因为实行总监理工程师负责制，对内向监理单位负责，对外向业主负责

  C. 可以保障监理机构组织活动的效果

  D. 因为由总监理工程师行驶合同赋予监理的权限

69. 在工程项目建设监理中，（ ）最为重要，最为困难，也是监理是否成功的关键

  A. 投资控制 B. 质量控制

  C. 进度控制 D. 组织协调

70. 组织构成因素包括（ ）

  A. 合理的组织联系 B. 合理的管理跨度

  C. 合理的管理层次 D. 合理的确定职能

  E. 合理的划分部门

71. 工程项目承发包模式包括（ ）

  A. 平行承发包模式 B. 单独承发包模式

  C. 总承包模式 D. 总承包管理模式

  E. 设计或施工总分包模式

72. 向监理单位提交的工作总结包括（ ）

  A. 监理工作经验

  B. 监理工作中存在的问题及改进的建议

  C. 监理工作成效

  D. 监理合同履行情况

73. 项目监理机构人员数量的确定可按（ ）步骤进行

  A. 确定工程建设强度和工程复杂程度

  B. 测定、编制项目监理机构人员需要量定额

  C. 根据实际情况确定监理人员数量

  D. 根据工程复杂程度和建设工程强度套用监理人员需要量定额

74. 将以下各项管理职能中能够形成循环过程的有关职能选出，并排序（ ）

  A. 规划 B. 协调

C. 检查   D. 决策
E. 控制   F. 执行

75. 项目监理组织应当采取( )等组织措施,以便于与其他方面的措施相互配套对项目目标实施有效控制。
    A. 根据工程实际调整目标或计划
    B. 合理调配监理人员
    C. 制定监理人员岗位职责标准
    D. 确定监理人员目标控制工作和职能分工
    E. 确定考核监理人员的办法
    F. 对项目目标进行分解

76. 项目监理机构与承包商在施工阶段协调工作的主要内容有( )
    A. 与承包商项目经理关系的协调   B. 质量、进度问题的协调
    C. 对分包单位的管理   D. 合同争议的协调
    E. 对承包商违约行为的处理

77. 在施工招标阶段,监理的任务是( )
    A. 核查施工图设计   B. 编制招标文件
    C. 帮助施工单位投标   D. 帮助业主评标
    E. 确定中标单位

78. 工程项目实施阶段包括( )等阶段性工作
    A. 设计   B. 编项目建议书
    C. 施工安装   D. 竣工验收
    E. 动工前准备

79. 项目监理组织的质量控制组应当承担( )工作
    A. 监督管理工程施工合同的履行   B. 检查材料、购配件、设备的规格
    C. 对施工工艺过程进行控制   D. 试验分部分项工程
    E. 审核施工单位提交的施工组织设计
    F. 审查施工单位提交的施工进度计划

80. 项目监理机构内部的协调主要包括( )
    A. 项目监理机构内部人际关系的协调
    B. 项目监理机构内部组织关系的协调
    C. 项目监理机构内部人与物之间的协调
    D. 项目监理机构内部需求关系的协调

81. 监理大纲的编制人员应当是( )。
    A. 监理单位经营部门   B. 监理单位技术管理部门
    C. 拟定的总监理工程师   D. 业主
    E. 承包单位

82. 下列( )必须经总监理工程师批准后方可实施。
    A. 监理大纲   B. 监理方案

C. 监理规划 D. 监理实施细则
E. 监理措施

83. 施工阶段建设工程监理规划通常不包括（   ）。
    A. 监理工作范围 B. 监理实施细则
    C. 项目监理机构的组织形式 D. 监理工作程序
    E. 监理工作制度

84. 建设工程监理工作文件是指（   ）
    A. 监理大纲 B. 监理合同
    C. 监理规划 D. 监理实施细则
    E. 监理规范

85. 监理大纲应该包括（   ）
    A. 拟派往项目监理机构的监理人员情况介绍
    B. 拟采用的监理方案
    C. 将提供给业主的监理阶段性文件
    D. 监理规划
    E. 监理实施细则

86. 建设工程监理规划的作用：（   ）
    A. 承揽监理任务
    B. 监理规划是建设监理主管机构对监理单位监督管理的依据
    C. 监理规划是业主确认监理单位履行合同的主要依据
    D. 监理规划是监理单位内部考核的依据和重要的存档资料
    E. 指导本专业或本子项目具体监理业务的开展

87. 针对监理规划编写的依据说法正确的是（   ）
    A. 工程建设方面的法律、法规 B. 政府批准的工程建设文件
    C. 建设工程监理合同 D. 业主的正当要求
    E. 监理大纲

88. 监理规划基本构成内容应当包括（   ）
    A. 目标规划 B. 项目组织
    C. 监理组织 D. 目标控制
    E. 合同管理和信息管理

89. 建设工程监理规划编写的要求说法正确的是（   ）。
    A. 基本构成内容应当力求统一
    B. 具体内容应具有针对性
    C. 监理规划应当遵循建设工程的运行规律
    D. 项目总监理工程师是监理规划编写的主持人
    E. 监理规划一般要分阶段编写

90. 下列属于监理文件的是（   ）
    A. 施工合同正式记录

B. 监理会议纪要中的有关质量问题
C. 造价控制,在建设全过程监理中形成,包括:工程款支付申请表,工程款支付证书,工程变更费用报审与签认
D. 建设用地、征地、拆迁文件
E. 监理工作总结

91. 建设工程监理文件档案资料管理主要内容是(　　)
    A. 监理文件档案资料收、发文与登记
    B. 监理文件档案资料传阅
    C. 监理文件档案资料分类存放
    D. 监理文件档案资料归档、借阅、更改与作废
    E. 工程建设监理文件和档案资料的传递流程

92. 监理文件档案资料归档内容、组卷方法以及监理档案的验收、移交和管理工作。应根据下列(　　)执行。
    A.《建设工程监理规范》　　B.《建设工程文件归档整理规范》
    C. 工程行政主管部门　　　　D. 建设监理行业主管部门
    E. 地方城市建设档案管理部门

93. 项目监理日志主要内容有(　　)。
    A. 当日材料、构配件、设备、人员变化的情况
    B. 施工程序执行情况;人员、设备安排情况
    C. 当日进度执行情况;索赔,(工期、费用)情况;安全文明施工情况
    D. 天气、温度的情况,天气、温度对某些工序质量的影响和采取措施与否
    E. 承包单位提出的问题,监理人员的答复等

94. 会议纪要由项目监理部根据会议记录整理,主要内容包括(　　)。
    A. 会议地点及时间
    B. 会议主持人
    C. 与会人员姓名、单位、职务
    D. 会议主要内容、议决事项及其负责落实单位、负责人和时限要求
    E. 其他事项

95. 工程竣工的监理总结内容有(　　)。
    A. 工程概况
    B. 监理组织机构、监理人员和投入的监理设施
    C. 监理合同履行情况
    D. 监理工作成效
    E. 工程照片(有必要时)

96. 按照现行《建设工程文件归档整理规范》,(　　)属于监理工作总结。
    A. 专题总结　　　　　　B. 月报总结
    C. 工程竣工总结　　　　D. 质量评估报告

E. 违约报告及处理意见

97. 监理月报的内容有( )。
    A. 工程概况：本月工程概况,本月施工基本情况
    B. 本月工程形象进度
    C. 工程进度
    D. 工程质量
    E. 工程计量与工程款支付

98. 就监理单位内部而言,监理规划的主要作用表现在( )。
    A. 为承揽监理业务服务
    B. 指导项目监理机构全面开展监理工作
    C. 作为内部考核的依据
    D. 作为业主确认监理单位履行合同的依据
    E. 作为内部重要的存档资料

99. 建设工程监理规划的具体内容应具有针对性,其针对性应反映不同工程在( )等方面的不同。
    A. 工程项目组织形式   B. 监理规划的审核程序
    C. 目标控制措施、方法、手段   D. 监理规划构成内容
    E. 监理规划的表达方式

100. 建设工程监理规划要随着建设工程的展开不断补充、修改和完善。这反映了监理规划( )的编写要求。
    A. 具体内容应具有针对性   B. 应当遵循建设工程运行规律
    C. 一般宜分阶段编写   D. 应由总监理工程师主持编写

101. 项目监理机构应建立的内部管理制度是( )。
    A. 劳动合同管理制度   B. 监理责任保险制度
    C. 施工图纸会审及设计交底制度 D. 监理工作日志制度

102. 对监理规划的审核,其审核内容包括( )。
    A. 依据监理合同审核监理目标是否符合合同要求和建设单位建设意图
    B. 审核监理组织机构、建设工程组织管理模式等是否合理
    C. 审核监理方案中投资、进度、质量控制点与控制方法是否适应施工组织设计中的施工方案
    D. 审查监理制度是否与工程建设参与各方的制度协调一致

103. 下列监理文件档案资料中,应当由建设单位和监理单位长期保存并送城建档案管理部门保存的是( )。
    A. 监理会议纪要中有关质量问题的部分
    B. 工程开工/复工暂停令
    C. 设计变更、洽商费用报审与签认表
    D. 工程竣工总结

E. 工程竣工决算审核意见书
104. 对于监理例会上意见不一致的重大问题,应( )。
A. 不记入会议纪要
B. 不形成会议纪要
C. 将各方主要观点记入会议纪要中的"会议主要内容"
D. 将各方主要观点记入会议纪要中的"其他事项"

参考文献

1. 中华人民共和国国家标准．建设工程监理规范（GB 50319—2000）．北京：中国建筑出版社，2001
2. 中国建设监理协会．注册监理工程师继续教育培训必修课教材．北京：知识产权出版社，2008
3. 熊广忠．工程建设监理实用手册．北京：中国建筑工业出版社，2015
4. 中国建设监理协会．建设工程进度控制．北京：中国建筑工业出版社，2013
5. 中国建设监理协会．建设工程合同管理．北京：知识产权出版社，2003
6. 朱厉欣，杨峰俊．工程建设监理概论．北京：人民交通出版社，2007
7. 中国建设监理协会．建设工程质量控制．北京：中国建筑工业出版社，2015
8. 杨效中．建设工程监理基础．北京：中国建筑工业出版社，2005
9. 中国建设监理协会．建设工程监理概论．北京：知识产权出版社，2005
10. 中国建设监理协会．建设工程合同管理．北京：知识产权出版社，2005
11. 中国建设监理协会．建设工程监理相关法规文件汇编．北京：知识产权出版社，2005
12. 中国建设监理协会．建设工程投资控制．北京：中国建筑工业出版社，2003
13. 张向东，周宇．工程建设监理概论．北京：机械工业出版社，2006
14. 于惠中．建设工程监理概论．北京：机械工业出版社，2008
15. 邓铁军．土木工程建设监理．武汉：武汉理工大学出版社，2003
16. 高兴元，胡芳．建设工程监理概论．北京：机械工业出版社，2009
17. 全国造价工程师职业资格考试培训教材编审委员会．工程造价计价与控制．北京：中国计划出版社，2003